普通高等院校计算机基础教育“十四五”规划教材
国家级一流本科课程（线上）配套教材
教育部课程思政示范课程配套教材
2021年北京高校优质本科教材课件（重点）
教育部产学合作协同育人项目（腾讯支持）成果

微信小程序开发案例教程（慕课版）

第二版

杜春涛◎主　编
付瑞平　宋　威◎副主编

中国铁道出版社有限公司
CHINA RAILWAY PUBLISHING HOUSE CO., LTD.

内容简介

本书基于教育部产学合作协同育人项目（腾讯支持）编写。根据教学需要，共设计了49个教学案例，案例采用“案例描述→实现效果→案例实现→知识要点→问题思考”讲解步骤，这样既符合人的认知规律，又使学习者能够利用相关知识解决实际问题，具有获得感和成就感。

本书共分6章，主要包括初识微信小程序、小程序编程基础、小程序框架、小程序组件、小程序API和云开发等内容。此外，与本书配套的MOOC已在高等教育智慧教育平台、中国大学MOOC平台和智慧树平台上线，并获第二批国家级一流本科线上课程。本书第一版获北京高校优质本科教材课件（重点），基于本书教学的校本课程获教育部和北京市课程思政示范课。

本书适合作为高等院校“Web开发”“移动开发”“微信小程序开发”等课程的教材，也可作为小程序开发爱好者的参考书。

图书在版编目（CIP）数据

微信小程序开发案例教程：慕课版/杜春涛主编.—2版.—北京：中国铁道出版社有限公司，2024.6（2026.1重印）
普通高等院校计算机基础教育“十四五”规划教材
ISBN 978-7-113-31144-5

Ⅰ.①微… Ⅱ.①杜… Ⅲ.①移动终端-应用程序-程序设计-高等学校-教材 Ⅳ.①TN929.53

中国国家版本馆CIP数据核字（2024）第069150号

书　　名：微信小程序开发案例教程（慕课版）
作　　者：杜春涛

策　　划：魏　娜　贾　星　　　　**编辑部电话：**（010）63549501
责任编辑：贾　星　包　宁
封面设计：刘　颖
责任校对：苗　丹
责任印制：赵星辰

出版发行：中国铁道出版社有限公司（100054，北京市西城区右安门西街8号）
网　　址：https://www.tdpress.com/51eds
印　　刷：河北宝昌佳彩印刷有限公司
版　　次：2019年9月第1版　2024年6月第2版　2026年1月第2次印刷
开　　本：787 mm×1 092 mm　1/16　**印张：**17.75　**字数：**443千
书　　号：ISBN 978-7-113-31144-5
定　　价：60.00元

前言

党的二十大报告指出："教育、科技、人才是全面建设社会主义现代化国家的基础性、战略性支撑。必须坚持科技是第一生产力、人才是第一资源、创新是第一动力，深入实施科教兴国战略、人才强国战略、创新驱动发展战略，开辟发展新领域新赛道，不断塑造发展新动能新优势。"这对高校培养科技人才和创新相关课程提出了新的要求。

自2017年1月9日正式上线以来，微信小程序一直广受关注。微信创始人张小龙说："小程序是一种不需要下载安装就可以使用的应用，它实现了应用'触手可及'的梦想，用户扫一扫或搜一下即可打开应用。这也体现了'用完即走'的理念，用户不用关心是否安装太多应用的问题。应用将无处不在，随时可用，但又无须安装下载。"

由于小程序应用的方便、快捷和强大功能，受到越来越多用户喜爱，用户数量不断增加。在这种背景下，微信小程序开发也受到越来越多高校师生的关注，很多高校都开设了或者正在开设"微信小程序开发"相关的课程。

本书在教学设计方面，基于新时代新工科背景下培养学生利用先进计算机技术解决复杂问题能力和创新应用能力目标，根据学习理论，遵循认知规律，本着有用、有趣和解决真实问题的理念，采用案例方式讲解小程序开发的方法和技巧。每个案例均包含案例描述、实现效果、案例实现、知识要点、问题思考五部分。"案例描述"介绍案例利用哪些小程序知识实现什么样的功能；"实现效果"演示案例实现后的运行效果，让读者对该案例有一个明确的感性认识；"案例实现"是指运用相关知识，通过编写代码实现案例；"知识要点"介绍案例用到的知识要点，并对这些知识要点进行详细讲解；"问题思考"是针对该案例提出一些思考的问题，进一步升华对该案例的理解和认识。

为落实党的二十大提出的"加快建设教育强国、科技强国、人才强国"的要求及时修订，本书在第一版的基础上进行了如下升级和更新：

（1）落实立德树人根本任务，深入挖掘案例中的思政元素，突出对学生正确价值观的培养。本书基于编者提出的"计算思政"理念以及八种挖掘和融入思政元素的方法：直接法、现状法、素材法、产品法、引用法、联想法、关联法、原理法，在许多教学案例中以润物无声的方式融入思政元素。

（2）配套资源创新。在原有慕课、微课、课件、教案等完备的配套资源基础上，添加了课程机器人智能问答功能，实现了教学的数字化和智能化，更加方便读者自学。

（3）内容精简和调整。内容与时俱进，增加了数据库和网络编程综合案例、云数据库聚合查询案例等，提升了教材内容的创新性、高阶性和挑战度，对培养学生利用小程序的最新技术解决复杂问题的能力具有重要意义；全书由 8 章 61 个案例精简到 6 章 49 个案例，通过对原有案例的合并和调整，既能精准界定课程知识范围，又能引导学生举一反三、由点及面，对培养学生创新应用能力具有重要意义。

各章的主要内容简述如下：

第 1 章：初识微信小程序。本章设计了 3 节内容，第 1 节对微信小程序进行了介绍，第 2 节介绍了注册小程序账号、查看小程序 AppID、设置小程序信息、下载并安装小程序开发环境以及创建和打开小程序的方法，第 3 节给出了 1 个案例，演示了小程序的创建、代码编写和运行方法。

第 2 章：小程序编程基础。本章设计了 10 个案例，演示了字体和文本样式设置方法，图片与声音的使用方法，盒模型、Flex 弹性盒模型布局、input 组件、数据和事件绑定、条件语句、循环语句、数学函数、随机数函数、定时器函数、生命周期函数的功能和使用方法等，为小程序开发奠定基础。

第 3 章：小程序框架。本章设计了 10 个案例，演示创建小程序页面和导航、创建标签、生命周期函数、数据和事件绑定、计时器、条件渲染和 Picker 组件、列表渲染和九九乘法表、模块化、模板、文件引用的功能和实现方法。

第 4 章：小程序组件。本章设计了 10 个案例，演示了小程序组件的功能和使用方法。使用的组件包括 form、checkbox、radio、slider、swiper、switch、picker、image、video、scroll-view、map、canvas。

第 5 章：小程序 API。本章设计了 13 个案例，演示了小程序常用 API 函数的功能和使用方法。案例使用的 API 函数包括：加速度、画布、文件、数据缓存、传感器、用户行为、手机状态、设备系统信息、网络和数据库等。

第 6 章：云开发。本章设计了 5 个案例，演示了小程序云开发的方法和技巧，包括：云开发 QuickStart 模板小程序、文件上传下载、数据库基本操作、云函数应用、数据库聚合查询。

本书由杜春涛任主编，付瑞平、宋威任副主编，其中第 1 ~ 5 章由杜春涛编写，第 6 章由付瑞平编写，宋威设计了部分案例。本书采用 MOOC+ 微课形式，所有内容已在高等教育智慧教育平台、中国大学 MOOC 平台和智慧树平台上线，读者也可以直接扫描教材中的二维码观看每个案例的详细讲解。

本书受北京高等教育本科教学改革创新项目“课程思政方法研究及案例管理和推荐系统开发（京教函〔2023〕372 号）”、全国高等院校计算机基础教育研究会项目“Dart 语言课程数字化资源建设（2023-AFCEC-002）”、教育部产学合作协同育人项目“Flutter 移动框架 MOOC 建设（230800002230753）”等项目支持。

本书在编写过程中得到中国铁道出版社有限公司周欣主任的大力支持和帮助，在此表示衷心感谢。限于作者水平，加之时间仓促，书中难免存在疏漏和不足之处，恳请各位专家、老师、学者和广大读者批评指正。

编　者

2024 年 3 月

目录

第 1 章 初识微信小程序

本章概要

本章首先介绍注册小程序账号、查看小程序 AppID、设置小程序信息、下载和安装小程序开发环境，最后通过一个案例演示了小程序的创建、编写代码、编译和运行方法。

学习目标

- 了解小程序的特点及发展历程
- 掌握注册小程序账号的方法
- 掌握查看小程序 AppID 的方法
- 掌握设置小程序信息的方法
- 掌握下载并安装小程序开发环境的方法
- 掌握小程序的开发过程和方法

1.1 微信小程序简介

微信小程序简介

1.1.1 微信小程序的特点

微信小程序是一种不需要下载安装即可使用的应用，实现了应用“触手可及”的理念。用户只需要扫一扫或者搜一下即可打开应用，体现了“用完即走”的理念，用户不用关心是否安装太多应用的问题。

对于开发者而言，小程序开发门槛相对较低，难度不及 App，能够满足简单的基础应用，适合生活服务类线下商铺以及非刚需低频应用的转换。小程序能够实现消息通知、线下扫码、公众号关联等七大功能。微信小程序与订阅号、服务号、企业号是并行的体系。

1.1.2 微信小程序的发展历程

微信小程序的发展历程可以追溯到 2016 年，当时腾讯公司创始人马化腾在微信公开课上首次提出了微信小程序的概念。同年 11 月，微信小程序开放了内测，开发者们开始尝试制作和测试小程序。

2017 年 1 月，微信小程序正式上线，用户可以通过搜索、扫描二维码等方式快速访问和使用小程序。在随后的几个月里，微信小程序在功能、用户体验、接口等方面不断迭代更新，吸引了越来越多的开发者和用户。

2018 年，微信小程序在商业化、广告、支付等方面做了大量工作，进一步完善了生态体系。同时，新的功能和场景不断涌现，如公众号关联小程序、小游戏、电商、LBS（location-based services，基于位置的服务）等。小程序的使用场景越来越丰富，用户黏性进一步增强。

2019 年，微信小程序在功能、开发者工具、API 接口等方面持续优化，降低了开发者的开发门槛。同时，行业应用进一步深化，涵盖了教育、医疗、政务、金融等领域。微信小程序的数量和用户规模持续增长。

2020 年起，微信小程序开始支持在腾讯系其他产品中使用，并与支付宝、百度等平台的小程序互通。这意味着小程序的使用场景进一步扩展，跨平台合作成为新的趋势。至今，微信小程序在各个行业都有广泛应用，为用户提供了极具便利性的移动互联网服务。

总的来说，微信小程序的发展经历了从概念到上线、从迅速发展到生态完善、再到行业应用深化的过程。如今，它已经成为一个重要的移动互联网入口，为广大用户提供了便捷、多样的服务。

1.2 小程序账号注册和环境配置

小程序账号注册和环境配置

1.2.1 注册小程序账号

首先进入小程序注册和登录页面（https://mp.weixin.qq.com），如图 1.1 所示。

图 1.1　小程序注册和登录页面

如果已经有小程序账号，可以直接使用微信扫描二维码登录，如果没有，可以单击“立即注册”超链接，打开图 1.2 所示的微信公众平台的注册页面。

图 1.2　微信公众平台的注册页面

单击图 1.2 页面中的“小程序”→“查看详情”按钮，打开图 1.3 所示的微信公众平台小程序的注册页面。

图 1.3　微信公众平台小程序的注册页面

单击图 1.3 所示页面中的“前往注册”按钮，打开图 1.4 所示的微信小程序注册页面。注：在小程序注册前应该准备一个没有用于注册过微信订阅号和服务号的电子邮箱。

图 1.4　微信小程序注册页面

注册过程包括：账号信息、邮箱激活和信息登记，注册完成后需要等待腾讯服务器验证，通过验证后进入 https://mp.weixin.qq.com 页面，使用微信扫码即可登录，登录后的页面如图 1.5 所示。

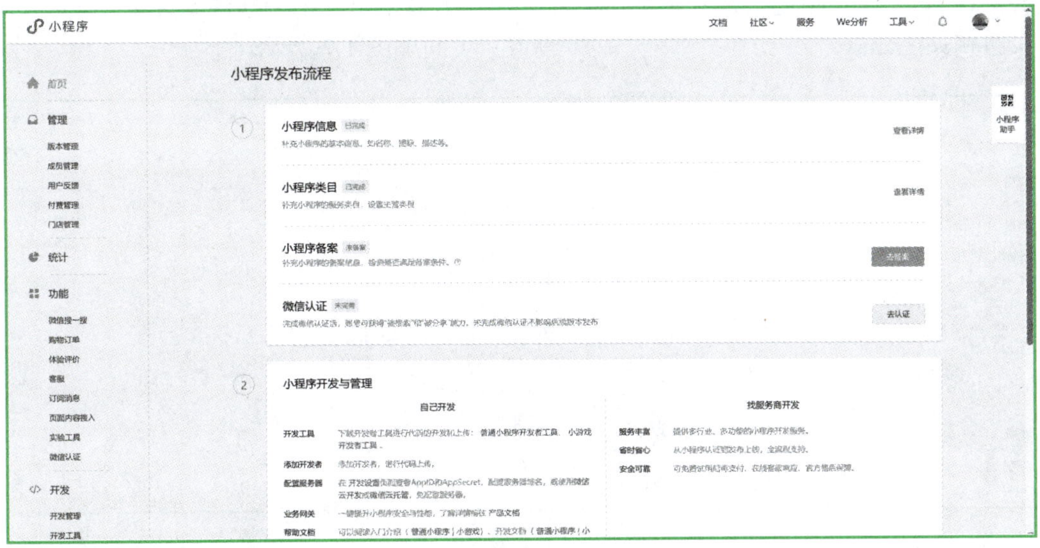

图 1.5　小程序登录页面

1.2.2　查看小程序的 AppID

注册了微信小程序账号并通过腾讯服务器验证后，腾讯服务器就为该账号分配一个 AppID，尽管 AppID 不是开发小程序所必需的，但如果要发布小程序就必须用到 AppID。如果要查看 AppID，首先登录微信小程序账号，如图 1.5 所示。在图中单击左侧的“开发”→“开发管理”超链接，在“开发管理”页面中单击“开发设置”选项卡，即可看到“开发者 ID”区域的 AppID 账号，如图 1.6 所示。

图 1.6　查看小程序 AppID

1.2.3 设置小程序账号信息

即使有了 AppID，也不能立即发布小程序，还需要进行小程序基本信息的设置。单击图 1.6 左侧最下方的“设置”超链接，在右侧可看到“设置”页面，页面中包括基本设置、第三方设置、关联设置和关注公众号四个选项卡，“基本设置”页面如图 1.7 所示。

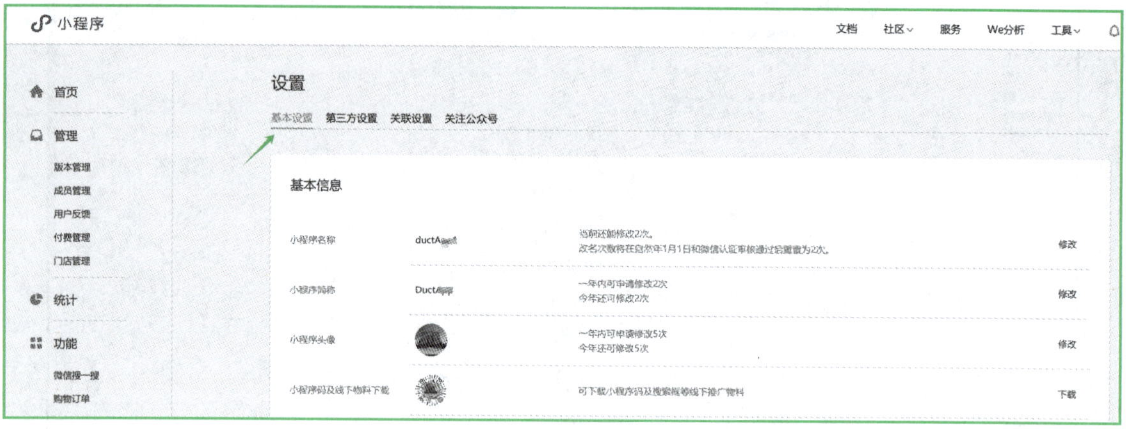

图 1.7 “基本设置”页面

1.2.4 下载和安装小程序开发工具

单击图 1.7 左侧导航栏中的“开发”→“开发工具”超链接，打开“开发工具”页面，单击“开发者工具”选项卡，单击“微信开发者工具”区域右侧的“下载”按钮，如图 1.8 所示。

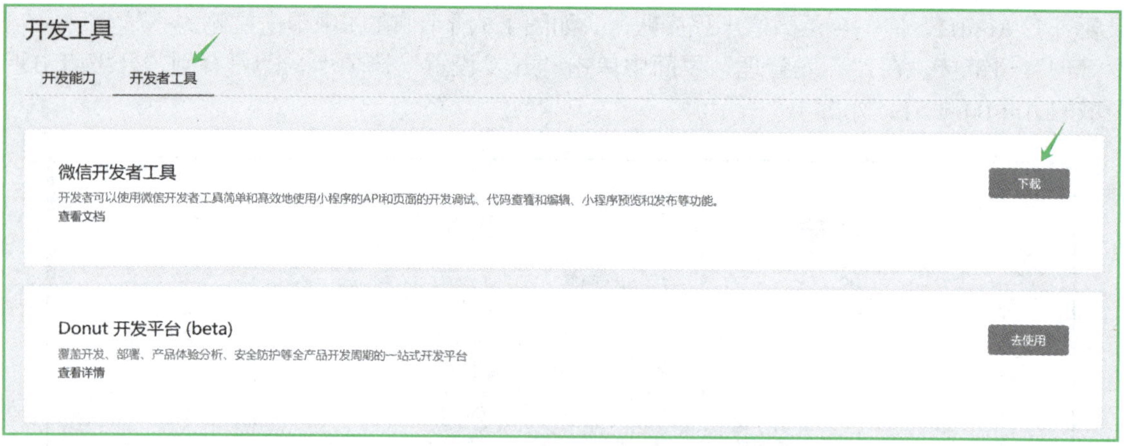

图 1.8 “开发者工具”页面

单击“下载”按钮后打开图 1.9 所示的微信开发者工具下载页面，根据自己计算机操作系统的版本下载相应的微信开发者工具，一般情况下优先选择“稳定版”。

图 1.9 微信开发者工具下载页面

下载完小程序开发工具后即可进行安装，安装过程比较简单，这里不再赘述。

1.3 第一个微信小程序

第一个微信小程序

1.3.1 案例描述

设计一个小程序，演示小程序的创建、代码编写、编译和运行方法。小程序运行后，页面上将显示：Hello Wechat！。

1.3.2 实现效果

小程序运行后的效果如图 1.10 所示。从图中可以看出，小程序页面上显示了：Hello Wechat！。

图 1.10 小程序运行结果

1.3.3 案例实现

1. 创建微信小程序。打开微信开发者工具，首先出现一个二维码界面，如图 1.11（a）所示。此时既可以通过手机微信扫码登录，也可以单击“游客模式”超链接登录。当用微信扫码后，在手机上打开图 1.11（b）所示的页面。

（a）进入微信开发者工具时的二维码

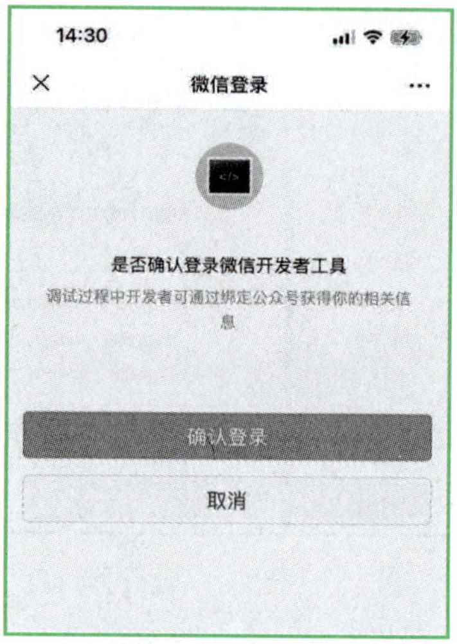

（b）手机微信扫码后打开的页面

图 1.11　微信开发者工具登录页面

当单击图 1.11（b）所示页面的“确认登录”按钮后，“微信小程序开发者工具”就会显示登录后的页面，如图 1.12 所示。

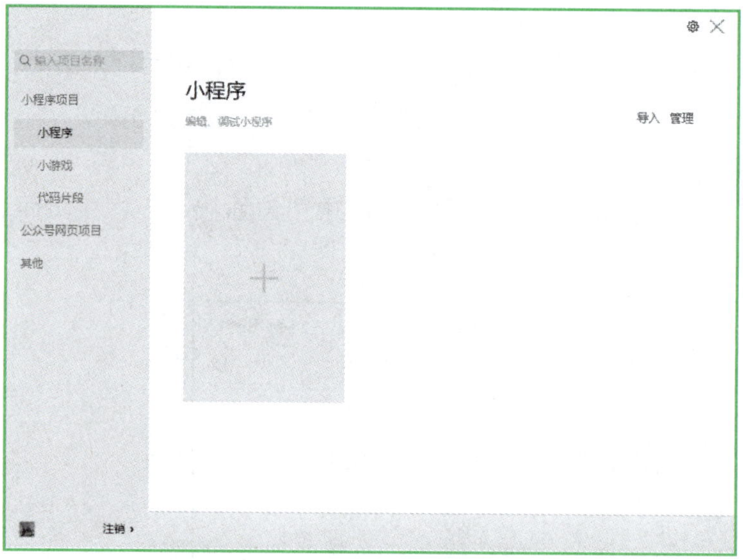

图 1.12　微信开发者工具登录后的页面

当单击图 1.12 页面中的“+”图标时，打开图 1.13 所示的“创建小程序”页面。

单击图 1.13 中“目录”文本框右侧的“文件夹”图标，在弹出的对话框中选择 / 新建一个空文件夹，单击“确定”按钮后，此时就选择了小程序的位置，项目名称默认为小程序项目位置中的文件夹名称。

在 AppID 组合框中输入或选择自己的 AppID 账号，也可以直接使用“测试号”，如果使用“测试号”进行开发，则不能使用微信云开发。

图 1.13 “创建小程序”页面

“开发模式”下拉列表框中选择“小程序”，“后端服务”选择“微信云开发”或“不使用云服务”单选按钮，这两种后端服务在“模板选择”下拉列表框中提供的模板是不一样的。

“模板选择”左侧下拉列表框选项包括：全部来源、云开发、微搭、官方、TDesign，右侧下拉列表框选项包括：全部分类、基础、行业、其他、不使用模板，根据需要选择其中一项。如果选择“不使用模板”选项，则下面将不出现模板，如图 1.14 所示。

图 1.14 不使用模板创建小程序界面

单击图 1.14 中的“确定”按钮后，将创建一个不使用模板的项目，如图 1.15 所示。

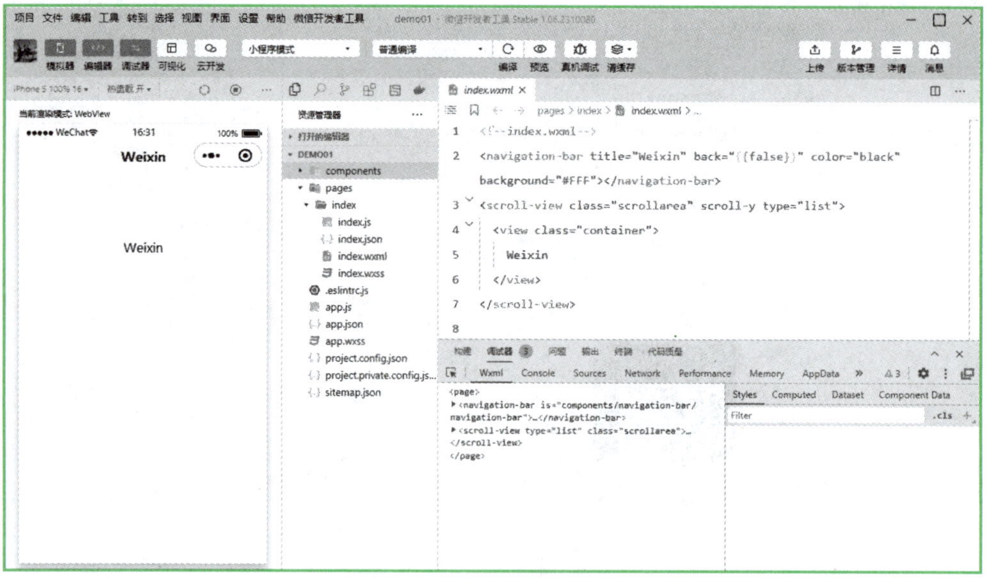

图 1.15 不使用模板创建的小程序

2. 认识小程序开发者工具的界面构成。从图 1.15 中可以看出，小程序开发界面主要包括：菜单栏、工具栏、模拟器、资源管理器、编辑器、调试器。其中模拟器、编辑器和调试器可以通过单击工具栏中对应的按钮进行打开和关闭。

“模拟器”用于显示小程序的运行结果，“资源管理器”用于管理小程序的文件资源，从“资源管理器”中可以看到，项目默认创建了 components 和 pages 文件夹，pages 文件夹中又包含 index 文件夹，该文件夹中包含了 4 个文件，单击某个文件就可以在编辑器中看到该文件的代码。“编辑器”主要用于查看和编写代码，“调试器”用于调试小程序代码。

3. 修改小程序代码。在“资源管理器”中选择 index.wxml 文件，此时该文件代码将在“编辑器”中显示，将其中的 Weixin 修改为 Hello Wechat！，修改后的 index.wxml 文件代码如下：

```
<!--index.wxml-->
<navigation-bar title="Weixin" back="{{false}}" color="black" background="#FFF">
</navigation-bar>
<scroll-view class="scrollarea" scroll-y type="list">
  <view class="container">
    Hello Wechat!
  </view>
</scroll-view>
```

代码第一行是注释。

navigation-bar 是小程序页面最上面的导航栏组件，属性 title 是导航栏标题，back 表示当前页面是否带有返回图标，color 表示导航栏字体颜色，background 是导航栏背景颜色。

scroll-view 是滚动视图组件，class 属性用于设置组件样式，scroll-y 属性表示沿 y 方向滚动，type 属性表示渲染模式，此处被设置为默认值 list，即列表渲染。

view 是视图组件，是小程序中应用最多的一个组件。

4. 编译运行小程序。单击工具栏中的“编译”按钮，或者按【Ctrl+B】组合键编译小程序，就可以在模拟器中看到运行结果。如果在开发者工具的“编辑器设置”中选择了“保存时自动编译小程序”复选框，则可以按【Ctrl+S】组合键保存代码后自动进行编译，也可以单击编辑器上方的“预览”按钮，此时将出现一个二维码，利用手机微信扫描该二维码即可在真机上查看小程序的运行结果。

5. 小程序设置。可以设置小程序开发环境，设置内容包括：通用、外观、快捷键、编辑器等。外观设置主要设置小程序的主题，方法是：单击“设置”→“外观设置”命令，打开图 1.16（a）所示的对话框，此时可以设置整个应用的主题、调试器主题等，单击图中“编辑器”按钮可以设置编辑器的字体大小等内容，如图 1.16（b）所示。

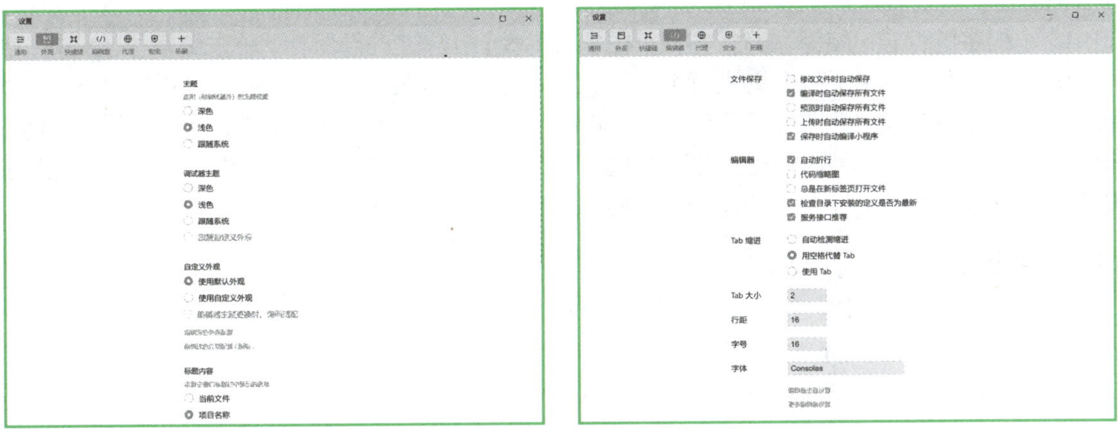

（a）设置外观　　　　（b）设置编辑器的字体

图 1.16　小程序设置

1.3.4　知识要点

1. 微信小程序的创建步骤。在创建小程序窗口中需要输入或选择的内容包括：项目名称、目录、AppID、开发模式、后端服务、模板选择等。

2. 小程序的目录结构。小程序包含一个描述整体程序的 App 对象和多个描述各自页面的 page 对象。一个小程序主体部分由三个文件组成，必须放在项目的根目录，见表 1.1。

表 1.1　小程序主体部分构成文件

文　件	必　需	作　用
app.js	是	小程序逻辑
app.json	是	小程序公共配置
app.wxss	否	小程序公共样式表

一个小程序页面默认由四个文件组成，见表 1.2。

表 1.2　一个小程序页面的构成文件

文件类型	必　需	作　用
js	是	页面逻辑
wxml	是	页面结构
json	否	页面配置
wxss	否	页面样式表

3．微信小程序代码编写方法。一般在小程序 wxml 文件中设计小程序的页面内容，该文件代码中经常使用 view 组件，它是微信小程序的基本组件，是一个容器组件，用于布局或显示相关信息。

4．小程序的保存、编译和运行方法。按【Ctrl+S】组合键进行保存，单击编辑器上方的“编译”按钮或按【Ctrl+B】组合键进行编译。也可以在开发者工具的“编辑器设置”中选择“编译时自动保存所有文件”和“保存时自动编译小程序”复选框，更加方便地实现同时保存和编译。此外，如果单击编辑器上方的“预览”按钮，此时将出现一个二维码，利用微信扫描该二维码即可在真机上查看小程序的运行结果。

1.3.5　问题思考

1．没有小程序账号能进行微信小程序开发吗？
2．不使用小程序 AppID 能进行小程序开发吗？
3．开发微信小程序需要用到哪些计算机语言？

习　题

编写一个小程序，小程序运行后，页面中显示党的二十大报告相关内容。

第2章 小程序编程基础

本章概要

本章通过10个案例介绍小程序编程的基础知识，包括字体和文本样式设置、图片与声音、盒模型、Flex布局、input组件和数学公式、条件语句和数学函数、button组件和逻辑运算、循环求和计算器、随机数求和、自动随机变化的颜色等，为小程序开发奠定基础。

学习目标

- 掌握字体和文本样式的设置方法
- 掌握图片组件与声音API函数的使用方法
- 掌握盒模型、Flex弹性盒模型布局的功能和使用方法
- 掌握input组件和数学公式的使用方法
- 掌握数据和事件绑定的工作原理和实现方法
- 掌握条件语句和数学函数的功能和使用方法
- 掌握button组件和逻辑运算的功能和使用方法
- 掌握循环语句、随机数函数和计时器函数的功能和使用方法
- 掌握常用生命周期函数的使用方法

案例 2.1 字体和文本样式设置

字体和文本样式设置

2.1.1 案例描述

设计一个小程序，演示利用 style 和 class 属性设置字体和文本样式的方法，以及引用在 index.wxss 和 app.wxss 两个文件中定义的样式类的方法。

图 2.1　字体和文本样式设置案例运行效果

2.1.2 实现效果

案例运行效果如图 2.1 所示。从图中可以看出，字体的颜色、字符间距、对齐方式、文本装饰、文本缩进等都进行了样式设置。

2.1.3 案例实现

1．新建项目。新建一个不使用模板的小程序：TextStyle。

2．编写 index.wxml 文件代码。代码中利用 class 属性设置了滚动视图区、边框和正文的样式，利用 style 属性设置了标题样式。

```
<!--index.wxml-->
<navigation-bar title="字体和文本样式设置" back="{{false}}" color="black" background="#FFF"></navigation-bar>
<scroll-view class="scrollarea" scroll-y type="list">
  <view class="box">
    <view style="font-size: larger;font-weight: bolder;text-align: center; margin-bottom: 15px; color: red;">党的二十大会议主题</view>
    <view class='txt-style'>
      高举中国特色社会主义伟大旗帜，全面贯彻新时代中国特色社会主义思想，弘扬伟大建党精神，自信自强、守正创新，踔厉奋发、勇毅前行，为全面建设社会主义现代化国家、全面推进中华民族伟大复兴而团结奋斗。
    </view>
  </view>
</scroll-view>
```

3．编写 index.wxss 文件代码。代码定义了三个样式类：page、.scrollarea 和 .txt-style，其中，page 和 .scrollarea 是项目自动定义的。page 自动应用于 index 页面，.scrollarea 和 .txt-style 在 index.wxml 文件中通过 class 关键字应用于 scroll-view 和 view 组件。

```
/**index.wxss**/
page {
  height: 100vh;
  display: flex;
```

```
  flex-direction: column;
}
.scrollarea {
  flex: 1;
  overflow-y: hidden;
}
.txt-style {
  font-size: x-large;                        /* 字体大小: x-larger */
  font-family: 隶书 ;                         /* 字体类型: 隶书 */
  color: blue;                               /* 文本颜色: blue */
  letter-spacing: 5px;                       /* 字符间距: 5 像素 */
  text-align: justify;                       /* 文本对齐: 两端对齐 */
  text-indent: 2em;                          /* 首行缩进: 2 个字符 */
  text-decoration: underline;                /* 文本修饰样式: 下划线 */
  text-decoration-color: #0f0;               /* 下划线颜色 */
  line-height: 30px;                         /* 行间距 */
}
```

4. 编写 app.wxss 文件代码。代码定义了两个样式类：.title 和 .box，.title 用于设置标题样式，.box 用于设置文本段落的边框样式。

```
/**app.wxss**/
.box {                                       /*定义用于设置边框的样式*/
  margin: 20rpx;                             /*设置外边距*/
  padding: 20rpx;                            /*设置内边距*/
  border: 1px solid silver;                  /*设置边框*/
}
```

2.1.4 知识要点

1. 组件样式的设置方法。在 wxml 文件中利用组件属性 style 和 class 来设置。

2. style 属性的使用方法。直接将样式赋值给 style，如 <view style="text-align: right;">。

3. class 属性的使用方法。首先在 wxss 文件（如 index.wxss 或 app.wxss）中定义样式类，然后在 wxml 文件中将样式类赋值给 class，如 <view class='box'>，其中 box 是在 wxss 文件中定义的样式类。

4. style 和 class 属性的应用场景。一般情况下，静态样式使用 class 属性，动态样式使用 style 属性，这样可以提高渲染速度。此外，如果设置的组件样式较多，通常使用 class 属性，这样比较方便编写代码。

5. 在 index.wxss 和 app.wxss 文件中定义样式类的区别。在 index.wxss 中定义的样式类只能被该文件所在文件夹中的 wxml 文件使用，而在 app.wxss 文件中定义的样式类可以在整个小程序的所有 wxml 文件中使用。

6. 样式类的定义和引用方法。定义样式类时，一般使用点号（.）表示类名，如果定义的样式类针对某个组件，可以直接使用组件名作为类名，此时可以省略类名前面点号（.）。如果多个样式类的内容相同，可以一次性来定义，各样式类名称之间使用逗号隔开。利用 class 引用样式类时，如果需要引用多个样式类，样式类之间使用空格隔开。如果组件名是样式类名，则不需要引用。

7. 字体属性。用于设置字体类型、大小、加粗、风格（如斜体）和变形（如小型大写字母）等。常用字体样式属性见表 2.1。

表 2.1　常用字体样式属性

属性名称	含　义	属性值举例
font-family	字体类型	Serif, Sans-serif, Monospace, Cursive, Fantasy, …
font-size	字体大小	5px/rpx/cm, large, small, medium, larger, smaller, …
font-style	字体倾斜	italic, normal, oblique, …
font-weight	字体加粗	bold, bolder, lighter, …

8. 文本属性。用于设置文本颜色、字符间距、文本对齐、文本装饰、文本缩进等。常用文本样式属性见表 2.2。

表 2.2　常用文本样式属性

属性名称	含　义	属性值举例
color	字体颜色	red, #0000ff, #0f0, rgb(red,green,blue), rgba(red,green,blue,alpha)
text-align	文本的对齐方式	left/right/center/justify
text-indent	首行缩进	length：固定尺寸的缩进，默认值为 0，可以是负数和正数 %：定义基于父元素宽度的百分比的缩进 inherit：继承父元素 text-indent 属性的值
letter-spacing	字母之间的距离	normal/< 长度值 >
word-spacing	单词间距，以空格来区分单词	normal/< 长度值 >
white-space	文档中的空白处	normal：默认忽略多个空格，只输出一个空格 nowrap：强制不换行 pre：空格 / 缩进 / 换行会保留 pre-line：合并空白（多个空格只会输出一个空格） pre-warp：保留空白 / 缩进，正常换行
text-decoration	文本修饰样式	none：没有下划线 overline：定义文本上的一条线 line-through：定义穿过文本下的一条线 underline：定义文本下的一条线
text-decoration-color	文本修饰颜色	red, #0000ff, #0f0, rgb(red,green,blue), rgba(red,green,blue,alpha)

2.1.5 问题思考

1. 在 index.wxss 和 app.wxss 文件中定义的样式类有什么区别？

2. 利用 style 设置字体属性时，文本型的属性值是否需要单独用引号引起来？
3. 在 wxss 文件中定义样式类时，文本型的属性值是否需要单独用引号引起来？
4. 要设置汉字之间的间距，应该使用 letter-spacing 属性还是 word-spacing 属性？

案例 2.2 图片与声音

图片与声音

2.2.1 案例描述

设计一个小程序，演示 image 组件的使用方法、创建音频上下文的方法、控制音频播放的方法、数据和事件绑定方法、onLoad 生命周期函数的功能和使用方法、云存储方法等。

2.2.2 实现效果

案例的运行效果如图 2.2 所示。从图中可以看出，小程序界面上显示了一张图片，当点击图片时将会播放音乐，再次点击时将暂停播放音乐，再次点击时又继续播放，依次交替播放和暂停。

图 2.2 案例运行结果

2.2.3 案例实现

1. 新建项目。新建一个使用基础模板的云开发小程序：ImageAndMusic。由于本案例涉及图片和声音，为防止小程序的存储空间大于 2 MB，因此新建一个后端服务为“微信云开发”、模板为“云开发基础”类型的项目（必须有 AppID，且开通了云服务），如图 2.3 所示，这样就可以把项目用到的图片和声音素材存储到云存储，从而减少项目的存储空间。

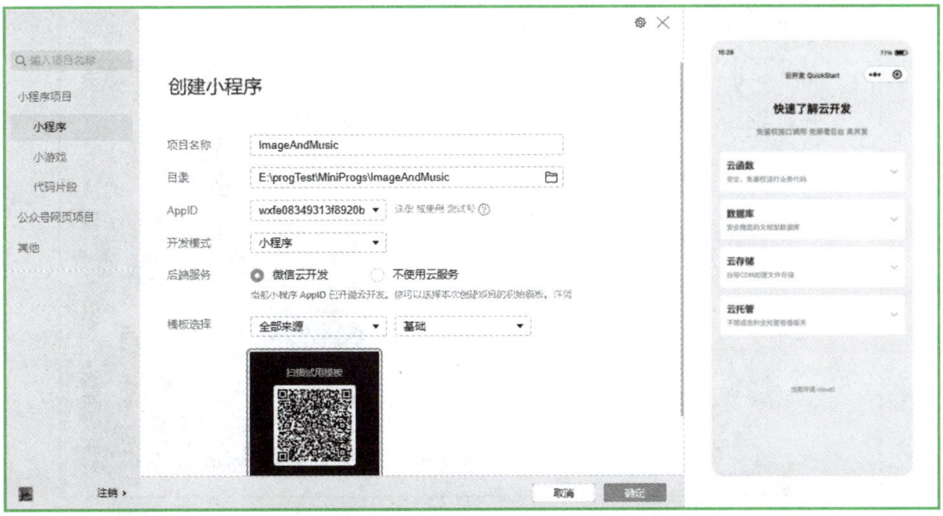

图 2.3 创建微信云开发类型的小程序

2. 将图片等素材存储到云存储。进入项目后，单击“云开发”按钮，打开图 2.4 所示的云开发控制台窗口，然后单击“存储”→“存储管理”按钮，再单击“新建文件夹”按钮新建几个文件夹，这里新建了 audios、images、videos 三个文件夹，分别用来存储音频、图片和视频。

图 2.4　云开发控制台窗口

3. 打开图 2.4 中的某一个文件夹（如 images），单击“上传文件”或“上传文件夹”按钮将本地文件上传，上传后的效果如图 2.5 所示。单击其中的某个文件，在窗口右侧会显示该文件的详细信息。直接单击“下载地址”后面的“复制”按钮复制“下载地址”并赋值给小程序代码中 image 组件的 src 属性即可（注：地址中的 sign 的值每次打开后都会发生变化，在使用该地址时，可以删除“?sign”及其后面的值）。

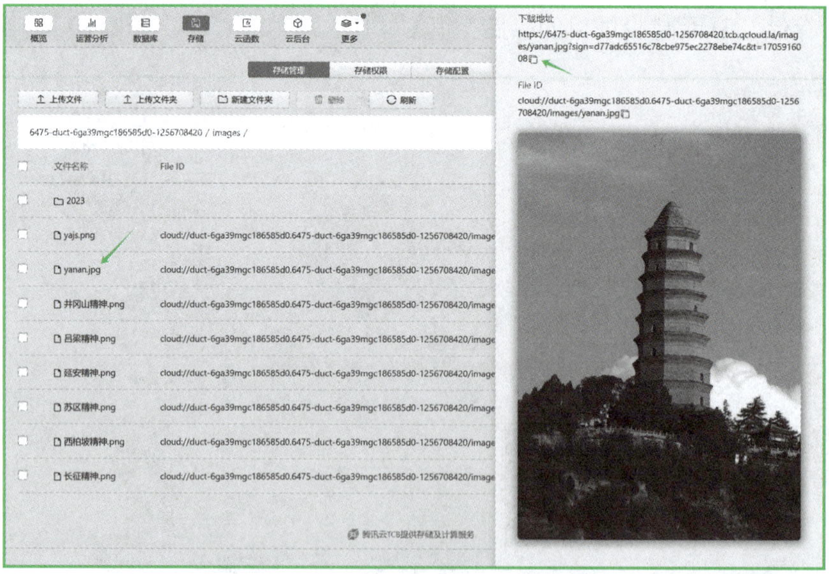

图 2.5　云存储及其中文件的使用方法

4. 网络音乐的使用和下载。音乐可以直接使用网络上的音乐资源，例如，打开网址 https://music.liuzhijin.cn/，如图 2.6（a）所示。在“音乐名称”文本框中输入音乐名称，选择下面的网站，然后单击“Get √”按钮，在出现的页面中直接复制音乐地址即可，也可以通过单击下载图标将音乐下载到本地，如图 2.6（b）所示。注意：音乐地址的扩展名是“mp3”等音频类型，不能是其他类型。

（a）初始页面

（b）音乐地址页面

图 2.6 获取网络音乐地址方法

5. 编写 pages/index/index.wxml 文件代码。代码中主要使用了 image 标签，其 src 属性用来指定图片的路径。代码 src='{{imgSrc}}' 实现了数据绑定，表示将绑定的 imgSrc 数据赋值给 src。数据绑定需要使用 {{}}，{{}} 中是绑定的数据，该数据是一个变量，变量需要在 index.js 文件中赋值。代码 bindtap='sing' 实现了事件绑定，表示点击图片后会调用 sing() 函数，bindtap 表示点击图片事件，sing 表示调用的函数，该函数需要在 index.js 文件中定义。代码中用到的 container 样式类是项目在 app.wxss 文件中自动定义的，用到的 box 和 title 样式类是用户在 app.wxss 文件中定义的。

```
<!--index.wxml-->
<view class="box container">
  <view class="title"> 宝塔山 </view>
    <image src='{{imgSrc}}' bindtap='sing' mode="widthFix"></image>
</view>
```

6. 编写 index.js 文件代码。代码在 data 中给出了图片路径，该图片是云存储中的图片。代码中同时定义了点击图片的事件处理函数 sing()，该函数实现了点击图片时播放音乐或暂停播放音乐的效果，音乐直接使用了网络音乐。

```
//index.js
var song, start = false;                          //定义全局变量
Page({
  data: {
    imgSrc: 'https://6475-duct-6ga39mgc186585d0-1256708420.tcb.qcloud.la/
images/yanan.jpg?sign= cd3f874f360acd95347271041ef97f6a&t=1701308702'
                                                  //给数据绑定的变量赋值
  },
  onLoad() {                                      //生命周期函数，加载小程序时自动调用
    song = wx.createInnerAudioContext()           //创建音频上下文
    //给 song 的属性 src 赋值
    song.src = 'https://6475-duct-6ga39mgc186585d0-1256708420.tcb.qcloud.la/
audios/huiyanan.mp4?sign=a41be876b9b7dc21d191b4e3166ac073&t=1701308960'
  },
  sing() {                                        //定义事件绑定函数
    start = !start;                               //控制播放和暂停播放音乐
    if (start == true) {
      song.play();                                //播放音频
    } else {
      song.pause();                               //暂停播放
    }
  }
})
```

7. 编写 index.wxss 文件代码。代码中定义了样式类 page，该样式类是项目自动定义的。

```
/**index.wxss**/
page {
  padding-top: 54rpx;
  background-color: #f6f6f6;
  padding-bottom: 60rpx;
}
```

8. 编写 app.wxss 文件代码。代码中定义了三个样式类：.container、.box 和 .title，其中 .container 是项目自动创建的，.box 和 .title 是用户自己定义的。

```
/**app.wxss**/
.container {
  display: flex;
  flex-direction: column;
  align-items: center;
  box-sizing: border-box;
}
.box {                                            /*定义用于设置边框的样式*/
```

```
    margin: 20rpx;                          /* 设置外边距 */
    padding: 20rpx;                         /* 设置内边距 */
    border: 1px solid silver;               /* 设置边框 */
  }
  .title {                                  /* 定义用于设置标题的样式 */
    font-size: larger;                      /* 设置字体大小 */
    font-weight: bolder;                    /* 设置字体加粗 */
    text-align: center;                     /* 设置文本水平居中对齐 */
    margin-bottom: 15px;                    /* 设置下外边距 */
    color: red;                             /* 设置字体颜色 */
  }
```

2.2.4 知识要点

本案例主要涉及云开发项目创建方法、image 图片组件的使用方法、音频的创建和使用方法，以及数据和事件绑定的实现方法。

1. 云开发项目创建方法。创建云开发类型的项目必须使用已有的 AppID。

2. image 组件。支持 JPG、PNG、SVG 格式，用 src 属性指定图片的路径。

3. 数据绑定。wxml 文件中的动态数据通过 {{}} 符号与 js 文件中的数据进行绑定，这样 JS 中的数据就可以传给 wxml 文件。这种传递是单向的。

4. 事件绑定。在 wxml 文件组件标签内利用“bind…= 函数名”绑定并调用组件事件函数，在 JS 文件中定义该事件函数。

5. 全局变量。在 js 文件的 Page() 函数前面定义的变量，可以在 JS 文件的任何位置使用，如本案例中的 song 和 start 变量。

6. onLoad() 生命周期函数。该函数在加载小程序时自动调用。本案例中需要将创建音频对象并初始化音频对象的 src 属性放在该函数中完成。

7. 创建音频上下文。要利用 API 函数 wx.createInnerAudioContext() 创建音频上下文，并设置该音频对象的源文件 src。

8. 云存储。开发的微信小程序一般不能超过 2 MB，如果小程序中用到图片、音频和视频等文件，往往会超过 2 MB，从而使小程序不能运行，因此可以将小程序中用到的视频、音频和图片等文件放在云存储中。要使用云存储中的文件，直接复制该文件的“下载地址”即可，下载地址中“?sign”及其后面的内容可以删除。

9. 控制音频播放的方法。本案例中通过变量 start 来控制音频的播放与暂停播放，start 的初始值为 false，在 sing() 函数中利用 start = !start 来使 start 的值交替发生变化。当第一次点击图片调用 sing() 函数时，start 变为 true，再次点击图片调用 sing() 函数时，start 又变成 false，依此类推，start 的值交替在 true 和 false 之间进行变化，从而控制音频的播放与暂停。

10. 网络音乐和图片的使用方法。可以在小程序中直接使用网络音乐和图片，网络音乐和图片地址的扩展名必须是音频和图片格式。

2.2.5 问题思考

1. 如何实现数据绑定？数据绑定的数据传递方向是什么？

2. 如何实现事件绑定？事件绑定的信息传递方向是什么？

3. onLoad 函数在什么时候执行？本案例中如果不使用 onLoad 函数，创建音频直接放在 sing 函数中，是否可以控制音频播放？

4. 一般情况下，为什么需要将视频、音频和图片文件放在云存储中？如何使用云存储中的文件？

案例 2.3 盒模型

盒模型

2.3.1 案例描述

设计一个小程序，演示盒模型的功能和使用方法。小程序运行后，页面上显示两个不同样式的盒模型。

2.3.2 实现效果

根据案例描述做出图 2.7 所示的效果。从运行结果来看，该案例使用了两个盒模型，通过设置不同的模型高度、宽度、背景颜色、边框、内边距和外边距等，实现了不同的效果。

图 2.7 盒模型案例运行效果

2.3.3 案例实现

1. 新建项目。新建一个不使用云服务和模板的小程序项目：BoxModel。

2. 编写 index.wxml 文件代码。代码使用了两个模型样式类：boxModel01 和 boxModel02，分别显示不同的模块效果。

```
<!--index.wxml-->
<navigation-bar title="盒模型" back="{{false}}" color="black" background="#FFF">
</navigation-bar>
<scroll-view class="scrollarea" scroll-y type="list">
  <view class="box">
    <view class="title">中国杰出科学家</view>
    <view class='boxModel01'>
      王淦昌(1907—1998)，江苏常熟人，男，中国科学院院士，1999 年被追授“两弹一星”
功勋奖章，中国核科学的奠基人和开拓者之一，世界激光惯性约束核聚变理论与研究的创始人之一。
    </view>
    <view class='boxModel02'>
      于敏(1926—2019)，河北宁河人(现天津市宁河区)，男，核物理学家，中国科学院院士，
“共和国勋章”获得者。在中国氢弹原理突破中解决了诸多问题，对中国核武器发展到国际先进水平作
出重要贡献。
    </view>
  </view>
</scroll-view>
```

3. 编写 index.wxss 文件代码。代码定义了四个样式类：page、.scrollarea、.boxModel01 和 .boxModel02。

```
/* index.wxss */
page {
  height: 100vh;
  display: flex;
  flex-direction: column;
}
.scrollarea {
  flex: 1;
  overflow-y: hidden;
}
.boxModel01 {
  width: 80%;
  height: 120px;
  background-color: yellow;              /** 背景颜色 **/
  border: 3px dashed #f00;
  padding: 20px;                         /** 内边距 **/
  margin: 20px;                          /** 外边距 **/
}
.boxModel02 {
  width: 80%;
  height: 140px;
  border: 5px solid rgb(0, 255, 0);
  padding-top: 20px;                     /** 内上边距 **/
  margin-bottom: 20px;                   /** 外下边距 **/
}
```

4. 编写 app.wxss 文件代码。代码定义了两个样式类：.box 和 .title，其内容和前面案例相同。

```
/**app.wxss**/
.box {                                   /** 定义用于设置边框的样式 **/
  margin: 20rpx;                         /** 设置外边距 **/
  padding: 20rpx;                        /** 设置内边距 **/
  border: 1px solid silver;              /** 设置边框 **/
}
.title {                                 /** 定义用于设置标题的样式 **/
  font-size: larger;                     /** 设置字体大小 **/
  font-weight: bolder;                   /** 设置字体加粗 **/
  text-align: center;                    /** 设置文本水平居中对齐 **/
  margin-bottom: 15px;                   /** 设置下外边距 **/
  color: red;                            /** 设置字体颜色 **/
}
```

2.3.4 知识要点

1. 盒模型。所有 wxml 元素都可以看作盒子，在 wxss 中，"box model" 术语用来设计和布局时使用。盒模型本质上是一个盒子，封装周围的 wxml 元素，它包括边距、边框、填充和实际内容，模型结构如图 2.8 所示，各部分说明如下：

（1）element（元素）：盒子的内容，包括文本和图像等。
（2）padding（内边距）：内容和边框之间的区域，内边距是透明的。
（3）border（边框）：围绕在内边距之外的元素，允许指定边框的样式、宽度和颜色。
（4）margin（外边距）：边框与另一个模型或小程序边界之间的区域。
（5）width（宽度）：是指模型内容的宽度。
（6）height（高度）：是指模型内容的高度。

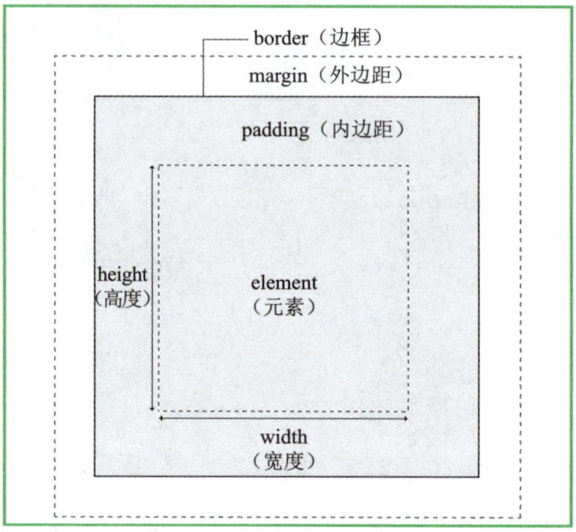

图 2.8　盒模型

2. border-style。边框的样式，其属性值说明见表 2.3。

表 2.3　边框样式及属性值说明

边框样式	说　明
none	默认，无边框
dotted	定义一个点线边框
dashed	定义一个虚线边框
solid	定义实线边框
double	定义两个边框。两个边框的宽度和 border-width 的值相同
groove	定义 3D 沟槽边框。效果取决于边框的颜色值
ridge	定义 3D 脊边框。效果取决于边框的颜色值
inset	定义一个 3D 的嵌入边框。效果取决于边框的颜色值
outset	定义一个 3D 突出边框。效果取决于边框的颜色值

3. border-width。用于设置边框宽度，有两种设置方法：
（1）指定长度值，单位为 px、pt、cm、em 等，如 2px、0.1em。

（2）使用三个关键字之一：thick、medium（默认值）或 thin。

4. border-color。用于设置边框颜色，可以使用以下方法：

（1）name：指定颜色的名称，如 "red"

（2）rgb：指定 rgb 的值，即红（red）、绿（green）、蓝（blue）三种颜色的值，如 "rgb(255,0,0)"，每种颜色值的范围为 0 ～ 255。

（3）rgba：指定 rgba 的值，即红、绿、蓝和透明度（alpha）的值，如 "rgba(255,0,0,1)"

（4）hex：指定十六进制数值，如 "#ff0000"。

5. 单独设置各边。可以通过属性 border-top、border-right、border-bottom、border-left 设置不同侧面的边框属性。

6. 一次性设置边框的多个属性。可以利用 border 属性一次性设置边框宽度、边框样式和边框颜色属性，设置方法是：border:border-width border-style border-color，如 border: 3px dashed #00ff00。

2.3.5 问题思考

1. 盒模型中的内容超出了给定的模型尺寸，模型应该如何处理？
2. 盒模型的背景范围包括 padding 吗？
3. 当上面模型的下边距为 20 px，下面模型的上边距为 30 px，两个模型之间的边距是多少？

案例 2.4 Flex 布局

Flex 布局

2.4.1 案例描述

设计一个小程序，演示利用 Flex 弹性盒模型进行页面组件布局的方法。小程序运行后，页面上显示三种 Flex 布局：水平布局、左右混合布局和上下混合布局。

2.4.2 实现效果

案例运行效果如图 2.9 所示。分别实现了水平布局、左右混合布局、上下混合布局效果。

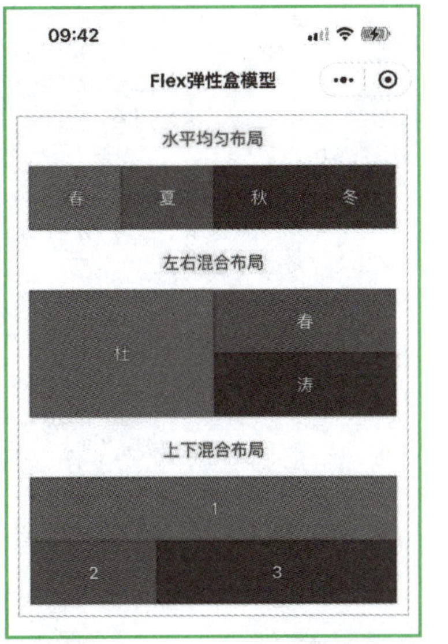

图 2.9 Flex 弹性盒模型布局案例运行效果

2.4.3 案例实现

1. 新建项目。新建一个不使用云服务和模板的小程序项目：FlexModel。

2. 编写 index.wxml 文件代码。代码实现了水平均匀布局、左右混合布局和上下混合布局。

（1）水平均匀布局。利用两层 <view> 实现，外层 <view> 中嵌套四个等分的 <view>，在外层 <view> 中设置水平方向的 Flex 布局（Flex 默认布局为水平方向）。嵌套的四个 <view> 通过全部设置属性 flex-grow:1 实现均匀布局，如果不等分，可以通过设置不同 flex-grow 属性值实现。

（2）实现左右混合布局。利用三层 <view> 实现，先在最外层 <view> 中嵌套两个 <view>，这两个 <view> 的布局为水平方向（通过在外层 <view> 中设置 display:flex 实现，主轴方向默认为水平方向），并按需要设置每个 <view> 的宽度。然后在右侧的 <view> 中嵌套两个垂直布局的 <view> 组件（通过在右侧的 <view> 中设置 display:flex;flex-direction:column 实现）。

（3）实现上下混合布局。利用三层 <view> 实现，先在最外层 <view> 中嵌套两个垂直方向 Flex 布局的 <view>（通过在外层 <view> 中设置 display:flex;flex-direction:column 实现），按需要设置每个 <view> 的高度，然后在下方的 <view> 中嵌套两个水平布局的 <view>（通过在下方的 <view> 中设置 display:flex;flex-direction:row 实现）。

（4）设置文字居中对齐。文字的水平居中对齐通过设置 <view> 的属性 text-align:center 实现，垂直居中对齐通过设置 <view> 的属性 line-height 的值大于或等于 height 的值（如果只设置 line-height 而没有设置 height，表示这两个属性值相等）来实现。

```
<!--index.wxml-->
<navigation-bar title="Flex 弹性盒模型 " back="{{false}}" color="black" background="#FFF"> </navigation-bar>
<scroll-view class="scrollarea" scroll-y type="list">
  <view class='box'>
    <view class="title">水平均匀布局</view>
    <view style='display:flex;text-align:center;line-height:60px;'>
      <view style='background-color:red;flex-grow:1;'>春</view>
      <view style='background-color:green;flex-grow:1;'>夏</view>
      <view style='background-color:blue;flex-grow:1;'>秋</view>
      <view style='background-color:purple;flex-grow:1;'>冬</view>
    </view>
    <view class="title" style="margin-top: 20px;">左右混合布局</view>
    <view style='display:flex;text-align:center;'>
      <view style='background-color:red;width:50%;line-height:120px;'>杜</view>
      <view style='display:flex;flex-direction:column;flex-grow:1;line-height:60px;'>
        <view style='background-color:green;'>春</view>
        <view style='background-color:blue;'>涛</view>
      </view>
    </view>
    <view class="title" style="margin-top: 20px;">上下混合布局</view>
    <view style='display:flex;flex-direction:column;text-align:center;'>
      <view style='background-color:red;line-height:60px;'>1</view>
      <view style='display:flex;line-height: 60px;'>
        <view style='background-color:green;flex-grow:0.5;'>2</view>
        <view style='background-color:blue;flex-grow:1;'>3</view>
      </view>
    </view>
  </view>
</scroll-view>
```

3. 编写 index.wxss 文件代码。代码中采用默认定义的 page 和 .scrollarea 样式类，这里就不再给出。

4. 编写 app.wxss 文件代码。代码中定义了 .box 和 .title 样式类，这两个样式类的内容和前面案例完全相同，这里就不再给出。

2.4.4 知识要点

本案例主要涉及 Flex 布局和利用 line-height 属性设置盒模型中文本垂直居中对齐的方法。

1. Flex 布局。Flex 是 Flexible Box 的缩写，意为“弹性布局”，用来对盒状模型进行布局。采用 Flex 布局的元素称为 Flex 容器（flex container），简称“容器”。它的所有子元素自动成为容器成员，称为 Flex 项目（flex item），简称“项目”。容器默认存在两根轴——主轴（main axis）和交叉轴（cross axis）。主轴的开始位置（与边框的交叉点）称为 main start，结束位置称为 main end；交叉轴的开始位置称为 cross start，结束位置称为 cross end。项目默认沿主轴排列。单个项目占据的主轴空间称为 main size，占据的交叉轴空间称为 cross size。Flex 弹性盒模型布局如图 2.10 所示。

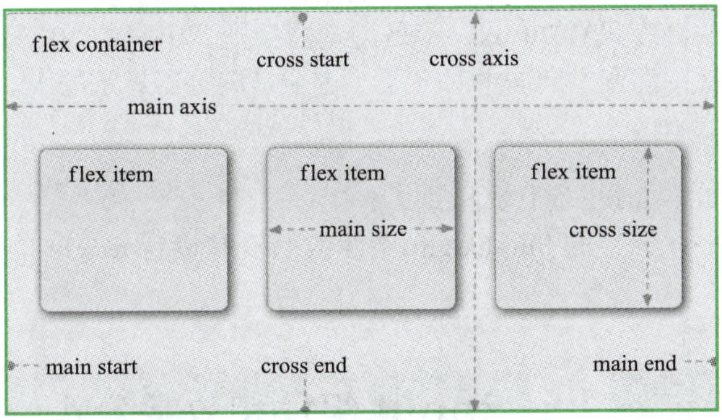

图 2.10　Flex 弹性盒模型布局

（1）Flex 容器布局属性、含义及合法值见表 2.4。

表 2.4　Flex 容器布局属性、含义及合法值

属　性	含　义	合 法 值
flex-direction	主轴的方向（即项目的排列方向）	row, row-reverse, column, column-reverse
flex-wrap	如果一条轴线排不下，如何换行	nowrap, wrap, wrap-reverse
justify-content	项目在主轴上的对齐方式	flex-start, flex-end, center, space-between, space-around
align-items	项目在交叉轴上的对齐方式	flex-start, flex-end, center, baseline, stretch
align-content	项目在交叉轴上有多根轴线时的对齐方式	flex-start, flex-end, center, space-between, space-around, stretch

（2）Flex 项目布局属性及说明见表 2.5。

表 2.5　Flex 项目布局属性及说明

属　性	说　明
order	项目的排列顺序。数值越小，排列越靠前，默认值为 0
flex-grow	各项目宽度之和小于容器宽度时，各项目分配容器剩余宽度的放大比例，默认值为 0，即不放大
flex-shrink	各项目宽度之和大于容器宽度时，各项目缩小自己宽度的比例，默认值为 1，即该项目将缩小
flex-basis	元素宽度的属性，和 width 功能相同，但比 width 的优先级高
flex	是 flex-grow、flex-shrink 和 flex-basis 的简写，默认值为 0、1、auto。后两个属性可选
align-self	允许单个项目有与其他项目不一样的对齐方式，可覆盖 align-items 属性。默认值为 auto，表示继承父元素的 align-items 属性，如果没有父元素，则等同于 stretch

2. line-height。可用于设置文本垂直居中原理。line-height 可以理解为每行文字所占的高度。例如，有一行高度为 20 px 的文字，如果设置 line-height:50px，则这行文字会占 50 px 的高度空间，由于文字的高度只有 20 px，于是浏览器会把多出来的 30 px 平均分配到文字的上方和下方，这样文字就在垂直方向居中对齐了（这个是浏览器规定的）。

2.4.5　问题思考

1. flex-grow 和 flex-shrink 有什么区别？

2. 如果只设置 view 标签的 line-height 属性值而没有设置 height 的值，能否实现文字的垂直居中对齐？

案例 2.5　input 组件和数学公式

input 组件和数学公式

2.5.1　案例描述

设计一个小程序，演示 input 组件的使用方法、数学公式的表示方法以及 setData() 函数的功能和使用方法。小程序运行后，页面上显示一个 input 组件，当在其中输入摄氏温度的值时，能够在下方即时显示华氏温度的值。摄氏温度 C 转华氏温度 F 的计算公式如下：

$$F=\frac{9}{5}\times C+32$$

式中，F 为华氏温度；C 为摄氏温度。

2.5.2　实现效果

案例的运行效果如图 2.11 所示。初始界面如图 2.11（a）所示，此时输入框中有提示信息，当在输入框中输入数据时（真机模式下），界面下方自动弹出数字键盘，输入数据时会在下方即时显示华氏温度的值，如图 2.11（b）所示。当完成输入时将显示华氏温度的最终结果，如图 2.11（c）所示。

（a）初始界面　　（b）输入界面　　（c）计算结果界面

图 2.11　摄氏温度转华氏温度案例运行效果

2.5.3　案例实现

1. 新建项目。新建一个不使用云服务和模板的小程序项目：InputAndEquation。

2. 编写 index.wxml 文件代码。代码中使用 input 组件输入数据，使用 placeholder 属性提示用户输入，使用 digit 属性实现输入时弹出数字键盘（在真机上才能看到效果），使用 bindinput 属性引发 input 组件输入时的动作事件——调用 calc 函数，从而实现温度转换计算。

```
<!--index.wxml-->
<navigation-bar title="Input 组件和数学公式 " back="{{false}}" color="black"
background="#FFF"> </navigation-bar>
<scroll-view class="scrollarea" scroll-y type="list">
  <view class='box'>
    <view class='title'>摄氏温度转华氏温度 </view>
    <view>
      <input placeholder='请输入摄氏温度 ' type='digit' bindinput='calc'>
      </input>
    </view>
    <view>华氏温度为 : {{F}} </view>
  </view>
</scroll-view>
```

3. 编写 index.wxss 文件代码。代码中定义了三个样式类：page、.scrollarea 和 input，其中，page、.scrollarea 的内容和以前案例相同，这里就不再给出。

```
/**index.wxss**/
page {…}
.scrollarea {…}
input {
  margin: 20px 0;                          /* 设置上下边距为 20 px，左右边距为 0*/
  border-bottom: 1px solid blue;           /* 设置下边框粗细为 1 px、实心、蓝色 */
}
```

4．编写 app.wxss 文件代码。代码中定义了两个样式类：.box 和 .title，样式类的内容和前面案例相同，这里就不再给出。

5．编写 index.js 文件代码。代码中定义了 calc() 函数，函数参数 e 表示 input 组件输入事件。函数中首先定义了变量 C，利用 e.detail.value 获取 input 组件中的数值并赋值给 C，然后根据 C 计算出 F，并通过 this.setData() 函数将 F 值由逻辑层传递给视图层，并在 index.wxml 文件中显示出来（变量 F 在视图层利用 {{}} 进行数据绑定）。

```
// index.js
Page({
  calc(e) {
    var C;                                 // 定义变量
    C = e.detail.value;                    // 获取 input 组件中的值（value）
    this.setData({
      F: C * 9 / 5 + 32                    // 计算出华氏温度的值并赋值给 F
    })
  }
})
```

2.5.4 知识要点

本案例主要演示了 JavaScript 中顺序结构的程序设计方法、数学运算的基本方法、input 组件的使用方法、获取 input 组件中数据的方法、setData() 函数的功能。

1．JavaScript 中顺序结构的程序设计方法。顺序结构程序设计是指按照解决问题的顺序写出相应的语句，它的执行顺序是自上而下，依次执行。

2．JavaScript 中数学公式的表示方法。JavaScript 中经常用到数学表达式，这就需要将数学表达式转换为程序语句。

3．input 组件使用方法。该组件主要用于输入数据，其常用属性及说明见表 2.6。

表 2.6 input 组件的常用属性及说明

属性名	类型	默认值	说明
value	string		输入框的初始内容
type	string	text	input 的类型
password	boolean	false	是否为密码类型
placeholder	string		输入框为空时占位符
placeholder-style	string		指定 placeholder 的样式

续表

属性名	类型	默认值	说明
maxlength	number	140	最大输入长度，设置为 -1 时不限制最大长度
bindinput	eventhandle		键盘输入时触发，event.detail = {value, cursor, keyCode}，keyCode 为键值，2.1.0 起支持，处理函数可以直接返回一个字符串，将替换输入框的内容
bindfocus	eventhandle		输入框聚焦时触发，event.detail = { value, height }，height 为键盘高度，在基础库 1.9.90 起支持
bindblur	eventhandle		输入框失去焦点时触发，event.detail = {value: value}

type 属性是指利用真机运行时，当在输入框中输入数据时，根据 type 属性值弹出相应类型的键盘（只有在真机运行时才能看到效果），其有效值及说明见表 2.7。

表 2.7 type 属性的有效值及说明

值	说明	值	说明
text	文本输入键盘	idcard	身份证输入键盘
number	数字输入键盘	digit	带小数点的数字键盘

4. 获取 input 组件中数据的实现方法。利用 e.detail.value 获取，其中 e 为发生在 input 中的事件。

5. setData() 函数的功能。将数据从逻辑层（JavaScript）异步渲染到视图层（wxml），并同时同步地改变对应的 this.data 的值。

2.5.5 问题思考

1. input 组件 type 属性的含义是什么？
2. 如何在 js 文件中获取 input 组件中输入的数据？
3. 假设 x 是绑定的数据变量，在 setData() 函数中将以下数学表达式的值传递到 wxml 文件。

$$x = \frac{-b+\sqrt{b^2-4ac}}{2a} \quad (a \neq 0)$$

案例 2.6 条件语句和数学函数

条件语句和数学函数

2.6.1 案例描述

设计一个小程序，演示条件语句和数学函数的使用方法。小程序运行后，页面上将显示一个 input 组件，当在其中输入 x 值并按【Enter】键后，将显示计算出的 y 值。根据 x 计算 y 的公式为

$$
y=\begin{cases}|x| & (x<0)\\ e^{x}\sin x & (0\leqslant x<10)\\ x^{3} & (10\leqslant x<20)\\ (3+2x)\ln x & (x\geqslant 20)\end{cases}
$$

2.6.2 实现效果

案例的运行效果如图 2.12 所示。初始界面如图 2.12（a）所示，当 x=−10 时，计算出 y=10，如图 2.12（b）所示；当 x=10 时，计算出的 y=1000，如图 2.12（c）所示。

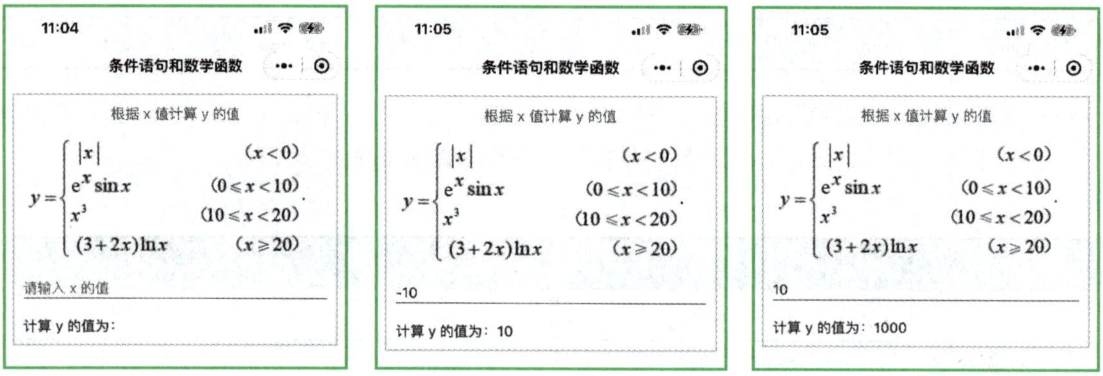

（a）初始界面　　（b）x=−10 时　　（c）x=10 时

图 2.12　条件语句和数学函数案例运行效果

2.6.3 案例实现

1. 新建项目。新建一个不使用云服务和模板的小程序项目：IfAndFunction。

2. 编写 index.wxml 文件代码。文件主要包括 input 组件，并利用该组件绑定了 calc 函数。该组件通过 input 样式设置了下边框线和边距。

```
<!--index.wxml-->
<navigation-bar title="条件语句和数学函数" back="{{false}}" color="black"
background="#FFF"></navigation-bar>
<scroll-view class="scrollarea" scroll-y type="list">
  <view class='box'>
    <view class='title'>根据 x 值计算 y 的值</view>
    <image src="/images/exp.png" mode="widthFix"></image>
    <input placeholder='请输入 x 的值' type='digit' bindblur='calc'></input>
    <view>计算 y 的值为：{{y}} </view>
  </view>
</scroll-view>
```

3. 编写 index.wxss 文件代码。文件中自定义了 input 样式，该样式适用于所有 input 组件。

```
/* index.wxss */
page {…}
.scrollarea {…}
```

```
input {
  border-bottom: 1px solid blue;   /* 添加 input 组件的下边框线 */
  margin: 20px 0;                /* input 组件上下外边距为 20 px，左右外边距为 0 */
}
```

4. 编写 app.wxss 文件代码。代码中定义了 .box 和 .title 样式类，这两个样式类的内容与前面案例相同，这里就不再给出。

5. 编写 index.js 文件代码。文件定义了 calc() 函数，该函数根据 x 的值，利用条件语句和数学函数计算出了 y 的值，并通过 setData() 函数将计算结果渲染到视图层。

```
// index.js
Page({
  calc(e) {
    var x, y;                              // 定义局部变量 x 和 y
    x = e.detail.value;                    // 获取 input 组件的 value 值并赋值给 x
    if (x < 0) {                           // 根据 x 值进行判断，并求出 y 的值
      y = Math.abs(x);
    } else if (x < 10) {
      y = Math.exp(x) * Math.sin(x);
    } else if (x < 20) {
      y = Math.pow(x, 3);
    } else {
      y = (3 + 2 * x) * Math.log(x);
    }
    this.setData({
      y                                    // 将局部变量 y 赋值给绑定变量 y
    })
  }
})
```

2.6.4 知识要点

本案例使用了 JavaScript 中的条件语句和 Math 对象中的函数。

1. 条件语句。在 JavaScript 中，条件语句包括：if 语句、if...else 语句、if...else if....else 语句、switch 语句。

（1）if 语句。语法为：

```
if （条件）{
  条件为 true 时执行的代码块
}
```

（2）if...else 语句。语法为：

```
if （条件） {
    条件为 true 时执行的代码块
} else {
    条件为 false 时执行的代码块
}
```

（3）if...else if...else 语句。语法为：

```
if （条件 1） {
    条件 1 为 true 时执行的代码块
} else if （条件 2） {
    条件 2 为 true 时执行的代码块
}
…
else if （条件 n） {
    条件 n 为 true 时执行的代码块
} else {
    不满足以上所有条件时执行的代码块
}
```

（4）switch 语句。语法为：

```
switch （表达式） {
  case 变量 / 数字 / 字符串 :
    语句 ;
    break;
  case 变量 / 数字 / 字符串 :
    语句 ;
    break;
  case 变量 / 数字 / 字符串 :
    语句 ;
  default:
    语句 ;
}
```

注：

（1）case 关键字后面只能使用变量、数字、字符串。

（2）break 关键字可以省略，如果省略，将直接进入下一个 case 中执行语句。

（3）default 分支可以省略。

2. Math 对象。JavaScript 中的所有事物都是对象，对象是拥有属性和方法的数据，属性是与对象相关的值，方法是能够在对象上执行的动作。Math 是 JavaScript 中的一个对象，用于执行数学任务，其常用属性或方法见表 2.8。

表 2.8 Math 对象的常用属性或方法

属性或方法	说　明
E	返回算术常量 e，即自然对数的底数（约等于 2.718）
PI	返回圆周率（约等于 3.14159）
abs(x)	返回数的绝对值
ceil(x)	对数进行上舍入

续表

属性或方法	说　明
cos(x)	返回数的余弦
exp(x)	返回 e 的指数
floor(x)	对数进行下舍入
log(x)	返回数的自然对数（底为 e）
max(x,y)	返回 x 和 y 中的最大值
min(x,y)	返回 x 和 y 中的最小值
pow(x,y)	返回 x 的 y 次幂
random()	返回 0 ～ 1 之间的随机数
round(x)	把数四舍五入为最接近的整数
sin(x)	返回数的正弦
sqrt(x)	返回数的平方根
tan(x)	返回角的正切
valueOf()	返回 Math 对象的原始值

2.6.5 问题思考

1. 使用数学函数时，是否必须使用 Math 做前缀？

2. 本案例中数学公式中给出的判断条件是$0 \leqslant x < 10$，而在代码中只使用了$x < 10$，代码是否正确？是否可以在代码中直接使用表达式$0 \leqslant x < 10$进行判断？

3. switch...case 语句中，switch 后面的表达式的值是否必须是常量？ case 后面的表达式是否有类型限制？

4. setData({y}) 写法是否能够将数据 y 传递到 wxml 文件中？

案例 2.7 button 组件和逻辑运算

button 组件和逻辑运算

2.7.1 案例描述

设计一个小程序，演示 button 组件和逻辑运算符的使用方法。小程序运行后，页面上将显示三个 input 组件，当在其中分别输入学生姓名、语文成绩和数学成绩后点击“提交”按钮，将显示输入的信息和计算出的两门课程的平均成绩。

2.7.2 实现效果

根据案例描述可以做出图 2.13 所示的效果。初始界面如图 2.13（a）所示，当输入姓名时，屏幕下方显示文字键盘，如图 2.13（b）所示，当输入成绩时，屏幕下方显示数字键盘；输入完成后点击“提交”按钮，在按钮下方将显示学生姓名及成绩，如图 2.13（c）所示。在输入过程中，如果某项内容为空，点击“提交”按钮后屏幕没有反应。

（a）初始界面　　（b）输入汉字时的界面　　（c）提交后的界面

图 2.13　学生成绩计算器案例运行效果

2.7.3　案例实现

1. 新建项目。新建一个不使用云服务和模板的小程序项目：ButtonAndLogic。

2. 编写 index.wxml 文件中的代码。代码中主要包含用于输入学生姓名和成绩的 input 组件、提交学生姓名和成绩的 button 组件、显示学生姓名和成绩的 view 组件。

（1）input 组件通过 placeholder 属性显示输入提示、通过 bindinput 属性绑定输入事件处理函数。

（2）button 组件通过 bindtap 属性绑定了点击按钮事件处理函数。

（3）代码中最后五个 view 组件用来显示学生的姓名和成绩，其中包含了一个外层 view 和四个内层 view。外层 view 利用 hidden 属性和绑定变量 {{flag}} 进行关联，用来设置所有内层 view 组件是否显示，内层 view 用于显示学生姓名和成绩。

```
<!-- index.wxml -->
<navigation-bar title="Button 组件和逻辑运算 " back="{{false}}" color="black"
background="#FFF"> </navigation-bar>
<scroll-view class="scrollarea" scroll-y type="list">
    <view class='box'>
        <view class='title'> 成绩计算器 </view>
```

```
        <input placeholder=" 请输入你的名字 " bindinput='nameInput'></input>
        <input placeholder=" 请输入语文成绩 " bindinput='chineseInput' type=
        'number'></input>
        <input placeholder=" 请输入数学成绩 " bindinput='mathInput' type=
        'number'></input>
        <button bindtap='mysubmit' type="primary"> 提交 </button>
        <view hidden="{{flag}}" class='content'>
            <view> 姓名: {{stu_name}}</view>
            <view> 语文成绩: {{chinese_score}}</view>
            <view> 数学成绩: {{math_score}}</view>
            <view> 平均分: {{average_score}}</view>
        </view>
    </view>
</scroll-view>
```

3. 编写 index.wxss 文件代码。代码中定义的样式类包括 page、.scrollarea、input、.content 和 .content>view，其中 page 和 .scrollarea 是项目自动定义的样式类。

```
/* index.wxss */
page {…}
.scrollarea {…}
input {
  background: #fff;
  height: 100rpx;
  margin: 10px;
  padding-left: 10px;
  border: solid 1px silver
}
.content {
  background: #fff;
  padding: 10px;
  color: #00f;
  margin: 10px;
}
.content>view {
  line-height: 36px;                    /* 设置行高 */
}
```

4. 编写 app.wxss 文件代码。代码中定义了 .box 和 .title 样式类，样式类的代码和前面案例相同，这里就不再给出。

5. 编写 index.js 文件代码。该文件首先在 data 中初始化了 index.wxml 文件中绑定的数据（flag 初始值为 true，表示显示学生姓名和成绩的 view 组件一开始是隐藏的），然后定义了 index.wxml 文件中绑定的事件函数，用于获取 input 组件中输入的姓名、语文成绩和数学成绩，并通过提交事件计算成绩平均值并显示 view 组件。

```
/* index.js */
Page({
```

```
  data: {
    flag: true,                                     // 设置 view 组件开始时隐藏
    stu_name: '',                                   // 定义学生姓名属性
    chinese_score: '',                              // 定义语文成绩属性
    math_score: '',                                 // 定义数学成绩属性
    average_score: ''                               // 定义平均成绩属性
  },
  nameInput(e) {
    this.data.stu_name = e.detail.value;            // 获取输入框中的值
  },
  chineseInput(e) {
    this.data.chinese_score = e.detail.value;       // 获取输入框中的值
  },
  mathInput(e) {
    this.data.math_score = e.detail.value;          // 获取输入框中的值
  },
  mysubmit() {
    var stu_name, chinese_score, math_score, average_score;
                                                    // 定义局部变量
    stu_name = this.data.stu_name;                  // 将属性变量的值赋值给变量
    chinese_score = this.data.chinese_score;
    math_score = this.data.math_score;
    average_score = this.data.average_score;
    if (stu_name == '' || chinese_score == '' || math_score == '') {
      return;                              // 判断输入框是否为空，如果为空则直接返回
    } else {
      average_score = (chinese_score * 1 + math_score * 1) / 2;
                                                    // 计算成绩平均值
      this.setData({
        flag: false,                                // 显示 view 组件
        stu_name,       // 将 stu_name 的值发送到 wxml 文件中绑定的 stu_name 变量
        chinese_score,
        math_score,
        average_score,
      });
    }
  }
})
```

2.7.4 知识要点

本案例涉及 JavaScript 中的逻辑运算符和 button 组件的使用方法。

1．JavaScript 中的逻辑运算符。用于测定变量或值之间的逻辑关系。假设 x=6，y=3，表 2.9 解释了逻辑运算符的含义。

表 2.9　JavaScript 中的逻辑运算符的含义

运算符	描　述	例　子
&&	and	(x < 10 && y > 1)　// 结果为 true
||	or	(x==5 || y==5)　// 结果为 false
!	not	!(x==y)　// 结果为 true

2. button 按钮组件。该组件常用属性见表 2.10。

表 2.10　button 组件常用属性

属　性	类　型	默认值	必　填	说　明
size	string	default	否	按钮的大小
type	string	default	否	按钮的样式类型
plain	boolean	false	否	按钮是否镂空，背景色透明
disabled	boolean	false	否	是否禁用
loading	boolean	false	否	名称前是否带 loading 图标
form-type	string		否	用于 <form> 组件，点击分别会触发 <form> 组件的 submit/reset 事件

属性 size、type 和 form-type 的合法值见表 2.11。

表 2.11　属性 size、type 和 form-type 的合法值

属　性	合法值	说　明
size	default	默认大小
	mini	小尺寸
type	primary	绿色
	default	白色
	warn	红色
form-type	submit	提交表单
	reset	重置表单

2.7.5　问题思考

1. 利用 view 组件的什么属性可以控制该组件的显示与隐藏？
2. button 组件的 type 属性值有哪些？分别表示按钮是哪种颜色？
3. button 组件的 form-type 属性用在什么地方？其属性值有哪些？

循环求和计算器

案例 2.8 循环求和计算器

2.8.1 案例描述

设计一个小程序，演示循环语句的功能和使用方法、JavaScript 全局对象的使用方法、全局变量的定义和使用方法。小程序运行后，页面上将显示两个 input 组件，当在其中分别输入循环的起始和终止整数后点击“求和”按钮，将显示计算出的两个整数之间所有整数的和。

2.8.2 实现效果

案例的运行效果如图 2.14 所示。初始界面如图 2.14（a）所示，输入界面如图 2.14（b）所示，点击“求和”按钮后的计算结果如图 2.14（c）所示。

（a）初始界面　　（b）输入数据界面　　（c）结果界面

图 2.14　循环求和计算器案例运行效果

2.8.3 案例实现

1. 新建项目。新建一个不使用云服务和模板的小程序项目：LoopSum。
2. 编写 index.wxml 文件代码。该文件主要包括两个 input 组件和一个 button 组件。设置

input 组件的 bindblur 属性绑定失去焦点的事件函数来获取组件的 value 值，设置 button 组件的 bindtap 属性绑定点击按钮的事件函数来进行求和计算。文件使用了 input 和 button 两种样式来设置这两种组件的布局和样式。

```
<!-- index.wxml -->
<navigation-bar title=" 循环求和计算器 " back="{{false}}" color="black" background=
"#FFF"></navigation-bar>
<scroll-view class="scrollarea" scroll-y type="list">
  <view class='box'>
    <view class='title'> 求两数之间所有数的和 </view>
    <view>
      <input placeholder=' 请输入起点数值 ' type='number' bindblur='startNum'>
      </input>
      <input placeholder=' 请输入终点数值 ' type='number' bindblur='endNum'>
      </input>
    </view>
    <view style="font-size: large;"> 两数之间所有数之和为: {{sum}} </view>
    <button type='primary' bindtap='calc'> 求和 </button>
  </view>
</scroll-view>
```

3. 编写 index.wxss 文件代码。该文件自定义了 input 和 button 两个样式类。

```
/* index.wxss */
page {…}
.scrollarea {…}
input {
  border-bottom: 1px solid blue;   /* 添加 input 组件的下边框线 */
  margin: 20px 0;               /* input 组件上下外边距为 20 px, 左右外边距为 0 */
  font-size: large;
}
button {
  margin-top: 20px;             /* 设置 button 组件的上边距为 20 px */
}
```

4. 编写 app.wxss 文件代码。代码中定义了 .box 和 .title 样式类，样式类的代码和前面案例相同，这里就不再给出。

5. 编写 index.js 文件代码。文件主要定义了两个全局变量和三个函数，start 和 end 两个全局变量用于存放 input 组件中的 value 值（输入的数值），startNum 和 endNum 函数用于获取两个 input 组件中的 value 值，calc() 函数用于求和，并将求和结果渲染到视图层。

```
// index.js
var start, end;                       // 定义起点数和终点数两个全局变量
Page({
  startNum(e) {
    start = parseInt(e.detail.value); // 将 input 组件 value 值转换为整数并赋值
  },
```

```
  endNum(e) {
    end = parseInt(e.detail.value); // 将 input 组件 value 值转换为整数并赋值
  },
  calc() {
    var sum = 0;
    for (var i = start; i <= end; i++) {
      sum = sum + i;                  // 利用 for 循环求和
    }
    this.setData({
      sum                             // 将全局变量 sum 的值渲染到视图层
    })
  }
})
```

2.8.4 知识要点

本案例主要涉及JavaScript中的循环语句和全局对象函数的应用，以及全局变量的定义。

1. 循环语句。如果希望一遍又一遍地运行相同的代码，并且每次的值都不同，那么使用循环是很方便的。JavaScript支持的循环类型包括：

for：多次遍历代码块。

for...in：遍历对象属性。

while：当指定条件为true时循环一段代码块。

do...while：先执行一次代码块，然后判断，当指定条件为true时循环一段代码块。

（1）for循环。在希望创建循环时常会用到的工具，语法为：

```
for(语句 1; 语句 2; 语句 3) {
     要执行的代码块
}
语句 1 在循环（代码块）开始前执行。
语句 2 定义运行循环（代码块）的条件。
语句 3 在循环（代码块）已被执行之后执行。
例如:

var sum=0;
for(var i=1;i<=10;i++){
  sum+=i;
}
```

运行后sum的值为：55。

（2）for...in循环。循环遍历对象的属性。与for循环不同的是，for...in循环是对对象每个属性（包括对象原型链的属性）的枚举，并且它并不是按照属性排列的顺序（无序）来执行。例如：

```
var person = {fname:"Bill", lname:"Gates", age:62};
var text = "";
for (var x in person) {
```

```
    text += person[x];
}
循环结束后，text 的值为："BillGates62"
```

（3）while 循环。在指定条件为真时循环执行代码块。语法为：

```
while （条件） {
    要执行的代码块
}
```

例如：

```
var i=1, sum=0;
while (i <= 10) {
    sum += i;
    i++;
}
```

运行后 sum 的值为：55。

（4）do...while 循环。是 while 循环的变体。该循环首先执行一次代码块，然后检查条件是否为真，如果条件为真，就会重复该循环。语法为：

```
do {
    要执行的代码块
}while （条件）;
```

例如：

```
var i=1, text='';
do {
    text += i;
    i++;
}while (i< 5);
```

代码运行后，text 的值为："1234"

2. JavaScript 全局对象。可用于所有内建的 JavaScript 对象，其常用属性和方法的描述见表 2.12。

表 2.12　JavaScript 全局对象常用属性和方法的描述

属性和方法	描　述	属性和方法	描　述
Infinity	代表正的无穷大的数值	Number()	把对象的值转换为数字
NaN	指示某个值是不是数字值	parseFloat()	解析一个字符串并返回一个浮点数
undefined	指示未定义的值	parseInt()	解析一个字符串并返回一个整数

续表

属性和方法	描　　述	属性和方法	描　　述
isFinite()	检查某个值是否为有穷大的数	String()	把对象的值转换为字符串
isNaN()	检查某个值是否为数字		

3. 全局变量的定义和使用。在所有函数之外定义的变量称为全局变量，该变量可以在该文件的所有函数中使用。

2.8.5　问题思考

1. 如何求取 100 ～ 200 之间所有奇数或偶数的和？
2. 如何求取 100 ～ 200 之间所有奇数或偶数的平方和？
3. for 循环和 for...in 循环有哪些区别？

随机数求和

案例 2.9　随机数求和

2.9.1　案例描述

设计一个小程序，演示 Math.random() 函数、Array 和 Number 对象的使用方法。小程序运行后，产生一列 100 以内的随机数（保留小数点后 2 位）并显示这些随机数的和；当点击按钮时，将产生一列新的随机数并计算出这些随机数的和。

2.9.2　实现效果

根据案例描述可以做出图 2.15 所示的效果。初始界面如图 2.15（a）所示，此时显示一列随机数并计算出这些随机数的和。当点击“产生新的随机数”按钮后，将产生一列新的随机数，并计算出这些随机数求和，如图 2.15（b）和 2.15（c）所示。

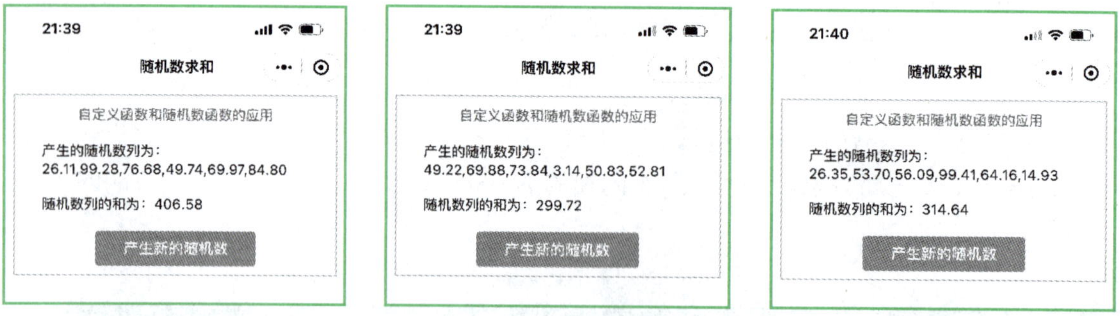

（a）初始界面　　（b）产生新的随机数列 I　　（c）产生新的随机数列 II

图 2.15　随机数求和案例运行效果

2.9.3 案例实现

1. 新建项目。新建一个不使用云服务和模板的小程序项目：RandomSum。

2. 编写 index.wxml 文件代码。代码主要通过列表渲染的方法将逻辑层产生的随机数列表显示在屏幕上，并显示随机数列的和，最下面添加一个按钮，用于绑定产生新的随机数的事件函数。

```
<!-- index.wxml -->
<navigation-bar title="随机数求和" back="{{false}}" color="black" background=
"#FFF"></navigation-bar>
<scroll-view class="scrollarea" scroll-y type="list">
  <view class="box">
    <view class='title'>自定义函数和随机数函数的应用</view>
    <view class="txtStyle">产生的随机数列为：{{rand}}</view>
    <view class="txtStyle">随机数列的和为：{{sum}}</view>
    <button type='primary' bindtap='newRand'>产生新的随机数</button>
  </view>
</scroll-view>
```

3. 编写 index.wxss 文件代码。代码中自定义了 .txtStyle 样式类。

```
/* index.wxss */
page {…}
.scrollarea {…}
.txtStyle {
  font-size: larger;
  margin: 20px;
}
```

4. 编写 app.wxss 文件代码。代码中定义了 .box 和 .title 样式类，样式类的代码和前面案例相同，这里就不再给出。

5. 编写 index.js 文件代码。代码中主要包含了全局变量和全局函数的定义，并在 Page() 函数中定义了 onLoad() 函数和 newRand() 函数。

（1）全局变量的定义。首先定义一个全局数组变量 rand 和一个全局普通变量 sum，rand 用来存储产生的随机数列，sum 用来存储随机数列的和。

（2）全局函数的定义。定义 createRand() 函数，用于产生随机数列并求和，该函数首先利用 for 循环产生 6 个随机数并将这些数据添加到数组中。Math.random() 函数用于产生 0 ～ 1 之间的随机数，Math.random() * 100 能够产生 0 ～ 100 之间的随机数，toFixed(1) 函数用于将产生的随机数保留小数点后 1 位，但此时的数据是字符串类型。

（3）rand.push(r) 用于将产生的随机数 r 添加到 rand 数组中。

（4）sum += rand[i] * 1 将随机数字符串转换为数值型并求和。

（5）console.log(sum) 函数用于在控制台显示 sum 数据，这种函数对程序调试很有帮助。

（6）在 onLoad() 函数中调用 createRand() 函数产生随机数列并求和，然后通过 this.setData() 方法将 rand 和 sum 的结果渲染到视图层。

（7）在 newRand() 方法中直接调用 onLoad() 方法。

```
// index.js
var rand, sum;                                   // 定义全局变量
function createRand() {                          // 定义全局函数
  rand = [];                                     // 初始化数组变量
  sum = 0;                                       // 初始化 sum 变量
  for (let i = 0; i < 6; i++) {
    var r = (Math.random() * 100).toFixed(2); // 产生随机数并保留小数点后 2 位
    rand.push(r);                                // 将产生的随机数添加到数组中
    sum += rand[i] * 1;                          // 将随机数字符串转换为数值型并求和
    console.log(rand[i]);                        // 在控制台显示数组元素
  }
  sum = sum.toFixed(2);                          // 保留小数点后 2 位
  console.log(sum);                              // 调试用
}
Page({
  onLoad() {                                     // 生命周期函数
    createRand();                                // 调用全局函数产生随机数
    this.setData({
      rand,                                      // 给绑定数据 rand 赋值
      sum                                        // 给绑定数据 sum 赋值
    })
  },
  newRand() {
    this.onLoad(); // 调用 onLoad() 函数
  }
})
```

2.9.4 知识要点

本案例用到了 JavaScript 中 Math 对象的 random() 方法，以及 Array 和 Number 对象中的相关函数。JavaScript 中的对象包括字符串、数字、数组、日期等。对象是拥有属性和方法的数据，属性是静态数据，方法是能够在对象上执行的动作，即动态数据。

1. Math.random() 方法。该方法返回 0 ~ 1 之间的一个随机数，但不包括 1。

2. JavaScript 中的 Array 对象。用于在单个变量中存储多个值，其常用属性和方法的说明见表 2.13。

表 2.13 Array 对象常用属性和方法的说明

属性和方法	说　明
length	设置或返回数组中元素的数目
concat()	连接两个或更多的数组，并返回结果
join()	把数组的所有元素放入一个字符串。元素通过指定的分隔符进行分隔
pop()	删除并返回数组的最后一个元素

续表

属性和方法	说　明
push()	向数组的末尾添加一个或更多元素，并返回新的长度
reverse()	颠倒数组中元素的顺序
shift()	删除并返回数组的第一个元素
slice()	从某个已有的数组返回选定的元素
sort()	对数组的元素进行排序
splice()	删除元素，并向数组添加新元素
toSource()	返回该对象的源代码
toString()	把数组转换为字符串，并返回结果
toLocaleString()	把数组转换为本地格式的字符串，并返回结果
unshift()	向数组的开头添加一个或更多元素，并返回新的长度
valueOf()	返回数组对象的原始值

3. JavaScript 中的 Number 对象。该对象是原始数值的包装对象，其常用属性和方法的说明见表 2.14。

表 2.14　Number 对象常用属性和方法的说明

属性和方法	说　明
MAX_VALUE	可表示的最大的数
MIN_VALUE	可表示的最小的数
NaN	非数字值
NEGATIVE_INFINITY	负无穷大，溢出时返回该值
POSITIVE_INFINITY	正无穷大，溢出时返回该值
toString()	把数字转换为字符串，使用指定的基数
toLocaleString()	把数字转换为字符串，使用本地数字格式顺序
toFixed()	把数字转换为字符串，结果的小数点后有指定位数的数字
toExponential()	把对象的值转换为指数计数法
toPrecision()	把数字格式化为指定的长度
valueOf()	返回一个 Number 对象的基本数字值

2.9.5　问题思考

1. 自定义全局函数时，是否必须使用 function 关键字？

2. 什么是生命周期函数？ onLoad() 函数在什么时候被调用？
3. 本案例中，在 newRand() 函数中调用 onLoad() 函数时是否必须使用 this 关键字？
4. 本案例代码中的语句 sum += rand[i] * 1，乘 1 的目的是什么？
5. 要产生 100 ～ 200 之间的随机整数，应该如何实现？

自动随机变化的颜色

案例 2.10 自动随机变化的颜色

2.10.1 案例描述

设计一个小程序，演示创建随机颜色的方法和定时器函数 setInterval() 的使用方法。小程序运行后，页面上将显示不同颜色的文本，而且每过一定时间，这些文本颜色会自动发生随机变化。

2.10.2 实现效果

案例的运行效果如图 2.16 所示。界面一开始显示一首不同颜色的诗，每过 5 秒，每行诗的颜色都在自动发生随机变化，当点击“改变颜色”按钮时，每行诗的颜色也会发生变化。每行诗某个时间段的颜色值在右边窗口的 Console 面板中可以看到。

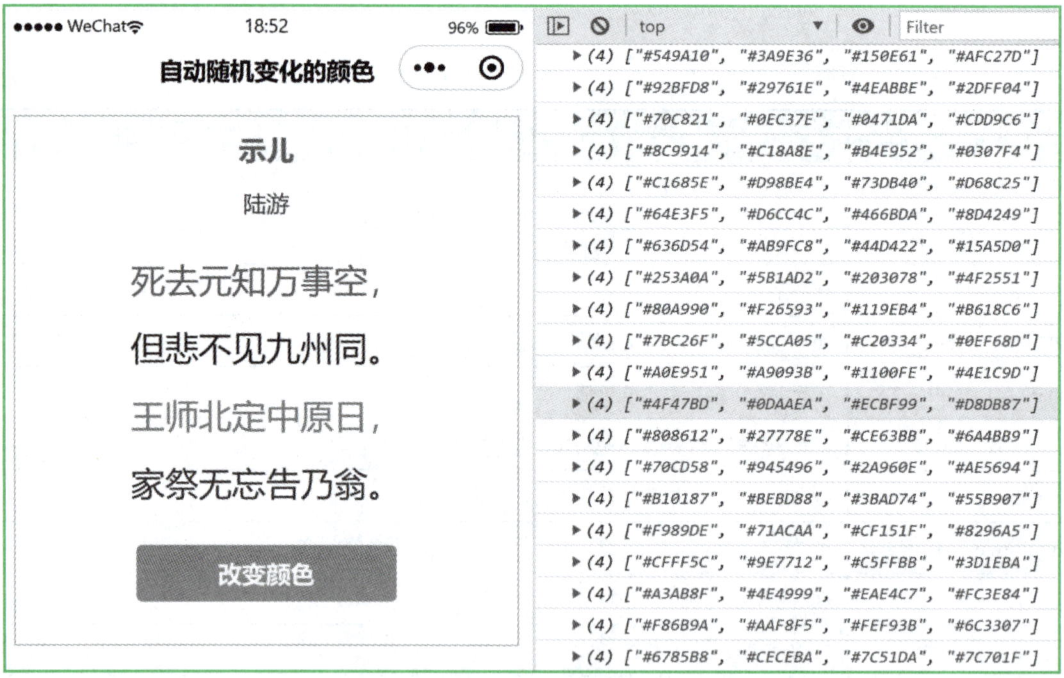

图 2.16　自动随机变化的颜色案例运行效果

2.10.3 案例实现

1. 新建项目。新建一个不使用云服务和模板的小程序项目：ColorChangeAuto。

2. 编写 index.wxml 文件代码。代码中最外层 view 内部嵌套三个 view 组件和一个按钮组件，第三个 view 组件中又嵌套了四个 view 组件，每个 view 组件用来显示不同颜色的文本内容。

```
<!--index.wxml-->
<navigation-bar title="自动随机变化的颜色" back="{{false}}" color="black" background=
"#FFF"></navigation-bar>
<scroll-view class="scrollarea" scroll-y type="list">
  <view class="box">
    <view class='title'>示儿</view>
    <view style="text-align: center;color: blue;">陆游</view>
    <view class="flex-wrp">
      <view style="color:{{color[0]}}">死去元知万事空，</view>
      <view style="color:{{color[1]}}">但悲不见九州同。</view>
      <view style="color:{{color[2]}}">王师北定中原日，</view>
      <view style="color:{{color[3]}}">家祭无忘告乃翁。</view>
    </view>
    <button type='primary' bindtap="changeColor">改变颜色</button>
  </view>
</scroll-view>
```

3. 编写 index.wxss 文件代码。该文件自定义了两种样式类：.flex-wrp 和 button，分别用来设置诗词内容文本的样式和按钮的样式。

```
/*index.wxss*/
page {…}
.scrollarea {…}
.flex-wrp {
  margin-top: 20px;
  font-size: x-large;
  text-align: center;
  line-height: 2em;
}
button {
  margin-top: 20px;
  margin-bottom: 20px;
}
```

4. 编写 app.wxss 文件代码。代码中定义了 .box 和 .title 样式类，样式类的代码和前面案例相同，这里就不再给出。

5. 编写 index.js 文件代码。代码包含了创建四种随机颜色的函数 createColor()、生命周期函数 onLoad() 和点击按钮事件函数 changeColor()。

（1）自定义函数 createColor()。该函数利用双重 for 循环创建了四种颜色。函数中调用了 Math.random() 和 Math.floor() 函数，Math.random() 函数能够产生 0 ～ 1 之间的一个小数，Math.floor() 函数能够得出小于给定参数的最大整数，Math.floor(Math.random() * 16) 能产生一个 0 ～ 15 之间的整数，由于字符串变量 letters = '0123456789ABCDEF' 有 16 个字符，下标在 0 ～ 15 之间，因此 letters[Math.floor(Math.random() * 16)] 的值为 0 ～ F 之间的一个字符，

利用 for 循环能够产生一个带 # 符号的 6 位十六进制颜色值，然后利用 setData() 函数把创建的四种颜色渲染到视图层。

（2）生命周期函数 onLoad()。首先利用 this.createColor() 函数产生四个随机颜色并渲染到视图层，然后利用 setInterval() 函数每隔 5 秒调用一次 this.createColor() 函数，从而实现每隔 5 秒视图层文本颜色发生一次随机变化。

（3）按钮事件函数 changeColor()。点击按钮直接调用 this.createColor() 函数实现字体颜色的随机变化。

```
/*index.js*/
Page({
  createColor() {                                    // 自定义函数，创建四种随机颜色
    var color = [];                                  // 定义数组
    var letters = '0123456789ABCDEF';                // 定义十六进制颜色字符集
    for (var i = 0; i < 4; i++) {                    // 利用循环创建四种随机颜色
      var c = '#';
      for (var j = 0; j < 6; j++) {                  // 创建十六进制的随机颜色
        c += letters[Math.floor(Math.random() * 16)];
                                                     // 随机抽取一个字符
      }
      color.push(c);                                 // 将创建的颜色加入颜色数组
    }
    console.log(color);                              // 在 console 面板中显示颜色值
    this.setData({                                   // 将创建的颜色渲染到视图层
      color
    })
  },
  onLoad() {                                         // 生命周期函数
    setInterval(() => {                   // 每隔 5 秒调用一次 this.createColor() 函数
      this.createColor();
    }, 5000);
  },
  changeColor() {                                    // 点击按钮时的事件函数
    this.createColor();
  }
})
```

2.10.4 知识要点

本案例主要涉及在 JavaScript 中创建随机颜色以及利用 setInterval() 函数实现颜色每隔一定时间创建一次随机颜色的方法。创建随机颜色方法综合运用了双重 for 循环、数组、Math.random() 函数、Math.floor() 函数等知识。

创建颜色的方法是：从构成颜色的 16 个十六进制字符（0 ～ F）中随机找出 6 个字符，与 # 连接构成一种颜色，连续找四次就可以生成四种随机颜色。

利用 setInterval() 函数可以每隔一定时间调用一次创建颜色的函数，从而实现颜色的不断变化。

2.10.5 问题思考

1. 如何生成随机变化的颜色？
2. 如果将逻辑层中的数组渲染到视图层，那么是否可以在视图层使用下标访问数组元素？

习 题

1. 设计一个小程序，显示四段文字信息（信息内容自定），分别利用 style 和 class 属性设置字体和文本样式，其中样式类分别在 app.wxss 和 index.wxss 文件中定义。

2. 设计一个小程序，综合利用图片、声音和盒模型实现相应的效果。

3. 设计一个小程序，首先产生一系列随机数，然后利用数学函数、条件语句和循环语句对这些随机数进行运算和处理。

4. 设计一个小程序，利用计时器函数实现颜色的自动变化。

第3章 小程序框架

本章概要

本章设计了10个案例，演示创建页面和导航、创建标签、生命周期函数、数据和事件绑定、计时器、条件渲染和picker组件、列表渲染和九九乘法表、模块化、模板、文件引用的功能和实现方法。

学习目标

- 掌握创建小程序页面和实现小程序页面之间导航的方法
- 掌握标签的功能和使用方法
- 掌握生命周期函数的功能和使用方法
- 掌握数据绑定和事件绑定的功能和实现方法
- 掌握计时器函数的功能和使用方法
- 掌握条件渲染和列表渲染的功能和使用方法
- 掌握模块化、模板和文件引用的功能和实现方法

案例 3.1 创建页面和导航

创建页面和导航

3.1.1 案例描述

设计一个小程序，演示创建页面和实现页面间导航的方法。首先创建五个页面，然后通过 index 页面导航到新创建的五个页面。index 页面包含五个导航项，每个导航项包括一个 icon 图标、一个说明文本和一个箭头图片，icon 图标在最左侧、文本在 icon 右侧，箭头图片在最右侧。当点击某一导航项时跳转到相应的页面。

3.1.2 实现效果

根据案例描述可以做出图 3.1 所示的效果。初始页面（导航页）如图 3.1（a）所示，标题下方有五个导航行，每个导航包含三个元素：图标、文本和箭头。当点击某个导航时将进入对应的页面，如图 3.1（b）～（f）所示。

（a）导航页面　（b）page1 页面　（c）page2 页面

（d）page3 页面　（e）page4 页面　（f）page5 页面

图 3.1　导航与布局案例运行效果

3.1.3 案例实现

1．新建项目。新建一个不使用云服务和模板的小程序项目：Navigation。

2. 创建新页面。在 app.json 文件的 pages 中添加五个新页面：page1、page2、page3、page4 和 page5。

app.json 文件代码：

```
{
  "pages": [
    "pages/index/index",
    "pages/page1/page1",
    "pages/page2/page2",
    "pages/page3/page3",
    "pages/page4/page4",
    "pages/page5/page5"
  ],
  "window": {
    "navigationBarTextStyle": "black",
    "navigationStyle": "custom"
  },
  "style": "v2",
  "renderer": "skyline",
  "rendererOptions": {
    "skyline": {
      "defaultDisplayBlock": true,
      "disableABTest": true,
      "sdkVersionBegin": "3.0.0",
      "sdkVersionEnd": "15.255.255"
    }
  },
  "componentFramework": "glass-easel",
  "sitemapLocation": "sitemap.json",
  "lazyCodeLoading": "requiredComponents"
}
```

保存代码后，添加的页面将在资源管理器中显示出来，每个页面对应一个文件夹，每个文件夹中有四个文件：js、json、wxml 和 wxss。

3. 素材准备。由于本案例用到了箭头图片，因此需要在项目根目录下创建 images 文件夹，并将图片文件复制到该文件夹。

4. 编写 index.wxml 文件代码。index 页面是导航页面，通过该页面可以导航到其他页面。这里利用 <navigator> 标签实现导航，其 url 属性指向链接的页面。<navigator> 标签内部嵌套了一个 <view> 容器标签，其内部又嵌套了 icon、view 和 image 标签，分别用于设置图标、文本和箭头图片。

```
<!--index.wxml-->
<navigation-bar title="导航与创建页面 " back="{{false}}" color="black" background=
"#FFF"></navigation-bar>
<scroll-view class="scrollarea" scroll-y type="list">
  <view class="box">
```

```
    <view class="title">中国航天领域重要成果</view>
    <navigator url='../page1/page1'>
      <view>
        <icon type='success'></icon>
        <view class='textStyle'>载人航天</view>
        <image src="/images/right-arrow.png"></image>
      </view>
    </navigator>
    <navigator url='../page2/page2'>
      <view>
        <icon type='success'></icon>
        <view class='textStyle'>探月工程</view>
        <image src="/images/right-arrow.png"></image>
      </view>
    </navigator>
    <navigator url='../page3/page3'>
      <view>
        <icon type='success'></icon>
        <view class='textStyle'>卫星应用</view>
        <image src="/images/right-arrow.png"></image>
      </view>
    </navigator>
    <navigator url='../page4/page4'>
      <view>
        <icon type='success'></icon>
        <view class='textStyle'>火箭技术</view>
        <image src="/images/right-arrow.png"></image>
      </view>
    </navigator>
    <navigator url='../page5/page5'>
      <view>
        <icon type='success'></icon>
        <view class='textStyle'>空间科学</view>
        <image src="/images/right-arrow.png"></image>
      </view>
    </navigator>
  </view>
</scroll-view>
```

5. 编写 index.wxss 文件代码。代码中除了默认定义的 page 和 .scrollarea 样式类外，又自定义了五个样式类：navigator、navigator>view、icon、.textStyle、image，其中 navigator 用于设置 navigator 导航栏的样式、navigator>view 用于设置 navigator 的直接子元素 view 的样式，icon 用于设置 icon 图标的样式，.textStyle 用于设置文本的样式，image 用于设置 image 图片的样式。

```
/**index.wxss**/
page {...}
.scrollarea {…}
```

```
/* 定义 navigator 样式类，用于设置 navigator 样式 */
navigator {
  margin: 10px;
  font-size: 24px;
}
/* 定义 navigator 组件的直接子元素 view 的样式 */
navigator > view {
  display: flex;
  flex-direction: row;
  margin: 10px 0px;
  padding: 10px 0px;
  align-items: center;       /* 设置交叉轴（垂直）方向居中对齐 */
}
/* 定义 icon 样式类，用于设置 icon 的样式 */
icon {
  margin-right: 10px;        /* 设置图标右侧外边距 */
  zoom: 1.5;                 /* 定义图标的缩放比例 */
}
/* 定义设置文本样式的样式类 */
.textStyle {
  flex: 1;                   /* 相当于 flex-grow: 1，使文本占据所有剩余空间 */
}
/* 定义 image 样式类，用于设置 image 的样式 */
image {
  width: 30px;               /* 设置图片宽度 */
  height: 30px;              /* 设置图片高度 */
}
```

6. 编写 page1.wxml 文件代码。该文件用于设置标题栏和页面内容部分。

```
<!--pages/page1/page1.wxml-->
<navigation-bar title="page1" back="{{true}}" color="black" background=
"#FFF"></navigation-bar>
<view class="box">
  <view class="title">载人航天</view>
  <view class="txt-style">
    中国已经成功地完成了多次载人航天任务，包括神舟五号、六号、七号、九号和十一号载人
飞船的发射和返回。这些任务的成功使中国成为继苏联和美国之后，第三个掌握载人航天技术的国家。
  </view>
</view>
```

7. 编写 page1.json 文件代码。该文件用于配置页面导航栏部分。

```
{
  "usingComponents": {
    "navigation-bar": "/components/navigation-bar/navigation-bar"
  }
}
```

8. page2.wxml、page3.wxml、page4.wxml、page5.wxml 文件代码和 page1.wxml 类似，page2.json、page3. json、page4. json、page5. json 文件代码与 page1.json 文件类似，这里就不再单独列出。

9. 编写 app.wxss 文件代码。该文件中定义了 .box、.title 和 .txt-style 样式类，其中，.box 和 .title 样式类的内容和前面案例相同，.txt-style 样式类用来设置各个页面正文样式。

```
/**app.wxss**/
.box {…}                     /** 代码同以前案例，这里就不再给出 **/
.title {…}                   /** 代码同以前案例，这里就不再给出 **/
.txt-style{                  /** 定义文本样式 **/
  font-size: large;
  text-align: justify;
  line-height: 2em;
  margin: 10px;
}
```

3.1.4 知识要点

本案例涉及图标的下载方法、创建页面、flex 布局、navigator 导航和 icon 图标组件。

1. 图标的下载方法。小程序开发过程中经常用到各种各样的图标，如本案例中用到了箭头图标，这些小图片可以直接从网上下载。经常使用的图标图片下载地址：https://www.iconfont.cn，打开该地址的界面如图 3.2 所示。从图 3.2 中可以看出，这里可以下载的内容包括：ICON 图标库、ILLUS 矢量插画库、3D 插画库、LOTTIE 动效库、FONT 字体库。

图 3.2 下载图标图片的界面

要想下载图标，首先需要进行用户注册。注册方法是：点击图 3.2 右上角的“注册”超链接，打开图 3.3 所示的界面，直接填写相应内容进行注册即可。

图 3.3　用户注册界面

注册完成后，点击图 3.2 中的 ICON 图标库，在搜索框中输入想要搜索的图标名称，如“箭头”，将会出现与搜索内容相关的图标。图 3.4 所示为搜索到的“箭头”图标，把光标放在某个图标上，将会显示三个图标工具：添加入库、收藏、下载。

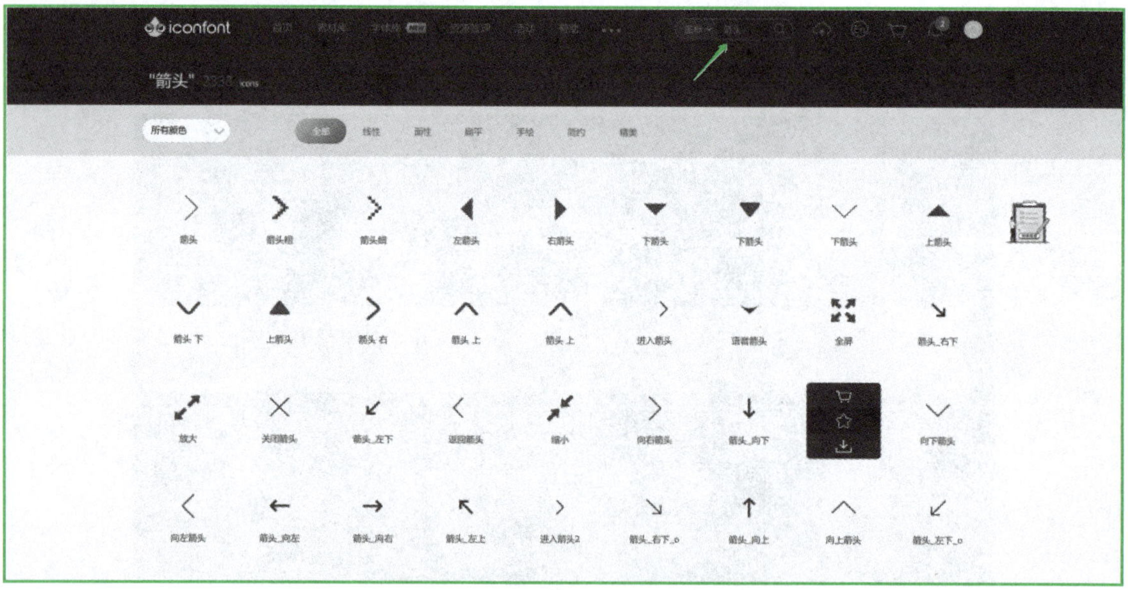

图 3.4　搜索需要的图标

点击图 3.4 中在某一个图标上出现的“下载”工具，将显示下载图标页面，此时可以选择图标的颜色和文件类型等内容，如图 3.5 所示。

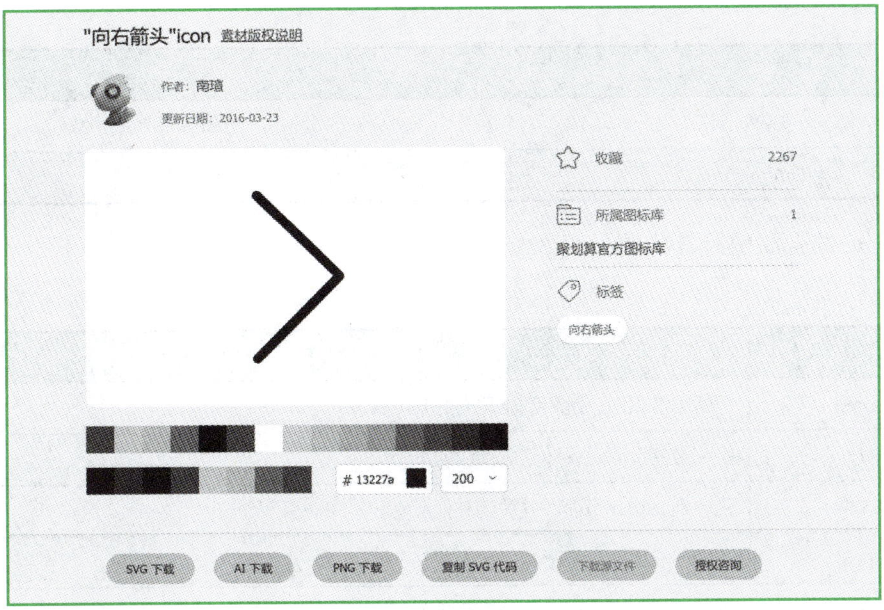

图 3.5　选择下载图标的颜色和文件类型

2. 创建页面的方法。在 app.json 文件的 pages 属性中添加，如 "pages/page1/page1" 表示在 pages 文件夹下添加了 page1 页面。

3. navigation-bar 导航栏组件的使用方法。项目默认创建了导航栏组件，如果在某个页面中使用该组件，需要在页面的 json 文件中进行设置，设置方法如下：

```
"usingComponents": {
  "navigation-bar": "/components/navigation-bar/navigation-bar"
}
```

4. navigator 导航组件。能够实现页面链接，其主要属性及其说明见表 3.1。

表 3.1　navigator 组件主要属性及其说明

属　性	类型	默认值	必填	说　明
target	string	self	否	在哪个目标上发生跳转，默认当前小程序
url	string		否	当前小程序内的跳转链接地址
open-type	string	navigate	否	跳转方式
delta	number	1	否	当 open-type 为 'navigateBack' 时有效，表示回退的层数
app-id	string		否	当 target="miniProgram" 时有效，要打开的小程序 appId
path	string		否	当 target="miniProgram" 时有效，打开的页面路径，如果为空则打开首页

target 的合法值及其说明见表 3.2。

表 3.2　target 的合法值及其说明

值	说　明
self	当前小程序
miniProgram	其他小程序

open-type 的合法值及其说明见表 3.3。

表 3.3　open-type 的合法值及其说明

值	说　明
navigate	保留当前页面，跳转到应用内的某个页面
redirect	关闭当前页面，跳转到应用内的某个页面
switchTab	跳转到 tabBar 页面，并关闭其他所有非 tabBar 页面
reLaunch	关闭所有页面，打开到应用内的某个页面
navigateBack	关闭当前页面，返回上一页面或多级页面
exit	退出小程序，target="miniProgram" 时生效

5. icon 图标组件。是小程序的图标组件，其主要属性及其说明见表 3.4 所示。

表 3.4　icon 的主要属性说明及其说明

属性名	类　型	默认值	说　明
type	string		icon 的类型，有效值：success, success_no_circle, info, warn, waiting, cancel, download, search, clear
size	number/string	23	icon 的大小，单位默认值为 px
color	string		icon 的颜色，同 css 的 color

3.1.5　问题思考

1. 本案例中如果将 .textStyle 样式类中的 flex:1 修改为 flex:10，界面是否会发生变化？
2. 改变 icon 图标显示比例的属性是什么？
3. 下载图标图片时，图片的颜色和类型可以修改吗？

案例 3.2　创建标签

创建标签

3.2.1　案例描述

设计一个小程序，演示小程序全局配置、页面配置以及创建标签的实现方法。利用全局配置创建三个标签，每个标签都有对应的页面、图标和标签文字，点击某个标签图标或文字时，该标签所在的页面将切换到当前页面，此时该标签及原当前标签对应的图标和文字颜色、页面标题栏文本和样式都会发生相应变化。

3.2.2 实现效果

根据案例描述可以做出图 3.6 所示的效果。小程序包含三个标签，每个标签页的标题内容、标题背景、标签图标和标签文本都不相同。各个标签之间可以进行切换，每个时刻只能有一个标签页为当前页。当前页和非当前页的标签图标和文本颜色都不同，当前页的标签图标颜色为红色，图标文本颜色为蓝色，非当前页的标签图标颜色和图标文本颜色都是黑色。

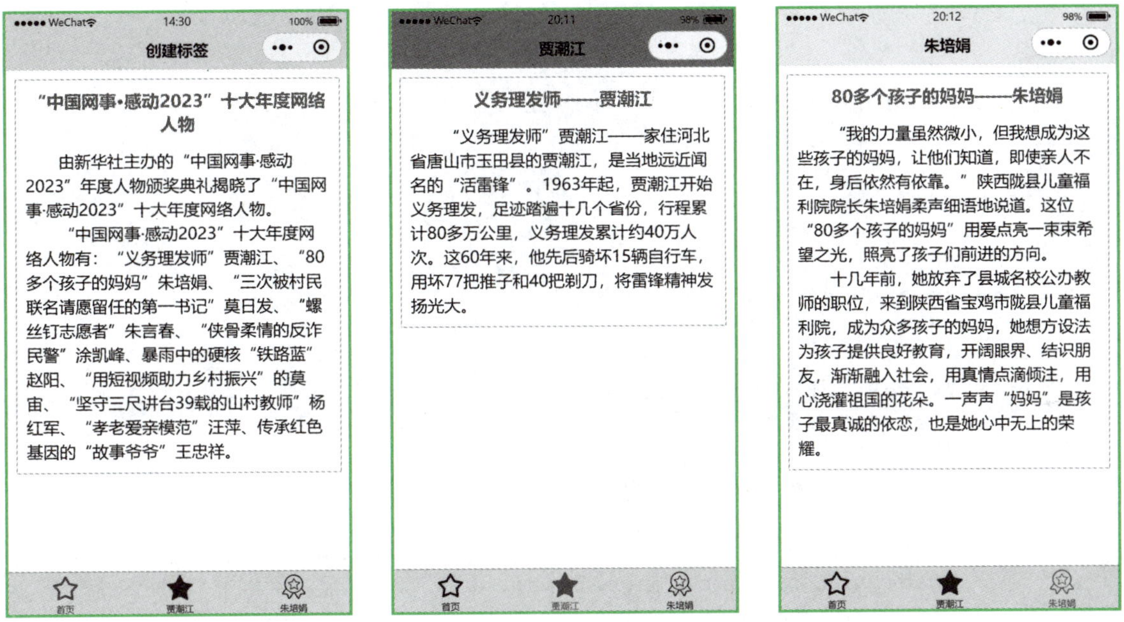

（a）第一个标签页面　　（b）第二个标签页面　　（c）第三个标签页面

图 3.6　小程序的基本架构案例运行效果

3.2.3 案例实现

1. 新建项目。新建一个不使用云服务和模板的小程序项目：TabBar。

2. 素材准备。在小程序根目录下新建 images 文件夹，把准备好的六个图片复制到 images 文件夹中，这些图片将用于标签选中和非选中状态下的图标。

3. 新建两个页面。利用 app.json 文件代码进行创建，该文件代码中包含了 "pages"、"window"、"tabBar" 三个关键字。

（1）"pages" 关键字对应的键值是一个数组，其中默认包含了 index 页面，再添加 page18 和 page20 两个页面。

（2）"window" 关键字对应的键值是一个对象，其中定义了两个属性："navigationBarTextStyle"（导航栏标题文字颜色）和 "navigationBarTitleText"（导航栏标题）。

（3）"tabBar" 关键字对应的键值是一个对象，其中定义了 "color" 属性（非选中标签的文本颜色）、"selectedColor" 属性（选中标签的文本颜色）、"backgroundColor" 属性（标签栏背景颜色）、"list" 属性（标签列表，该属性是一个对象数组，其中 "pagePath" 表示页面路径、

"text" 表示页面标签文本、"iconPath" 表示未选中状态时的标签图标路径、"selectedIconPath" 表示选中时的标签图标路径。本案例定义了三个标签：首页、贾潮江、朱培娟）。

app.json 文件内容：

```
{
  "pages": [
    "pages/index/index",
    "pages/page18/page18",
    "pages/page20/page20"
  ],
  "window": {
    "navigationBarTextStyle": "black",
    "navigationStyle": "custom"
  },
  "tabBar":{
    "color": "#000",
    "selectedColor":"#00f",
    "backgroundColor":"0ff",
    "list":[
      {
        "pagePath": "pages/index/index",
        "text":"首页",
        "iconPath": "/images/01-off.png",
        "selectedIconPath": "/images/01-on.png"
      },
      {
        "pagePath": "pages/page18/page18",
        "text": "贾潮江",
        "iconPath": "/images/02-off.png",
        "selectedIconPath": "/images/02-on.png"
      },
      {
        "pagePath": "pages/page20/page20",
        "text": "朱培娟",
        "iconPath": "/images/03-off.png",
        "selectedIconPath": "/images/03-on.png"
      }
    ]
  },
  "style": "v2",
  "renderer": "skyline",
  "rendererOptions": {
    "skyline": {
      "defaultDisplayBlock": true,
      "disableABTest": true,
      "sdkVersionBegin": "3.0.0",
      "sdkVersionEnd": "15.255.255"
    }
  },
```

```
    "componentFramework": "glass-easel",
    "sitemapLocation": "sitemap.json",
    "lazyCodeLoading": "requiredComponents"
}
```

4. 编写 page18.json 和 page20.json 文件代码。这两个文件代码内容和 index.json 文件代码完全相同，其中定义了 "usingComponents" 关键字，该关键字对应的键值是一个对象，在其中添加 navigation-bar 属性，其目的是允许在页面的 wxml 文件中使用 navigation-bar 组件，该组件可用于设置页面顶端的导航栏。

```
{
  "usingComponents": {
    "navigation-bar": "/components/navigation-bar/navigation-bar"
  }
}
```

5. 编写 index.wxml 文件代码。

```
<!--index.wxml-->
<navigation-bar title="创建标签" back="{{false}}" color="black" background="#0FF">
</navigation-bar>
<scroll-view class="scrollarea" scroll-y type="list">
  <view class="box">
    <view class="title">“中国网事·感动 2023”十大年度网络人物</view>
    <view class="txt-style">
      <view>
        由新华社主办的“中国网事·感动 2023”年度人物颁奖典礼揭晓了“中国网事·感动 2023”十大年度网络人物。
      </view>
      <view>
        “中国网事·感动 2023”十大年度网络人物有：“义务理发师”贾潮江、“80 多个孩子的妈妈”朱培娟、“三次被村民联名请愿留任的第一书记”莫日发、“螺丝钉志愿者”朱言春、“侠骨柔情的反诈民警”涂凯峰、暴雨中的硬核“铁路蓝”赵阳、“用短视频助力乡村振兴”的莫宙、“坚守三尺讲台 39 载的山村教师”杨红军、“孝老爱亲模范”汪萍、传承红色基因的“故事爷爷”王忠祥。
      </view>
    </view>
  </view>
</scroll-view>
```

6. 编写 page18.wxml 文件代码。

```
<!--pages/page18/page18.wxml-->
<navigation-bar title="贾潮江" back="{{false}}" color="black" background="#F0F">
</navigation-bar>
<scroll-view class="scrollarea" scroll-y type="list">
  <view class="box">
    <view class="title">义务理发师——贾潮江</view>
    <view class="txt-style">
```

```
        “义务理发师”贾潮江——家住河北省唐山市玉田县的贾潮江，是当地远近闻名的“活雷锋”。1963 年起，贾潮江开始义务理发，足迹踏遍十几个省份，行程累计 80 多万公里，义务理发累计约 40 万人次。这 60 年来，他先后骑坏 15 辆自行车，用坏 77 把推子和 40 把剃刀，将雷锋精神发扬光大。
      </view>
    </view>
  </scroll-view>
```

7. 编写 page20.wxml 文件代码。

```
<!--pages/page20/page20.wxml-->
<navigation-bar title="朱培娟" back="{{false}}" color="black" background="#FF0">
</navigation-bar>
<scroll-view class="scrollarea" scroll-y type="list">
  <view class="box">
    <view class="title">80 多个孩子的妈妈——朱培娟</view>
    <view class="txt-style">
        “我的力量虽然微小，但我想成为这些孩子的妈妈，让他们知道，即使亲人不在，身后依然有依靠。”陕西陇县儿童福利院院长朱培娟柔声细语地说道。这位“80 多个孩子的妈妈”用爱点亮一束束希望之光，照亮了孩子们前进的方向。
    </view>
    <view class="txt-style">
        十几年前，她放弃了县城名校公办教师的职位，来到陕西省宝鸡市陇县儿童福利院，成为众多孩子的妈妈，她想方设法为孩子提供良好教育，开阔眼界、结识朋友，渐渐融入社会，用真情点滴倾注，用心浇灌祖国的花朵。一声声“妈妈”是孩子最真诚的依恋，也是她心中无上的荣耀。
    </view>
  </view>
</scroll-view>
```

8. 编写 app.wxss 文件代码。该文件中定义了三个样式类：.box、.title 和 .txt-style。

```
/**app.wxss**/
.box {                                /** 定义用于设置边框的样式 **/
  margin: 20rpx;                      /** 设置外边距 **/
  padding: 20rpx;                     /** 设置内边距 **/
  border: 1px solid silver;           /* 设置边框 **/
}
.title {                              /** 定义用于设置标题的样式 **/
  font-size: larger;                  /** 设置字体大小 **/
  font-weight: bolder;                /** 设置字体加粗 **/
  text-align: center;                 /** 设置文本水平居中对齐 **/
  margin-bottom: 15px;                /** 设置下外边距 **/
  color: red;                         /** 设置字体颜色 **/
}
.txt-style{
  font-size: large;
  line-height: 1.5em;
  text-indent: 2em;
}
```

3.2.4 知识要点

1. 全局配置。小程序根目录下的 app.json 文件用来对微信小程序进行全局配置。文件内容为一个 json 对象，常用的全局配置项见表 3.5。

表 3.5 app.json 文件的常用全局配置项

属　性	类　型	必　填	描　述
pages	string[]	是	页面路径列表
window	Object	否	全局默认窗口表现
tabBar	Object	否	底部 tab 栏的表现
networkTimeout	Object	否	网络超时时间
debug	boolean	否	是否开启 debug 模式，默认关闭
permission	Object	否	小程序接口权限相关设置

（1）pages 属性。用于创建页面，每一项都对应一个页面的路径（含文件名）信息。文件名不需要写文件扩展名，框架会自动去寻找对应位置的 .json、.js、.wxml、.wxss 四个文件进行处理。数组的第一项代表小程序的初始页面（首页）。小程序中新增或减少页面都需要对 pages 数组进行修改。

（2）window 属性。用于设置小程序的状态栏、导航条、标题、窗口背景色，其常用属性见表 3.6。

表 3.6 window 对象的常用属性

属　性	类　型	默认值	描　述
navigationBarBackgroundColor	HexColor	#000000	导航栏背景颜色，如 #000000
navigationBarTextStyle	string	white	导航栏标题颜色，仅支持 black/white
navigationBarTitleText	string		导航栏标题文字内容
navigationStyle	string	default	导航栏样式
backgroundColor	HexColor	#ffffff	窗口的背景色
backgroundTextStyle	string	dark	下拉 loading 的样式，仅支持 dark/light
pageOrientation	string	portrait	屏幕旋转设置，支持 auto/portrait/landscape

注：HexColor（十六进制颜色值），如 "#ff00ff"。

（3）tabBar 属性。用来配置小程序底部的 tab，如果小程序是一个多 tab 应用（客户端窗口的底部或顶部有 tab 栏可以切换页面），可以通过 tabBar 配置项指定 tab 栏的表现，以及 tab 切换时显示的对应页面。

表 3.7　tabBar 对象的常用属性

属　性	类型	必填	默认值	描　述
color	HexColor	是		tab 上的文字默认颜色，仅支持十六进制颜色
selectedColor	HexColor	是		tab 上的文字选中时的颜色，仅支持十六进制颜色
backgroundColor	HexColor	是		tab 的背景色，仅支持十六进制颜色
borderStyle	string	否	black	tabBar 上边框的颜色，仅支持 black/white
list	Array	是		tab 的列表，详见 list 属性说明，最少两个、最多五个 tab
position	string	否	bottom	tabBar 的位置，仅支持 bottom/top
custom	boolean	否	false	自定义 tabBar

其中，list 属性接受一个数组，允许配置 2 ～ 5 个 tab，tab 按数组顺序排序，每个数组元素都是一个对象，其属性值见表 3.8。

表 3.8　list 数组元素（对象）的属性值

属　性	类型	必填	说明
pagePath	string	是	页面路径，必须在 pages 中先定义
text	string	是	tab 上按钮文字
iconPath	string	否	图片路径，icon 大小限制为 40 KB，建议尺寸为 81 px × 81 px，不支持网络图片。当 position 为 top 时，不显示 icon
selectedIconPath	string	否	选中时的图片路径，icon 大小限制为 40 KB，建议尺寸为 81 px × 81 px，不支持网络图片。当 position 为 top 时，不显示 icon

2. 页面配置。每一个小程序页面也可以使用同名的json 文件对本页面的窗口表现进行配置，页面中配置项会覆盖 app.json 的 window 中相同的配置项。

3.2.5　问题思考

1. 如何创建小程序页面？
2. 如何创建标签？每个标签包含哪几个属性？
3. 如何设置小程序某个页面导航栏的背景颜色？

案例 3.3　生命周期函数

生命周期函数

3.3.1　案例描述

设计一个小程序，演示生命周期函数的功能和使用方法。本案例在“创建标签”案例基础上，通过在 app.js 文件和其他相关页面 js 文件中添加生命周期函数来测试小程序和页面生命周期函数的执行顺序。

3.3.2 实现效果

案例的运行效果如图 3.7 所示。从图中可以看出，小程序首先执行 app.js 文件中的 onLaunch() 和 onShow() 函数，然后执行 index.js 文件中的 onLoad()、onShow() 和 onReady() 函数。当点击 page18 页面对应的标签时，将首先执行 index 页面中的 onHide() 函数，然后执行 page18 页面的 onLoad()、onShow() 和 onReady() 函数。当再次切换到 index 页面时，将首先执行 page18 页面的 onHide() 函数，然后再执行 index 页面的 onShow() 函数。当关闭小程序页面时，将执行 app.js 文件中的 onHide() 函数。

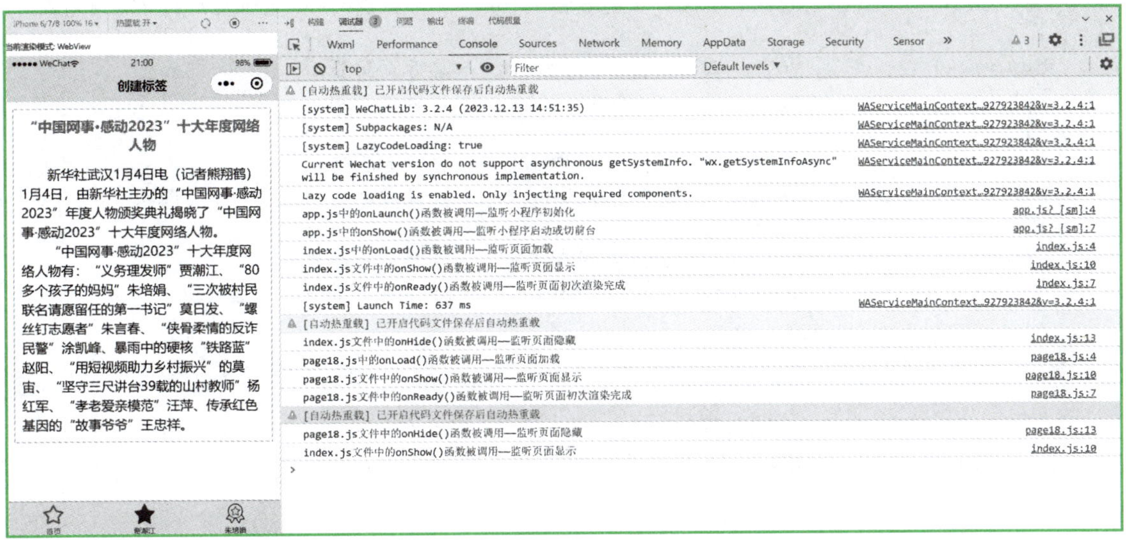

图 3.7 小程序的执行顺序案例运行效果

3.3.3 案例实现

1. 新建项目。复制“创建标签”案例，将其项目文件夹重新命名为 LifecycleFunction，然后打开该项目。

2. 编写 app.js 文件代码。在 App() 函数的对象参数中添加如下函数：onLaunch()、onShow() 和 onHide()，每个函数都通过调用 console.log() 函数在 console 窗口中显示程序执行的位置。

```
//app.js
App({
  onLaunch() {          //小程序初始化函数
    console.log('app.js 中的 onLaunch() 函数被调用——监听小程序初始化')
  },
  onShow() {            //小程序显示函数
    console.log('app.js 中的 onShow() 函数被调用——监听小程序启动或切前台')
  },
  onHide() {            //小程序隐藏函数
    console.log('app.js 中的 onHide() 函数被调用——监听小程序切后台')
  }
})
```

3. 编写 index.js 文件代码。在该文件中添加如下函数：onLoad()、onReady()、onShow()、onHide()、onUnload()，在每个函数中通过调用 console.log() 函数显示程序执行的位置。

```
// pages/index/index.js
Page({
  onLoad(options) {            // 生命周期函数——监听页面加载
    console.log('index.js 中的 onLoad() 函数被调用——监听页面加载')
  },
  onReady() {                  // 生命周期函数——监听页面初次渲染完成
    console.log('index.js 文件中的 onReady() 函数被调用——监听页面初次渲染完成')
  },
  onShow() {                   // 生命周期函数——监听页面显示
    console.log('index.js 文件中的 onShow() 函数被调用——监听页面显示')
  },
  onHide() {                   // 生命周期函数——监听页面隐藏
    console.log('index.js 文件中的 onHide() 函数被调用——监听页面隐藏')
  },
  onUnload() {                 // 生命周期函数——监听页面卸载
    console.log('index.js 文件中的 onUnload() 函数被调用——监听页面卸载')
  },
})
```

4. 编写 pages/page18/page18.js 文件代码。在该文件中添加如下函数：onLoad()、onReady()、onShow()、onHide()、onUnload()，在每个函数中通过调用 console.log() 函数显示程序执行的位置。

```
// pages/page18/page18.js
Page({
  onLoad(options) {          // 生命周期函数——监听页面加载
    console.log('page18.js 中的 onLoad() 函数被调用——监听页面加载')
  },
  onReady() {                // 生命周期函数——监听页面初次渲染完成
    console.log('page18.js 文件中的 onReady() 函数被调用——监听页面初次渲染完成')
  },
  onShow() {                 // 生命周期函数——监听页面显示
    console.log('page18.js 文件中的 onShow() 函数被调用——监听页面显示')
  },
  onHide() {                 // 生命周期函数——监听页面隐藏
    console.log('page18.js 文件中的 onHide() 函数被调用——监听页面隐藏')
  },
  onUnload() {               // 生命周期函数——监听页面卸载
    console.log('page18.js 文件中的 onUnload() 函数被调用——监听页面卸载')
  },
})
```

3.3.4 知识要点

小程序开发框架的逻辑层使用 JavaScript 引擎为小程序提供开发者 JavaScript 代码的运行

环境以及微信小程序的特有功能。逻辑层将数据进行处理后发送给视图层，同时接收视图层的事件反馈。开发者写的所有代码最终将会打包成一份JavaScript文件，并在小程序启动时运行，直到小程序销毁。这一行为类似 ServiceWorker，所以逻辑层又称 App Service。在 JavaScript 的基础上，小程序增加了一些新的功能：

- 增加 App 和 Page 方法，分别用于小程序注册和页面注册。
- 增加 getApp 和 getCurrentPages 方法，分别用于获取 App 实例和当前页面栈。
- 提供丰富的 API，如微信用户数据、扫一扫、支付等微信特有能力。
- 提供模块化能力，每个页面有独立的作用域。

1. 注册小程序。每个小程序都需要在 app.js 中调用 App 方法注册小程序实例，绑定生命周期回调函数、错误监听和页面不存在监听函数等。函数 App(Object object) 用于注册小程序，该函数必须在 app.js 中调用，必须调用且只能调用一次。函数参数 object 的属性说明见表 3.9。

表 3.9 函数 App(Object object) 参数的属性说明

属 性	类 型	必 填	说 明
onLaunch	function	否	生命周期回调——监听小程序初始化
onShow	function	否	生命周期回调——监听小程序启动或切前台
onHide	function	否	生命周期回调——监听小程序切后台
onError	function	否	错误监听函数
onPageNotFound	function	否	页面不存在监听函数
其他	any	否	开发者可以添加任意的函数或数据变量到 Object 参数中，用 this 可以访问

2. 注册页面。对于小程序中的每个页面，都需要在页面对应的 js 文件中调用 Page 方法注册页面实例，指定页面的初始数据、生命周期回调、事件处理函数等。函数 Page(Object object) 用于注册小程序中的一个页面。其参数 object 指定页面的初始数据、生命周期回调、事件处理函数等，其主要属性说明见表 3.10。

表 3.10 函数 Page(Object object) 参数的主要属性说明

属 性	类 型	说 明
data	Object	页面的初始数据
onLoad	function	生命周期回调——监听页面加载
onShow	function	生命周期回调——监听页面显示
onReady	function	生命周期回调——监听页面初次渲染完成
onHide	function	生命周期回调——监听页面隐藏
onUnload	function	生命周期回调——监听页面卸载
其他	any	开发者可以添加任意的函数或数据到 Object 参数中，在页面的函数中用 this 可以访问

3.3.5 问题思考

1. 监听小程序初始化的生命周期回调函数是什么？它属于哪个函数的参数？
2. 监听页面初始化的生命周期回调函数是什么？它属于哪个函数的参数？

案例 3.4 数据和事件绑定

数据和事件绑定

3.4.1 案例描述

设计一个小程序，演示数据绑定和事件绑定的功能和实现方法。数据绑定包括：算术运算绑定、对象绑定和数组绑定，并通过事件绑定修改绑定的数据。

3.4.2 实现效果

根据案例描述可以做出图 3.8 所示的效果。初始界面如图 3.8（a）所示，页面中的数据都来自 index.js 文件。当点击“修改绑定数据”按钮时，这些数据都会发生相应的变化，如图 3.8（b）所示。

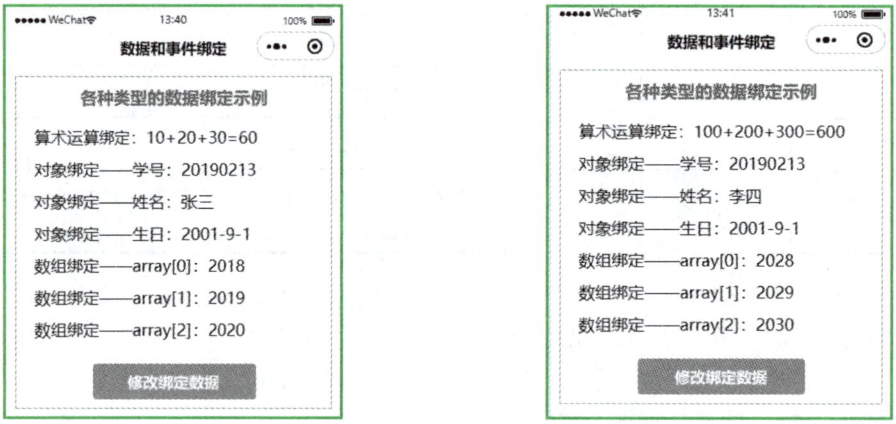

（a）初始界面　　（b）点击按钮后的界面

图 3.8　数据和事件绑定案例运行效果

3.4.3 案例实现

1. 新建项目。新建一个不使用云服务和模板的小程序项目：DataBind。

2. 编写 index.wxml 文件代码。从案例的运行结果可以看出，小程序界面主要由文本信息和一个按钮构成，文本信息可以通过 view 组件来实现，按钮利用 button 组件来实现。index.wxml 文件中的数据通过 {{}} 符号与 index.js 文件中的数据进行绑定，该绑定是单向的，数据只能由 index.js 文件传给 Index.wxml 文件，不能反向传递。普通数据绑定直接使用变量名来实现，如本案例中的变量 a、b 和 c；对象数据绑定通过“对象名 . 对象属性”来实现，如本案例中的 Student.stuID、Student.name 和 Student.birthday；数组数据绑定通过下标变量来实现，如本案例中的 array[0]、array[1] 和 array[2]。界面最后添加了一个 button 组件，并利用该组件进行事件绑定。事件绑定通过在 index.js 文件中定义事件绑定函数来实现。

```
<!--index.wxml-->
<navigation-bar title="数据和事件绑定" back="{{false}}" color="black" background=
"#FFF"></navigation-bar>
<scroll-view class="scrollarea" scroll-y type="list">
  <view class="box">
    <view class="title">各种类型的数据绑定示例</view>
    <view class="txt-style">
      <view>算术运算绑定：{{a}}+{{b}}+{{c}}={{a+b+c}}</view>
      <view>对象绑定——学号：{{Student.stuID}}</view>
      <view>对象绑定——姓名：{{Student.name}}</view>
      <view>对象绑定——生日：{{Student.birthday}}</view>
      <view>数组绑定——array[0]：{{array[0]}}</view>
      <view>数组绑定——array[1]：{{array[1]}}</view>
      <view>数组绑定——array[2]：{{array[2]}}</view>
    </view>
    <button type='primary' bindtap='modify'>修改绑定数据</button>
  </view>
</scroll-view>
```

3. 编写 index.wxss 文件代码。代码中除了自动生成的 page 和 .scrollarea 样式类外，需要自定义 .txt-style 和 button 样式类，用来设置文本和按钮的样式。

```
/**index.wxss**/
page {…}
.scrollarea {…}
.txt-style{
  font-size: large;
  line-height: 2em;
  margin-left: 10px;
}
button{
  margin-top: 20px;
}
```

4. 编写 app.wxss 文件代码。代码中定义了 .box 和 .title 样式类，样式类的代码和前面案例相同，这里就不再给出。

5. 编写 index.js 文件代码。在 data 对象中初始化绑定的数据，包括普通数据、对象和数组，在绑定的事件函数中通过调用 this.setData() 函数修改绑定的数据。

```
//index.js
Page({
  data: {                                   //初始化数据
    a: 10,                                  //普通数据
    b: 20,
    c: 30,
    Student: {                              //对象数据
```

```
      stuID: '20190213',
      name: '张三',
      birthday: '2001-9-1'
    },
    array: [                                  // 数组
      '2018', '2019', '2020'
    ]
  },
  modify () {                                 // 事件函数
    this.setData({                            // 修改绑定的数据
      a: 100,                                 // 修改普通数据
      b: 200,
      c: 300,
      Student: {                              // 修改对象数据
        stuID: '20190213',
        name: '李四',
        birthday: '2001-9-1'
      },
      array: [                                // 修改数组元素
        '2028', '2029', '2030'
      ]
    })
  }
})
```

3.4.4 知识要点

1. WXML（weixin markup language）是框架设计的一套标签语言，结合基础组件、事件系统，可以构建出页面的结构。

2. data 对象。是页面第一次渲染时使用的初始数据，WXML 中的动态数据均来自 Page 中的 data。页面加载时，data 以 JSON 字符串的形式由逻辑层传至渲染层（视图层）。data 中的数据包括字符串、数字、布尔值、对象、数组。

3. 数据绑定。渲染层可以通过 WXML 对数据进行绑定。数据绑定使用 Mustache 语法 {{}}（双大括号）将变量包起来，可以作用于内容、组件属性（需要在双引号之内）、控制属性（需要在双引号之内）、关键字（需要在双引号之内）、运算、组合、数组、对象等场景。

4. setData() 函数。用于将数据从逻辑层发送到视图层（异步），同时改变对应的 this.data 的值（同步）。

5. 事件绑定。事件是视图层到逻辑层的通信方式，它可以将用户的行为反馈到逻辑层进行处理。事件可以绑定在组件上，当触发事件时，就会执行逻辑层中对应的事件处理函数。事件对象可以携带额外信息，如 id、dataset、touches。其实现方法如下：

（1）在 wxml 文件中使用 bind 关键字绑定事件，例如：

```
<button bindtap="handleButtonTap">点击我</button>
```

（2）在 js 文件中定义事件处理函数，例如：

```
Page({
  data: {
    // 页面初始数据
  },
  handleButtonTap: function() {
    // 事件处理逻辑
    console.log('按钮被点击了！');
  }
});
```

（3）可以向事件处理函数传递参数，例如：

```
<button bindtap="handleButtonTap" data-info="自定义信息">点击我</button>
```

（4）在事件处理函数中可以通过 event.currentTarget.dataset 访问传递的参数，例如：

```
Page({
  // ...
  handleButtonTap: function(event) {
    var info = event.currentTarget.dataset.info;
    console.log('按钮被点击了，传递的信息是：', info);
  }
});
```

3.4.5 问题思考

1. 数据绑定的数据传递方向是什么？
2. 事件绑定的信息传递方向是什么？
3. 一个组件是否只能绑定一个事件？

案例 3.5 计时器

计时器

3.5.1 案例描述

设计一个小程序，演示利用定时器函数实现倒计时的方法。小程序运行后，首先显示空白界面，过 2 秒后才显示计时界面，计时界面包括计时数字和三个按钮：开始计时、停止计时、重新计时，计时数字初始值为 60。当点击“开始计时”按钮后开始倒计时，点击“停止计时”按钮后停止计时，点击“重新计时”按钮时实现从 60 开始重新倒计时。

3.5.2 实现效果

根据案例描述可以做出图 3.9 所示的效果。初始界面如图 3.9（a）所示，此时不显示计时界面，2 秒后显示计时界面，如图 3.9（b）所示，此时显示的数字是 60，点击“开始计时”按钮后开始倒计时，点击“停止计时”按钮后停止计时，如图 3.9（c）所示，点击“重新计时”

按钮后，计时器又从 60 开始倒计时。

（a）初始界面　　（b）开始计时之前界面　　（c）计时界面

图 3.9　计时器案例运行效果

3.5.3　案例实现

1. 新建项目。新建一个不使用云服务和模板的小程序项目：Timer。

2. 编写 index.wxml 文件代码。文件主要由计时数字显示界面和三个按钮组成，计时数字显示界面布局和样式由 .time 样式来设置，三个按钮的布局由 .btnLayout 样式来设置，三个按钮分别绑定了 start()、stop() 和 reset() 函数，分别实现开始计时、停止计时和重新计时。

```
<!-- index.wxml-->
<navigation-bar title=" 计时器 " back="{{false}}" color="black" background="#FFF">
</navigation-bar>
<scroll-view class="scrollarea" scroll-y type="list">
  <view class='box' hidden='{{hidden}}'>
    <view class='title'> 计时器函数的应用 </view>
    <view class='time'>{{num}}</view>
    <view class='btnLayout'>
      <button size="mini" type="primary" bindtap='start'> 开始计时 </button>
      <button size="mini" type="primary" bindtap='stop'> 停止计时 </button>
      <button size="mini" type="primary" bindtap='reset'> 重新计时 </button>
    </view>
  </view>
</scroll-view>
```

3. 编写 index.wxss 文件代码。文件新定义了两个样式：.time 和 .btnLayout。

```
/* index.wxss */
page {…}
.scrollarea {…}
.time {
  width: 90%;
  line-height: 200px;                /* 设置高度并使文字垂直居中 */
```

```
  background-color: blue;
  color: yellow;
  font-size: 100px;
  text-align: center;
  border: 1px solid silver;
  border-radius: 30px;                      /* 边框半径 */
  margin: 15px;
}
.btnLayout {
  display: flex;
  flex-direction: row;
}
```

4. 编写 app.wxss 文件代码。代码中定义了 .box 和 .title 样式类，样式类的代码和前面案例相同，这里就不再给出。

5. 编写 index.js 文件代码。文件定义了三个全局变量：num、timerID 和 time，在 Page() 函数中定义了 data 属性和六个函数：onLoad()、show()、start()、stop()、reset() 和 timer()。onLoad() 函数通过调用 setTimeout() 函数使计时界面在 2 秒后显示，show() 函数用于显示计时界面，start() 函数通过调用 setInterval() 函数实现倒计时，stop() 函数通过调用 clearInterval() 函数实现停止计时，reset() 函数通过重新设置 num 的值并调用 start() 函数实现重新计时，timer() 函数用于实现计时过程。

```
// index.js
var num = 60;                               // 计时器开始时显示的数字
var timerID;                                // 计时器 ID
var time = true;                            // 判断是否允许计时
Page({
  data: {
    hidden: true,                           // 小程序运行时不显示计时界面
    num: num                                // 将全局变量赋值给绑定变量
  },
  onLoad() {                                // 生命周期函数
    setTimeout(() => {                      // 计时器函数
      this.show()
    }, 2000)                                //2 秒后显示计时界面
  },
  show() {                                  // 显示计时界面函数
    this.setData({
      hidden: false                         // 显示计时界面
    })
  },
  start() {                                 // 开始计时函数
    if (time) {
      timerID = setInterval(() => {         // 计时器函数
        this.timer()
      }, 1000)                              // 每隔 1000 ms 执行一次箭头函数
    }
```

```
    time = false;                          // 不能继续计时
  },
  stop() {                                 // 停止计时函数
    clearInterval(timerID)                 // 清除计时器
    time = true;                           // 允许继续计时
  },
  reset() {                                // 重新计时函数
    num = 60;                              // 设置计时器的初始值
    this.start();                          // 调用开始计时函数
  },
  timer() {                                // 计时函数
    this.setData({
      num
    })
    if (num > 0) {
      num--;
    }
  }
})
```

3.5.4 知识要点

本案例使用了定时器函数：setTimeout()、clearTimeout()、setInterval() 和 clearInterval()。

1. 函数 number setTimeout(function callback, number delay, any rest)。设定一个定时器，在定时到期以后执行注册的回调函数。参数 callback 为回调函数，参数 delay 为延迟的时间，函数的调用会在该延迟之后发生，单位为 ms。参数 rest 为附加参数，它会作为参数传递给回调函数。返回值 number 为定时器的编号，可以传递给 clearTimeout 来取消该定时。

2. 函数 clearTimeout(number timeoutID)。取消由 setTimeout 设置的定时器。参数 timeoutID 为要取消的定时器的 ID。

3. 函数 number setInterval(function callback, number delay, any rest)。设定一个定时器，按照指定的周期（以 ms 计）来执行注册的回调函数。参数 callback 为回调函数，参数 delay 为执行回调函数之间的时间间隔，单位为 ms。参数 rest 为附加参数，它会作为参数传递给回调函数。返回值 number 为定时器的编号，可以传递给 clearInterval 来取消该定时。

4. 函数 clearInterval(number intervalID)。取消由 setInterval 设置的定时器。参数 intervalID 为要取消的定时器的 ID。

3.5.5 问题思考

1. setTimeout() 函数和 setInterval() 函数有什么区别？
2. 能否使用 setTimeout() 函数实现 setInterval() 函数的功能？

案例 3.6 条件渲染和 picker 组件

条件渲染

3.6.1 案例描述

设计一个小程序，演示利用 wx:if 条件渲染和 picker 组件实现颜色显示的方法。小程序运行后，当利用 picker 组件选择一种颜色时，将在下面的颜色条中显示这种颜色；当在 input 组件中输入一个大于 0 的数字时，将在下方显示红、绿、蓝三个颜色条，否则将不显示。

3.6.2 实现效果

根据案例描述可以做出图 3.10 所示的效果。初始界面如图 3.10（a）所示，上面显示红色，下面显示三个颜色条。当点击 picker 组件时，将在屏幕下方弹出 picker 组件的三个选项，如图 3.10（b）所示。当选择某种颜色并点击“确定”按钮后，上面颜色条的颜色变成选择的颜色，如选择 green 后将显示绿色颜色条，如图 3.10（c）所示。当在 input 组件输入数值时，将弹出数字键盘（真机模式下），如图 3.10（d）所示。当输入一个小于或等于 0 的值时，下面的颜色条全部消失，如图 3.10（e）所示；当输入大于 0 的值时，下面的三个颜色条都会显示，如图 3.10（f）所示。

（a）初始页面 （b）点击 picker 组件时 （c）选择 picker 选项后

图 3.10 条件渲染案例运行效果

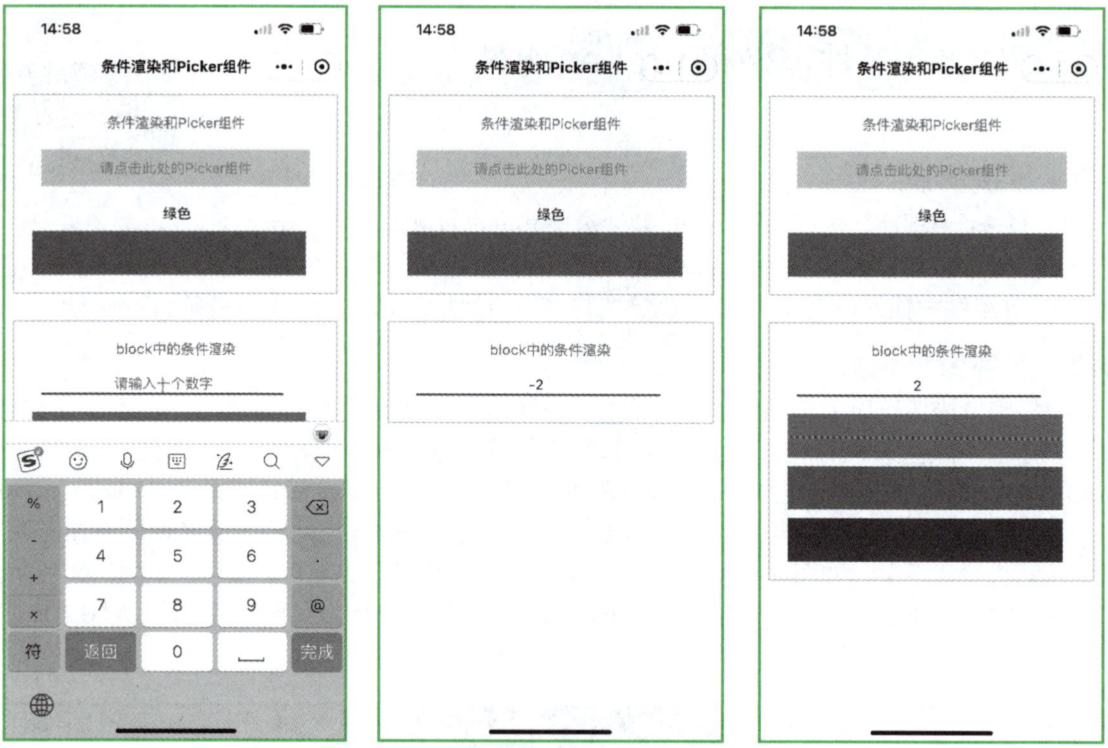

（d）输入时的数字键盘　　（e）输入小于 0 数字效果　　（f）输入大于 0 数字效果

图 3.10　条件渲染案例运行效果（续）

3.6.3　案例实现

1. 新建项目。新建一个不使用云服务和模板的小程序项目：WxifAndPicker。

2. 编写 index.wxml 文件代码。

（1）利用 picker 组件选择一种颜色，bindchange 是绑定的事件，colorPick 是事件函数，range 属性是选项数组，在 js 文件中给出数组元素。

（2）利用 wx:if...wx:elif...wx:else 来判断 color 的值，然后根据判断结果显示相应的颜色条。由于 picker 组件的 value 值是 range 数组的下标，因此 color 的值是数字。

（3）利用 input 组件来输入 length 的值，bindblur 是事件，colorSet 是事件函数，利用该函数获取 input 组件的 value 值。

（4）利用 <block wx:if="{{condition}}"> 判断 length 的值，如果条件满足，则显示红、绿、蓝三个颜色条，否则不显示。

```
<!--index.wxml-->
<navigation-bar title=" 条件渲染和 Picker 组件 " back="{{false}}" color="black"
background="#FFF"></navigation-bar>
<scroll-view class="scrollarea" scroll-y type="list">
  <view class="box">
    <view class="title"> 条件渲染和 Picker 组件 </view>
    <picker mode="selector" bindchange="colorPick" range="{{colors}}">
```

```
      请点击此处的 Picker 组件
    </picker>
    <view wx:if="{{color==0}}"> 红色 </view>
    <view wx:elif="{{color==1}}"> 绿色 </view>
    <view wx:else="{{color==2}}"> 蓝色 </view>
    <view class='view-item' style="background-color:{{colors[color]}}"></view>
  </view>
  <view class="box">
    <view class="title">block 中的条件渲染 </view>
    <input type="digit" placeholder=" 请输入一个数字 " bindblur="colorSet" />
    <block wx:if="{{length > 0}}">
      <view class='view-item bc-red'></view>
      <view class='view-item bc-green'></view>
      <view class='view-item bc-blue'></view>
    </block>
  </view>
</scroll-view>
```

3. 编写 index.wxss 文件代码。代码中定义了九个样式类。

```
/**index.wxss**/
page {
  height: 100vh;
  display: flex;
  flex-direction: column;
}
.scrollarea {
  flex: 1;
  overflow-y: hidden;
}
view {
  margin: 10px;
  text-align: center;
  font-size: large;
}
picker {
  color: tomato;
  margin: 20px;
  background-color: lightgray;
  font-size: larger;
  padding: 10px;
}
input {
  border-bottom: blue 2px solid;
  width: 80%;
  margin: 20px;
}
.view-item {
  width: 90%;
```

```
  height: 50px;
}
.bc-red {
  background-color: red;
}
.bc-green {
  background-color: green;
}
.bc-blue {
  background-color: blue;
}
```

4. 编写 app.wxss 文件代码。代码中定义了 .box 和 .title 样式类，样式类的代码和前面案例相同，这里就不再给出。

5. 编写 index.js 文件代码。文件在 data 对象中初始化了三个变量：color、length 和 colors，这三个变量在 index.wxml 文件中已经进行了绑定，通过传值实现视图层的条件渲染。

```
//index.js
Page({
  data: {
    color: 0,                                    // 初始化 color 的值
    length: 1,                                   // 初始化 length 的值
    colors: ['red', 'green', 'blue']             // 初始化 colors 的值
  },
  colorPick(e) {
    this.setData({
      color: e.detail.value                      // 获取 picker 组件的选项下标
    })
    console.log(this.data.color);
  },
  colorSet(e) {
    this.setData({
      length: e.detail.value                     // 获取输入框中的值
    })
  }
})
```

3.6.4 知识要点

1. picker 组件。是从屏幕底部弹起的滚动选择器，现支持五种类型的选择器，通过 mode 来区分，分别是：普通选择器、多列选择器、时间选择器、日期选择器、省市区选择器，默认的是普通选择器。本案例只用到了普通选择器，该类型 picker 组件的属性说明见表 3.11。

表 3.11 普通选择器（mode = selector）的属性说明

属性名	类　型	默认值	说　明
range	array/object array	[]	mode 为 selector 或 multiSelector 时，range 有效

续表

属性名	类　型	默认值	说　明
range-key	string		当 range 是一个 Object Array 时，通过 range-key 来指定 Object 中 key 的值作为选择器显示内容
value	number	0	表示选择了 range 中的第几个（下标从 0 开始）
bindchange	eventhandle		value 改变时触发 change 事件，event.detail={value}

2. wx:if 条件渲染。在框架中使用 wx:if="{{condition}}" 判断是否需要渲染该代码块：

```
<view wx:if="{{condition}}">True</view>
```

也可以用 wx:elif 和 wx:else 添加多个 elif 块和一个 else 块：

```
<view wx:if="{{length > 5}}">1</view>
<view wx:elif="{{length > 2}}">2</view>
<view wx:else>3</view>
```

3. 在 block 标签中使用 wx:if。因为 wx:if 是一个控制属性，需要将它添加到一个标签上，如 view 标签。如果要一次性判断多个组件标签，可以使用一个 <block/> 标签将多个组件包装起来，并在上边使用 wx:if 控制属性。

```
<block wx:if="{{true}}">
    <view>view1</view>
    <view>view2</view>
</block>
```

注意：<block/> 并不是一个组件，它仅仅是一个包装元素，不会在页面中做任何渲染，只接受控制属性。

3.6.5 问题思考

1. 本案例中如何利用 input 组件输入 color 和 length 变量的值来控制显示效果？
2. wx:if 除了用于 view 和 block 标签属性外，是否还可以用于其他标签的属性？

案例 3.7 列表渲染和九九乘法表

列表渲染和九九乘法表

3.7.1 案例描述

设计一个小程序，演示 wx:for 列表渲染的功能和使用方法。小程序运行后，打印一个左下角的九九乘法表。

3.7.2 实现效果

案例的运行效果如图 3.11 所示，该九九乘法表显示在页面左下角。

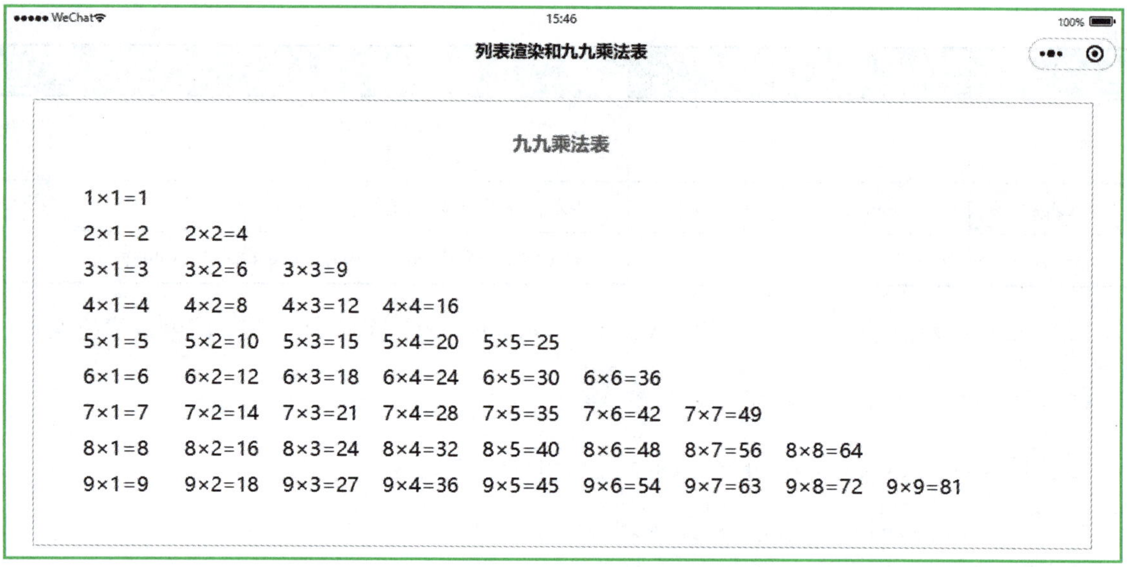

图 3.11　列表渲染和九九乘法表案例运行效果

3.7.3　案例实现

1. 新建项目。新建一个不使用云服务和模板的小程序项目：WxforAnd99Table。

2. 编写 index.wxml 文件中的代码。本文件利用双重 wx:for 列表渲染和 wx:if 条件渲染实现九九乘法表的打印。代码中的 .con 样式类用于控制字体大小和边距，.inline 样式类利用 inline-block 属性控制某一 i 行的所有 j 循环都在同一行内显示，而且上一次 j 循环与下一次 j 循环之间留有空格。此外，使用 width 属性控制每一行的总宽度，从而保证最长一行文字能够显示出来，显示的文字大小合适。

```
<!--index.wxml-->
<navigation-bar title=" 列表渲染和九九乘法表 " back="{{false}}" color="black"
background="#FFF"></navigation-bar>
<scroll-view class="scrollarea" scroll-y type="list">
  <view class="box">
    <view class="title"> 九九乘法表 </view>
    <view class='con'>
      <view wx:for="{{[1,2,3,4,5,6,7,8,9]}}" wx:for-item="i">
        <view class='inline' wx:for="{{[1,2,3,4,5,6,7,8,9]}}"
              wx:for-item="j">
          <view wx:if="{{j<=i}}">
            {{i}}×{{j}}={{i*j}}
          </view>
        </view>
      </view>
    </view>
  </view>
</scroll-view>
```

3. 编写 index.wxss 文件代码。代码中除了自动生成的 page 和 .scrollarea 两个样式类外，这里自定义了 .con 和 .inline 样式类。

```
/** index.wxss **/
page {…}
.scrollarea {…}
.con {
  font-size: 20px;                    /** 设置字体大小 **/
  margin: 20px;                       /** 设置外边距 **/
}
.inline {
  display: inline-block;              /** 设置布局 **/
  width: 100px;                       /** 设置宽度 **/
  margin-top: 10px;
}
```

4. 编写 app.wxss 文件代码。代码中定义了 .box 和 .title 样式类，样式类的代码和前面案例相同，这里就不再给出。

3.7.4 知识要点

1. wx:for。在组件上使用 wx:for 控制属性绑定一个数组，即可使用数组中的各项数据重复渲染该组件。数组当前项下标变量名默认为 index，数组当前项默认变量名为 item。使用 wx:for-item 可以修改数组当前元素的变量名，使用 wx:for-index 可以修改数组当前下标的变量名。类似 block wx:if，也可以将 wx:for 用在 <block> 标签上，以渲染一个包含多节点的结构块。

2. wx:key。如果列表中项目的位置会动态改变或者有新的项目添加到列表中，并且希望列表中的项目保持自己的特征和状态（如 <input> 中的输入内容，<switch> 的选中状态），需要使用 wx:key 指定列表中项目的唯一标识符，如不提供 wx:key，则会报一个 warning，如果明确知道该列表是静态，或者不必关注其顺序，则可以忽略该警告。

3. 使用 wx:for 时的注意事项：

（1）当 wx:for 的值为字符串时，会将字符串解析成字符数组，例如：

```
<view wx:for="array"> {{item}} </view>
```

等价于

```
<view wx:for="{{['a','r','r','a','y']}}"> {{item}} </view>
```

（2）花括号和引号之间如果有空格，将最终被解析成为字符串，例如：

```
<view wx:for="{{[1,2,3]}} "> {{item}} </view>
```

等价于

```
<view wx:for="{{[1,2,3] + ' '}}"> {{item}} </view>
```

（3）当 wx:for 的值为对象时，默认的 index 表示对象属性，item 表示属性的值，例如，假设 object 的值为：

```
{ 姓名 : '张三', 学号 : '20190001', 性别 : '男' }
```

则

```
<view wx:for='{{object}}'> {{index}}: {{item}} </view>
```

的运行结果为：

```
姓名 : 张三
学号 : 20190001
性别 : 男
```

4. 双重列表渲染。是指列表渲染中嵌套了列表渲染，其循环过程是这样的：首先由外循环进入内循环，内循环完成循环后再进入外循环，然后再进入内循环，内循环完成后再次进入外循环，直到外循环全部完成才结束整个循环过程。

5. 左下角九九乘法表算法。其算法过程为：第 1 行打印 1 列：1×1=1，第 2 行打印 2 列：2×1=2 2×2=4，第 i 行打印 i 列，…，第 9 行打印 9 列。假设用 i 表示行项目并进行外循环，利用 j 表示列项目并进行内循环，i 和 j 的列表渲染数组都是 [1,2,3,4,5,6,7,8,9]，当满足 j<=i 时打印出 i×j=i×j，这样就可以打印出左下角三角形的九九乘法表。

6. inline-block 布局属性。设置了 inline-block 属性的元素既拥有 block 元素可以设置 width 和 height 的特性，又保持了 inline 元素不换行的特性。

3.7.5 问题思考

1. 利用列表渲染对象时，index 和 item 分别表示什么？
2. 如何打印右上角、左上角和左下角的九九乘法表？
3. inline-block 属性的主要功能是什么？

案例 3.8 模块化

模块化

3.8.1 案例描述

设计一个小程序，演示在 index.js 模块中引用来自全局模块、本模块、同一个包的其他模块、不同包模块中的变量和函数的方法。

3.8.2 实现效果

案例实现效果如图 3.12 所示。通过运行结果可以看出，在 index.js 模块中可以引用来自全局模块（app.js）、本模块、同一个包中的其他模块、不同包模块中定义的变量和函数。

图 3.12 变量 / 函数的作用域及模块化案例运行效果

3.8.3 案例实现

1. 新建项目。新建一个不使用云服务和模板的小程序项目：Modularity。

2. 在小程序根目录下新建文件夹 common，并在该文件夹下新建模块文件 common.js，在该文件中编写如下代码，代码中定义了一个模块变量 comMsg 和一个模块函数 comFunc，并利用 module.exports 将变量和函数输出。

```
// common.js
var comMsg = '来自不同包模块的变量';
function comFunc() {
  return '来自不同包模块的函数';
}
module.exports = {                          // 输出模块变量和函数
  comMsg,
  comFunc
}
```

3. 在 index 文件夹下新建模块文件 myindex.js，并在该文件中编写如下代码，代码中定义了一个模块变量 myIndexMsg 和一个模块函数 myIndexFunc()，并利用 module.exports 将变量和函数输出。

```
// myindex.js
var myIndexMsg='来自同包模块的变量';
function myIndexFunc(){
  return '来自同包模块的函数';
}
module.exports={
  myIndexMsg,
  myIndexFunc
}
```

4. 编写 app.js 文件代码。在该全局模块 App 函数中定义一个全局变量 appMsg 和一个全局函数 appFunc()，该变量和函数可以在本项目的其他任何 js 文件模块中引用。

```
//app.js
App({
  appMsg: '来自全局模块的变量',
  appFunc (){
    return '来自全局模块的函数';
  }
})
```

5. 编写 index.js 文件代码。代码首先定义了模块变量 indexMsg 和模块函数 indexFunc()，通过调用 getApp() 函数获取全局模块对象并赋值给 app，利用 require() 函数获取 common.js 和 myIndex.js 模块应用实例 com 和 myIndex，最后在 Page() 函数中引用全局模块、本模块、同一个包中的其他模块和其他包模块中定义的变量和函数。

```
//index.js
var indexMsg = '来自本模块的变量';                  //定义本模块的变量
function indexFunc() {                             //定义本模块的函数
  return '来自本模块的函数';
}
const app = getApp()                               //获取全局模块应用实例
var com = require('../../common/common.js');       //获取 common 模块应用实例
var myIndex = require('myindex.js');               //获取 myIndex 模块应用实训
Page({
  data: {
    msg1: 'index.js 模块引用：' + app.appMsg,        //使用 app.js 文件中的变量
    msg2: 'index.js 模块引用：' + app.appFunc(),     //使用 app.js 文件中的函数
    msg3: 'index.js 模块引用：' + indexMsg,          //使用本模块的变量
    msg4: 'index.js 模块引用：' + indexFunc(),       //使用本模块的函数
    msg5: 'index.js 模块引用：' + myIndex.myIndexMsg,
                                                   //使用 myIndex 模块中的变量
    msg6: 'index.js 模块引用：' + myIndex.myIndexFunc(),
                                                   //使用 myIndex 模块中的函数
    msg7: 'index.js 模块引用：' + com.comMsg,        //使用 common 模块定义的变量
    msg8: 'index.js 模块引用：' + com.comFunc(),     //使用 common 模块定义的函数
  }
})
```

6. 编写 index.wxml 文件代码。本文件绑定了 msg1 ～ msg8 共 8 个变量，这些变量的值分别来自全局变量和函数、本模块变量和函数、同一个包其他模块的变量和函数、不同包模块的变量和函数。

```
<!--index.wxml-->
<navigation-bar title="模块化" back="{{false}}" color="black" background="#FFF">
</navigation-bar>
<scroll-view class="scrollarea" scroll-y type="list">
```

```
    <view class='box'>
      <view class='title'> 引用来自不同模块的变量和函数 </view>
      <view>{{msg1}}</view>
      <view>{{msg2}}</view>
      <view>{{msg3}}</view>
      <view>{{msg4}}</view>
      <view>{{msg5}}</view>
      <view>{{msg6}}</view>
      <view>{{msg7}}</view>
      <view>{{msg8}}</view>
    </view>
  </scroll-view>
```

7. 编写 index.wxss 文件代码。代码中除了自动定义的 page 和 .scrollarea 两个样式类外，还自定义了 view 样式类。

```
/**index.wxss**/
page {…}
.scrollarea {…}
view {
  line-height: 2em;
  font-size: large;
}
```

8. 编写 app.wxss 文件代码。代码中定义了 .box 和 .title 样式类，样式类的代码和前面案例相同，这里就不再给出。

3.8.4 知识要点

1. 模块化。微信小程序的模块化主要基于 ES6 的模块化语法实现，主要内容包括：

（1）模块定义。每个 JavaScript 文件都可以作为一个模块，模块内部可以定义变量、函数、对象等。

（2）模块导出。使用 module.exports 或 export 关键字可以将模块内部的变量、函数、对象等导出，供其他模块使用。

（3）模块引入。使用 require(path) 引入其他模块导出的变量、函数、对象等，path 为引用元素所在的模块路径，暂时不支持绝对路径。

2. 全局模块中变量和函数的引用方法。在 app.js 文件中的 App() 函数中定义的变量和函数称为全局变量和函数，它们可以在小程序的任何模块中通过调用 getApp() 函数创建的实例进行引用。

3.8.5 问题思考

1. 在哪个函数中定义的变量和函数是全局的？在某个页面模块中通过什么方式访问全局变量和函数？

2. 在一个模块中定义的变量和函数，通过什么方式才能在另一个模块中访问？

模板

案例 3.9 模板

3.9.1 案例描述

设计一个小程序，演示模板的定义和使用方法。小程序运行后，能够根据模板格式显示学生和老师的相关信息。

3.9.2 实现效果

根据案例描述可以做出图 3.13 所示的效果。界面上显示了三个学生和三位老师的信息，这些信息内容和显示的格式都是在模板中定义的。

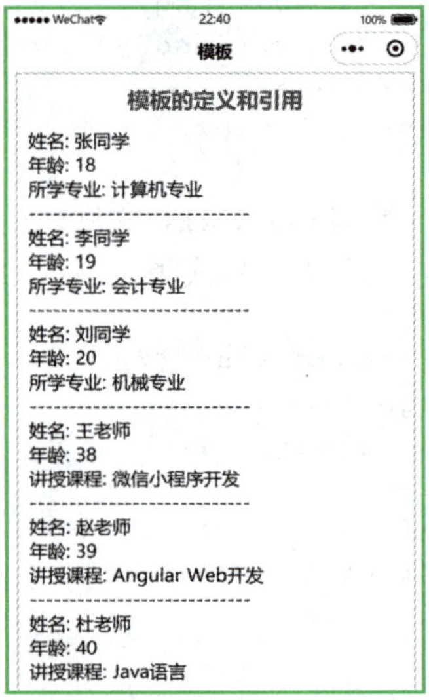

图 3.13　模板的定义及引用案例运行效果

3.9.3 案例实现

1. 新建项目。新建一个不使用云服务和模板的小程序项目：Template。

2. 在小程序根目录下新建 template 文件夹，在该文件夹中添加 template.wxml 文件并编写代码。代码中定义了 student 和 teacher 两个模板，分别用来显示学生的姓名、年龄、所学专业和教师的姓名、年龄和讲授课程。模板定义时需要使用 template 标签，并指定标签的 name 属性，使用数据绑定方式指定模板中的动态数据。

```
<!--template.wxml-->
<template name='student'>
    <view>姓名：{{name}}</view>
    <view>年龄：{{age}}</view>
    <view>所学专业：{{major}}</view>
</template>
<template name='teacher'>
    <view>姓名：{{name}}</view>
    <view>年龄：{{age}}</view>
    <view>讲授课程：{{course}}</view>
</template>
```

3. 编写 index.wxml 文件代码。在文件中首先利用 import 标签及其 src 属性引用文件 template.wxml，然后通过 template 标签及其 is 属性引用模板，通过 data 属性传入模板数据。is 属性值可以是绑定的模板变量，也可以是模板名称。data 对象数据的传入可以通过“…对象名”，也可以通过对象“属性名 1: 属性值 1, 属性名 2: 属性值 2,…”传入数据。

```
<!--index.wxml-->
<navigation-bar title="模板" back="{{false}}" color="black" background="#FFF">
</navigation-bar>
```

```
<scroll-view class="scrollarea" scroll-y type="list">
  <view class='box'>
    <view class='title'>模板的定义和引用 </view>
    <import src='/template/template.wxml' />
    <template is='{{temp01}}' data="{{...stu01}}" />
    ----------------------------
    <template is='student' data="{{...stu02}}" />
    ----------------------------
    <template is='student' data="{{name: '刘同学',age:'20',major: '机械
    专业'}}" />
    ----------------------------
    <template is='{{temp02}}' data="{{...teacher01}}" />
    ----------------------------
    <template is='teacher' data="{{...teacher02}}" />
    ----------------------------
    <template is='teacher' data="{{name:'杜老师',age:40,course:'Java 语
    言'}}" />
  </view>
</scroll-view>
```

4. 编写 app.wxss 文件代码。template.wxml 和 index.wxml 文件中使用的样式类都可以在该文件中定义，本案例在该文件中定义了三个样式类：.box、.title、view，其中前两个样式类和以前案例中使用的内容相同。

```
/**app.wxss**/
.box {                                  /** 定义用于设置边框的样式 **/
  margin: 20rpx;                        /** 设置外边距 **/
  padding: 20rpx;                       /** 设置内边距 **/
  border: 1px solid silver;             /** 设置边框 **/
}
.title {                                /** 定义用于设置标题的样式 **/
  font-size: larger;                    /** 设置字体大小 **/
  font-weight: bolder;                  /** 设置字体加粗 **/
  text-align: center;                   /** 设置文本水平居中对齐 **/
  margin-bottom: 15px;                  /** 设置下外边距 **/
  color: red;                           /** 设置字体颜色 **/
}
view{
  font-size: large;
}
```

5. 编写 index.js 文件代码。在 Page() 函数的 data 属性中初始化对象数据 stu01、stu02、teacher01、teacher02。

```
// index.js
Page({
  data: {
    temp01: 'student',
```

```
      temp02: 'teacher',
      stu01: {
        name: '张同学',
        age: 18,
        major: '计算机专业'
      },
      stu02: {
        name: '李同学',
        age: 19,
        major: '会计专业'
      },
      teacher01: {
        name: '王老师',
        age: 38,
        course: '微信小程序开发'
      },
      teacher02: {
        name: '赵老师',
        age: 39,
        course: 'Angular Web 开发'
      }
    },
  })
```

3.9.4 知识要点

1. 模板定义。模板要在 wxml 文件中定义。定义模板时需要使用 template 标签，并使用 name 属性作为模板的名字。一个文件中可以定义多个模板。

2. 模板引用。模板要在 wxml 文件中使用。引用模板时，首先要使用 import 标签及其 src 属性，然后利用 template 标签及其 is 属性来声明要使用的模板，使用 data 属性传入模板需要的数据。is 属性可以使用 Mustache（双花括号）语法来动态决定需要渲染的模板，也可以直接指定模板的名字。模板拥有自己的作用域，只能使用 data 传入的数据或者模板文件中定义的 <wxs /> 模块。

3. import 的功能。利用 import 可以引用目标文件中定义的 template，import 有作用域的概念，它只能 import 目标文件中定义的 template，不能 import 目标文件 import 的 template，如 C import B，B import A，在 C 中可以使用 B 定义的 template，在 B 中可以使用 A 定义的 template，但是 C 不能使用 A 中定义的 template。

3.9.5 问题思考

1. 定义模板时使用的标签是什么？必须指定该标签的哪个属性？

2. 引用模板时使用的标签是什么？必须指定该标签的哪几个属性？

3. A.wxml 文件 import 了 B.wxml 文件，B.wxml 文件又 import 了 C.wxml 文件，那么能否在 A.wxml 文件中使用 C.wxml 文件中定义的模板？

案例 3.10 文件引用

文件引用

3.10.1 案例描述

设计一个小程序，演示利用 include 进行文件引用的实现方法。

3.10.2 实现效果

案例实现效果如图 3.14 所示。图中标题部分内容引用了 header.wxml 文件，中间部分内容引用了 main.wxml 文件，界面底部最后一行内容引用了 footer.wxml 文件。

图 3.14　利用 include 引用文件案例实现效果

3.10.3 案例实现

1. 新建项目。新建一个不使用云服务和模板的小程序项目：Include。

2. 在小程序根目录下新建文件夹 files，并在该文件夹下新建三个文件：header.wxml、main.wxml 和 footer.wxml。

3. 编写 header.wxml 文件代码。代码中使用的 header 样式类在 app.wxss 文件中定义。

```
<!-- header.wxml-->
<view class='header'>
   “2022 北京榜样” 年榜人物
</view>
```

4. 编写 main.wxml 文件代码。代码中使用的 main 样式类在 app.wxss 文件中定义。

```
<!-- main.wxml -->
<view class="main">
  <view>
    王振强、郎佳子彧、鲍硕、敖翔、丛君敬、张春山、徐厚军、吴雪岩、张旭、薛胜华 10 人当选“2022 北京榜样”年榜人物，北京体育大学冬奥团队、永定河见义勇为市民 2 个团体获得年度特别奖。
  </view>
</view>
```

5. 编写 footer.wxml 文件代码。代码中使用的 footer 样式类在 app.wxss 文件中定义。

```
<!-- footer.wxml-->
<view class='footer'>
  2023 年 01 月 04 日
</view>
```

6. 编写index.wxml文件代码。代码利用include标签及其src属性分别引用了header.wxml、main.wxml和footer.wxml三个文件，页面头部、中部和尾部分别显示了header.wxml、main.wxml和footer.wxml文件中的内容和样式。

```
<!-- index.wxml-->
<navigation-bar title=" 文件引用 " back="{{false}}" color="black" background=
"#FFF"></navigation-bar>
<scroll-view class="scrollarea" scroll-y type="list">
  <view class="box">
    <include src='/files/header.wxml' />
    <include src="/files/main.wxml" />
    <include src='/files/footer.wxml' />
  </view>
</scroll-view>
```

7. 编写app.wxss文件代码。文件中定义了.box、.header、.main、.footer样式类，分别应用于index.wxml、header.wxml、main.wxml和footer.wxml文件中的相应组件。

```
/**app.wxss**/
.box {                                        /** 定义用于设置边框的样式 **/
  margin: 20rpx;                              /** 设置外边距 **/
  padding: 20rpx;                             /** 设置内边距 **/
  border: 1px solid silver;                   /** 设置边框 **/
}
.header {
  text-align: center;
  margin: 20rpx;
  color: blue;
  font-size: x-large;
  font-weight: bolder;
}
.main {
  font-size: large;
  text-indent: 2em;
  margin: 20px;
  line-height: 2em;
  text-align: justify;
}
.footer {
  margin-right: 30px;
  font-size: medium;
  text-align: right;
  color: blue;
}
```

3.10.4 知识要点

WXML提供两种文件引用方式：import和include。import只能引用文件中的template，而 include 可以将文件中除 <template/> 和 <wxs/> 外的整个代码引入，相当于将目标文件中的代码复制到 include 位置。

3.10.5 问题思考

1. import 和 include 在引用文件方面有什么区别？

2. 在 index.wxss 文件中定义的样式类，除了在 index.wxml 文件中使用外，是否可以在该项目中的其他 wxml 文件中使用？

习 题

1. 设计一个小程序，小程序包含两个页面：主页面和计时器页面，从主页面可以导航到计时器页面，计时器页面能够实现计时功能。

2. 设计一个小程序，其中包含三个标签，每个标签都有对应的页面、图标和标签文字，点击某个标签的图标或文字时会切换到该页面，同时验证小程序和页面生命周期函数的执行顺序。

3. 设计一个小程序，利用数据和事件绑定功能求解一元二次方程的根。

4. 设计一个小程序，利用 wx:if 实现成绩等级的计算，当成绩在 0 ～ 59、60 ～ 69、70 ～ 79、80 ～ 89、90 ～ 100 时分别显示不及格、及格、中等、良好、优秀，如果成绩大于 100 或小于 0 时显示成绩有误。

5. 设计一个小程序，在小程序中新建一个文件，在该文件中定义四个模板，分别打印四个不同方向的九九乘法表，然后在 index.wxml 文件中利用这些模板打印四个不同方向的九九乘法表。

6. 设计一个小程序，新建一个页面，在其中显示一个九九乘法表，然后在 index.wxml 文件中引用该页面中的 wxml 文件，从而显示一个九九乘法表。

第 4 章 小程序组件

本章概要

本章设计了 10 个案例，演示了小程序组件的功能和使用方法。使用的组件包括 form、checkbox、radio、slider、swiper、switch、picker、image、video、scroll-view、map、canvas。

学习目标

- 了解 form、checkbox、radio、slider、swiper、switch、picker、image、video、scroll-view、map、canvas 等组件的功能。
- 掌握 form、checkbox、radio、slider、swiper、switch、picker、image、video、scroll-view、map、canvas 等组件的使用方法。

案例 4.1 form 组件

form 组件

4.1.1 案例描述

设计一个小程序，演示 form 组件、input 组件和消息提示框 API 函数的功能和使用方法。小程序运行后，能够根据输入的三角形三条边长计算三角形的面积。根据三角形边长计算面积的公式为

$$\text{area} = \sqrt{s(s-a)(s-b)(s-c)}$$

式中，a、b、c 为三角形的三条边长，$s=(a+b+c)/2$。

4.1.2 实现效果

案例实现效果如图 4.1 所示。初始界面如图 4.1（a）所示，此时光标自动出现在第一个输入框中，并在屏幕下方自动弹出数字键盘（真机模式下）。当输入完所有数据并点击“计算”按钮时，如果在三个输入框中都输入数据，而且这些数据满足三角形的构成规则，则在按钮下面显示三角形的面积，如图 4.1（b）所示。如果输入的数据不满足三角形构成规则，则会弹出错误提示信息，如图 4.1（c）所示。如果在某个输入框中没有输入数据，点击“计算”按钮时没有任何反应。

（a）初始界面　（b）输入正确时的结果　（c）输入错误时的结果

图 4.1　利用表单组件计算三角形面积案例实现结果

4.1.3 案例实现

1. 新建项目。新建一个不使用云服务和模板的小程序项目：form。

2. 编写 index.wxml 文件代码。从运行结果可以看出：界面中主要包括三个 input 组件和一个 button 组件。代码中将三个 input 组件放在 form 表单组件中，其中第一个 input 中设置了 focus="true" 属性，使该组件能够自动获得焦点。表单绑定了提交事件函数 formSubmit，实现了表单提交后能够获得表单中所有 input 组件中的数据并计算三角形面积等相关功能。文件使用了 input、button 和 text 三种样式来设置对应组件的样式。

```
<!-- index.wxml-->
<navigation-bar title="form组件" back="{{false}}" color="black" background="#FFF">
</navigation-bar>
<scroll-view class="scrollarea" scroll-y type="list">
  <view class="box">
    <view class='title'>三角形面积计算器</view>
    <form bindsubmit="formSubmit">
      <input type="digit" placeholder='输入三角形第一条边长' name='a' focus=
      "true" value="{{a}}" />
      <input type="digit" placeholder='输入三角形第二条边长' name='b' value=
      "{{b}}" />
      <input type="digit" placeholder='输入三角形第三条边长' name='c' value=
      "{{c}}" />
      <button type="primary" form-type='submit'>计算</button>
    </form>
    <view wx:if="{{visible}}" class="result">三角形的面积为: {{area}}</view>
  </view>
</scroll-view>
```

3. 编写 index.wxss 文件代码。文件定义了 input、button 和 text 三种样式，用来设置组件字体大小、外边距和 input 组件的下边框，定义了 .result 样式类用于设置计算结果样式。

```
/* index.wxss */
page {…}
.scrollarea {…}
input,button,text {                          /* 定义三种组件的样式 */
  font-size: 20px;
  margin: 20px 0;
}
input {
  border-bottom: 1px solid blue;             /* 设置 input 组件的下边框样式 */
}
.result {
  font-size: larger;
  color: blue;
}
```

4. 编写 app.wxss 文件代码。代码中定义了三个样式类：.box 和 .title，这两个样式类和以前案例中的相同，这里就不再给出。

5. 编写 index.js 文件代码。代码中在 Page 函数的 data 中定义了 visible 属性，该属性用于隐藏或显示计算结果。此外，Page 函数中定义了表单提交事件函数 formSubmit() 和清空 input 组件中输入数据的函数 clear()。

（1）formSubmit() 用于计算三角形面积。首先定义五个局部变量 visible、a、b、c 和 area，visible 用来控制显示结果的 view 组件是否显示，a、b、c 用来存放三个 input 组件中输入的数据，area 用来存放三角形面积。由于从 input 组件获得的 a、b、c 的值都是字符串，因此利用 paresFloat 转换为数值类型，然后再参与计算。最后将计算结果和是否显示计算结果通过 this.setData() 函数传给视图层。

（2）clear() 函数用于清除 input 组件中输入的数据和计算结果数据。

```
// index.js
Page({
  data: {
    visible: false                                    // 设置开始时计算结果不显示
  },
  formSubmit(e) {
    var visible = this.data.visible;                  // 定义是否显示计算结果的变量
    var a = parseFloat(e.detail.value.a);             // 获取第一个 input 组件的 value 值
    var b = parseFloat(e.detail.value.b);             // 获取第二个 input 组件的 value 值
    var c = parseFloat(e.detail.value.c);             // 获取第三个 input 组件的 value 值
    var area;                                         // 定义存放面积的变量
    if (a + b <= c || a + c <= b || b + c <= a) { // 判断两边之和是否小于第三边
      this.clear();                          // 清空 input 组件中的数据，并隐藏计算结果
      wx.showToast({                                  // 显示提示对话框的 API 函数
        title: '三角形的两边之和小于第三边！',       // 对话框标题
        icon: 'none',                                 // 对话框图标
        duration: 2000,                               // 对话框显示时长为 2 秒
      });
      return;
    } else {                                          // 计算三角形面积
      var s = (a + b + c) / 2;
      area = Math.sqrt(s * (s - a) * (s - b) * (s - c));
    }
    if (area > 0) {                                   // 判断边长是否存在没有输入的情况
      visible = true;
    } else {
      visible = false
    }
    this.setData({
      area,                                           // 将三角形面积渲染到视图层
      visible                                         // 显示计算结果
    });
  },
  clear() {
    this.setData({
      a: '',                                          // 清空输入框中的数据
      b: '',
      c: '',
      visible:false                                   // 隐藏计算结果
```

```
        })
      }
    })
```

4.1.4 知识要点

1. form 表单组件。该组件用于将其内部的 switch、input、checkbox、slider、radio、picker 等组件提交。当点击 form 表单中 form-type 为 submit 的 button 组件时，会将表单组件中的 value 值进行提交。为了获取表单中各组件的值，需要为每个组件加上 name 属性来区分。form 组件常用属性说明见表 4.1。

表 4.1 form 组件常用属性说明

属 性	类 型	必 填	说 明
bindsubmit	eventhandle	否	携带 form 中的数据触发 submit 事件，event.detail = {value : {'name': 'value'} , formId: ''}
bindreset	eventhandle	否	表单重置时会触发 reset 事件

2. 消息提示框 API 函数。小程序中与消息对话框有关的 API 函数包括：wx.show Toast(Object object)、wx.showModal(Object object)、wx.showLoading(Object object)、wx.hideToast(Object object) 和 wx.hideLoading(Object object)。本案例中使用了 wx.showToast (Object object) 函数，该函数用于显示消息提示框，其参数 Object object 的属性见表 4.2。

表 4.2 函数 wx.showToast(Object object) 的参数属性说明

属 性	类 型	默认值	必 填	说 明
title	string		是	提示的内容
icon	string	'success'	否	图标
image	string		否	自定义图标的本地路径，image 的优先级高于 icon
duration	number	1500	否	提示的延迟时间
mask	boolean	false	否	是否显示透明蒙层，防止触摸穿透
success	function		否	接口调用成功的回调函数
fail	function		否	接口调用失败的回调函数
complete	function		否	接口调用结束的回调函数（调用成功、失败都会执行）

表 4.2 中属性 icon 的值及其说明见表 4.3。

表 4.3 属性 icon 的值及其说明

值	说 明
success	显示成功图标，此时 title 文本最多显示七个汉字长度
loading	显示加载图标，此时 title 文本最多显示七个汉字长度
none	不显示图标，此时 title 文本最多可显示两行，1.9.0 及以上版本支持

4.1.5 问题思考

1. form 组件中如何实现“提交”和“重置”？
2. 如何获取 form 组件中各组件的 value 值？
3. 微信小程序中能够实现消息提示的 API 函数有哪些？
4. 消息提示函数 wx.showToast(Object object) 的参数 object 的属性有哪些？

案例 4.2 checkbox 和 radio 组件

checkbox 和 radio 组件

4.2.1 案例描述

设计一个小程序，演示 checkbox 和 checkbox-group 组件、radio 和 radio-group 组件的功能和使用方法。小程序运行后，能够通过 checkbox 组件设置字体样式，通过 radio 组件设置字体大小。

4.2.2 实现效果

根据案例描述可以做出图 4.2 所示的效果。初始界面如图 4.2（a）所示，界面最上面是标题，标题下面是一段文字，文字下面有三个 checkbox 组件和三个 radio 组件。三个 checkbox 组件分别用于设置加粗、倾斜和下划线，radio 组件用于设置字体大小。当选择某个 checkbox 组件和 radio 组件时，文字样式和大小会发生相应的变化，如图 4.2（b）所示为选择加粗、倾斜、下划线 checkbox 组件和 20 px 的 radio 单选项组件时的效果。

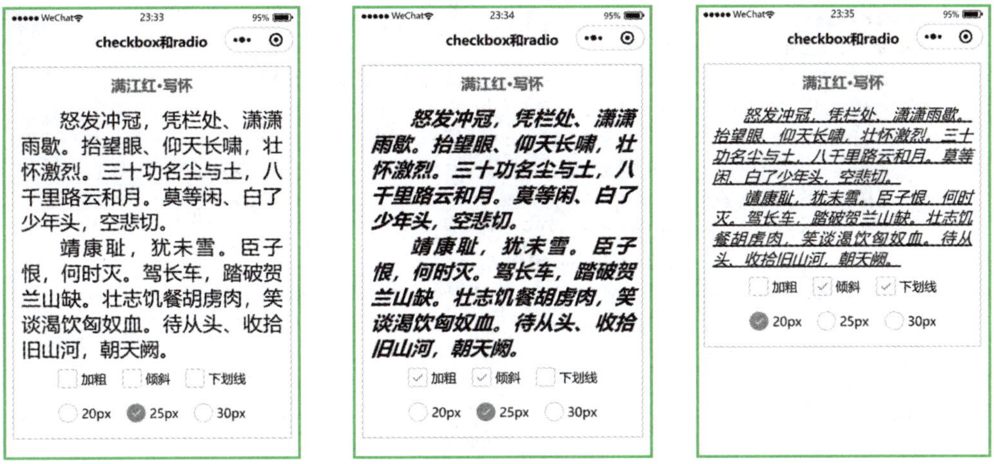

（a）初始界面　　（b）选择后的界面 I　　（c）选择后的界面 II

图 4.2 设置字体样式和大小案例运行效果

4.2.3 案例实现

1. 新建项目。新建一个不使用云服务和模板的小程序项目：CheckboxAndRadio。

2. 编写 index.wxml 文件代码。文件通过 view 组件显示文本，通过 checkbox 组件改变文本的样式，通过 radio 组件改变文本字体的大小。

（1）代码通过绑定 view 组件的相关属性来动态改变文本的样式，属性包括：font-weight（控制字体是否加粗）、font-style（控制字体是否倾斜）、text-decoration（修饰字体，包括是否有下划线等）、font-size（控制字体大小）。

（2）代码中定义了三个 checkbox 组件实现对文本加粗、倾斜和下划线的控制。这三个组件放置在 checkbox-group 组件中，该组件绑定了变化事件，实现对 checkbox 组件选择变化的监听。

（3）代码中定义了三个 radio 组件实现对字体大小的控制。这三个组件放置在 radio-group 组件中，该组件绑定了变化事件，实现对三个 radio 组件选择变化的监听。

```
<!--index.wxml-->
<navigation-bar title="checkbox和radio" back="{{false}}" color="black" background="#FFF"></navigation-bar>
<scroll-view class="scrollarea" scroll-y type="list">
  <view class='box'>
    <view class='title'>满江红·写怀</view>
    <view class="txt" style='font-weight:{{myBold}}; font-style:{{myItalic}}; text-decoration:{{myUnderline}}; font-size:{{myFontSize}}'>
      <view>
        怒发冲冠，凭栏处、潇潇雨歇。抬望眼、仰天长啸，壮怀激烈。三十功名尘与土，八千里路云和月。莫等闲、白了少年头，空悲切。
      </view>
      <view>
        靖康耻，犹未雪。臣子恨，何时灭。驾长车，踏破贺兰山缺。壮志饥餐胡虏肉，笑谈渴饮匈奴血。待从头、收拾旧山河，朝天阙。
      </view>
    </view>
    <view class="other">
      <checkbox-group bindchange='checkboxChange'>
        <checkbox value='isBold'>加粗</checkbox>
        <checkbox value='isItalic'>倾斜</checkbox>
        <checkbox value='isUnderline'>下划线</checkbox>
      </checkbox-group>
      <radio-group bindchange='radioChange'>
        <radio value='20px'>20px</radio>
        <radio value='25px' checked='true'>25px</radio>
        <radio value='30px'>30px</radio>
      </radio-group>
    </view>
  </view>
</scroll-view>
```

3. 编写 index.wxss 文件代码。代码中除了自动生成的 page 和 .scrollarea 两个样式类外，还自定义了 checkbox、radio、.txt、.other 样式类。

```
/**index.wxss**/
page {…}
.scrollarea {…}
radio, checkbox {
```

```
  margin: 10px;
}
.txt {
  text-align: justify;                  /* 设置文本两端对齐 */
  text-indent: 2em;                     /* 设置首行缩进两个字符 */
  margin: 30px, 0px;
}
.other {
  text-align: center;
  margin: 30px, 0px;
}
```

4. 编写 app.wxss 文件代码。代码中定义了 .box 和 .title 样式类，样式类的代码和前面案例相同，这里就不再给出。

5. 编写 index.js 文件代码。在该文件的 data 对象中初始化了 myFontSize 值，然后编写 checkbox-group 组件的 bindchange 事件函数 checkboxChange() 和 radio-group 组件的 bindchange 事件函数 radioChange()。

（1）在 checkboxChange() 函数中，首先把获取的选中项存放在字符串数组 selected 中，然后通过循环对该数组中的字符串进行遍历，通过对比 selected 字符串数组中是否有 checkbox 的 value 值找出选中项，并对选中项赋值，然后通过 this.setData() 函数将选中项的值传递到视图层，从而实现对文本样式的设置。

（2）在 radioChange 函数中，直接利用 this.setData() 函数将单选按钮选中项的 value 值传递到视图层绑定的 {{myFontSize}}，从而实现对文本字体大小的设置。

```
//index.js
Page({
  data: {
      myFontSize: '25px'              // 设置字体初始大小
  },
  checkboxChange (e) {                //checkbox-group 组件事件函数
      var selected = [];              // 定义存放 checkbox-group 所有选中项数组
      var myBold='';                  // 定义是否加粗的变量并初始化
      var myItalic='';                // 定义是否倾斜的变量并初始化
      var myUnderline='';             // 定义是否有下划线的变量并初始化
      selected = e.detail.value;      // 获取 checkbox-group 中的所有选中项
      for (var i = 0; i < selected.length; i++) { // 循环判断选中的 checkbox 选项
          if (selected[i] == 'isBold') {    // 如果加粗的 checkbox 组件被选中
              myBold = 'bold';        // 将加粗的属性值 bold 赋值给局部变量 myBold
          }
          if (selected[i] == 'isItalic') { // 如果倾斜的 checkbox 组件被选中
              myItalic = 'italic';
          }
          if (selected[i] == 'isUnderline') { // 如果下划线的 checkbox 组件被选中
              myUnderline = 'underline';
          }
      }
      this.setData({
```

```
            myBold,                    //将局部变量赋值给绑定变量并渲染到视图层
            myItalic,
            myUnderline,
        })
    },
    radioChange (e) {                  //radio-group 组件事件函数
        this.setData({
            myFontSize: e.detail.value,    //获取 radio 的 value 值
        })
    }
})
```

4.2.4 知识要点

本案例主要使用了 radio 单选项目组件和 checkbox 多选项目组件。

1. radio 组件。必须和 radio-group 单项选择器组件一起使用，radio-group 中可包含多个 radio 单选项目。radio 和 radio-group 组件属性见表 4.4。

表 4.4 radio 和 radio-group 组件属性

组　件	属　性	类　型	默认值	必　填	说　明
radio	value	string		否	<radio> 标识。当该 <radio> 选中时，<radio-group> 的 change 事件会携带 <radio> 的 value
	checked	boolean	false	否	当前是否选中
	disabled	boolean	false	否	是否禁用
	color	string	#09BB07	否	radio 的颜色，同 css 的 color
radio-group	bindchange	eventhandle		否	radio-group 中选中项发生改变时触发 change 事件，detail = {value:[选中的 radio 的 value 的数组]}

2. checkbox 组件。必须和 checkbox-group 多项选择器组件一起使用，checkbox-group 内部可包含多个 checkbox。checkbox 和 checkbox-group 组件属性见表 4.5。

表 4.5 checkbox 和 checkbox-group 组件属性

组　件	属　性	类　型	默认值	必　填	说　明
checkbox	value	string		否	<checkbox> 标识，选中时触发 <checkbox-group> 的 change 事件，并携带 <checkbox> 的 value
	disabled	boolean	false	否	是否禁用
	checked	boolean	false	否	当前是否选中，可用来设置默认选中
	color	string	#09BB07	否	checkbox 的颜色，同 css 的 color
checkbox-group	bindchange	eventhandle		否	<checkbox-group> 中选中项发生改变时触发 change 事件，detail = {value:[选中的 checkbox 的 value 的数组]}

4.2.5 问题思考

1. radio 组件必须和 radio-group 组件一起使用吗？ bindchange 是 radio 组件的属性还是 radio-group 组件的属性？如何获取 radio 组件的 value 值？

2. checkbox 组件必须和 checkbox-group 组件一起使用吗？ bindchange 是 checkbox 组件的属性还是 checkbox-group 组件的属性？如何获取 checkbox 组件的 value 值？

案例 4.3 slider 组件

slider 组件

4.3.1 案例描述

设计一个小程序，演示 slider 组件、rgb() 函数、rgba() 函数、data-* 属性的功能和使用方法。小程序运行后，能够通过 slider 组件控制颜色的变化。

4.3.2 实现效果

案例实现效果如图 4.3 所示，初始界面如图 4.3（a）所示，当滑动滑动条时，颜色块及字体的颜色都在变化，如图 4.3（b）所示。

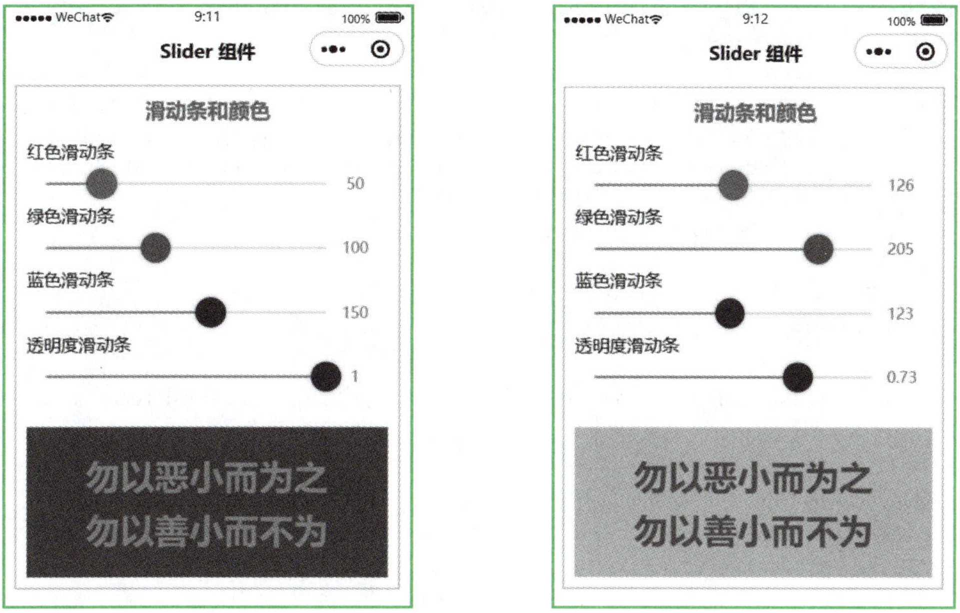

（a）初始界面　　（b）滑动条滑动后的界面

图 4.3　滑动条和颜色案例运行效果

4.3.3 案例实现

1. 新建项目。新建一个不使用云服务和模板的小程序项目：Slider。

2. 编写 wxml 文件中的代码。代码中主要包含四个 slider 组件，每个 slider 组件都给出了 data-color 属性，绑定了同一个事件函数：colorChanging。代码最后给出了一个 view 组件用来显示一个颜色块，颜色块的尺寸利用 colorArea 样式类来设置，颜色块和字体的颜色通过 rgba 函数来设置，该函数的四个参数都进行了数据绑定。slider 组件的 data-color="r" 用于设置属性 color:'r'，这样设置的属性在触发函数的 e.target.dataset 中，value 属性用来设置滑块的初始值，max 属性用来设置最大值，block-color 属性用来设置滑块颜色，show-value 属性用于设置是否显示滑动条滑块当前的值，bindchanging 属性用于绑定滑动滑块时的事件函数。

```
<!--index.wxml-->
<navigation-bar title="Slider 组件" back="{{false}}" color="black" background=
"#FFF"></navigation-bar>
<scroll-view class="scrollarea" scroll-y type="list">
  <view class='box'>
    <view class='title'>滑动条和颜色</view>
    <text>红色滑动条</text>
    <slider data-color="r" value='{{r}}' max="255" block-color='red'
    show-value='true' bindchanging='colorChanging'></slider>
    <text>绿色滑动条</text>
    <slider data-color="g" value='{{g}}' max="255" block-color='green'
    show-value='true' bindchanging='colorChanging'></slider>
    <text>蓝色滑动条</text>
    <slider data-color="b" value='{{b}}' max="255" block-color='blue'
    show-value='true' bindchanging='colorChanging'></slider>
    <text>透明度滑动条</text>
    <slider data-color="a" value='{{a}}' max="1" step='0.01' block-color
    ='purple' show-value='true' bindchanging='colorChanging'></slider>
    <view class='colorArea' style="background-color:rgba({{r}},{{g}},{
    {b}},{{a}});color: rgba({{255-r}},{{255-g}},{{255-b}},{{a}});">
      <view>勿以恶小而为之</view>
      <view>勿以善小而不为</view>
    </view>
  </view>
</scroll-view>
```

3. 编写 index.wxss 文件代码。代码中除了自动生成的 page 和 .scrollarea 样式类外，还自定义了 .colorArea 样式类，用于设置颜色块及其中字体的样式。

```
/**index.wxss**/
page {…}
.scrollarea {…}
.colorArea {
  width: 100%;                          /* 设置宽度 */
  line-height: 50px;                    /* 设置行高 */
  font-size: xx-large;                  /* 设置字体大小 */
  font-weight: bolder;                  /* 设置字体加粗 */
  text-align: center;                   /* 设置文本居中对齐 */
  padding: 20px 0px;                    /* 设置内边距 */
  margin-top: 1.2em;                    /* 设置上边距 */
}
```

4. 编写 app.wxss 文件代码。代码中定义了 .box 和 .title 样式类，样式类的代码和前面案例相同，这里就不再给出。

5. 编写 index.js 文件代码。文件首先在 data 中初始化 index.wxml 文件中 rgba() 函数绑定的 r、g、b、a 四个参数，然后定义了 colorChanging() 函数，在函数中首先获取 slider 组件的 data-color 属性值，然后获取 slider 组件的 value 值，最后在 setData 函数中通过 [color]: value 将 slider 的 value 赋值给 data-color 的属性值。

```
//index.js
Page({
  data: {
    r: 50,                                   // 设置颜色的初始值
    g: 100,
    b: 150,
    a: 1
  },
  colorChanging(e) {
    let color = e.currentTarget.dataset.color  // 获取 slider 组件属性
    let value = e.detail.value;              // 获取 slider 组件的 value 值
    this.setData({
      [color]: value                         // 将 value 值赋给变量属性 color 的值
    })
  }
})
```

4.3.4 知识要点

本案例涉及 slider 滑动选择器组件、wxml 文件中的 rgb(red,green,blue) 函数和 rgba(red,green,blue,alpha) 函数以及 wxml 中的 data-* 属性。

1. slider 组件。滑动选择器，slider 组件的常用属性见表 4.6。

表 4.6 slider 组件的常用属性

属性名	类型	默认值	说明
min	number	0	最小值
max	number	100	最大值
step	number	1	步长，取值必须大于 0，并且可被 (max - min) 整除
disabled	boolean	false	是否禁用
value	number	0	当前取值
color	color	#e9e9e9	背景条的颜色（请使用 backgroundColor）
selected-color	color	#1aad19	已选择的颜色（请使用 activeColor）
activeColor	color	#1aad19	已选择的颜色
backgroundColor	color	#e9e9e9	背景条的颜色

续表

属性名	类　型	默认值	说　明
block-size	number	28	滑块的大小，取值范围为 12 ～ 28
block-color	color	#ffffff	滑块的颜色
show-value	boolean	false	是否显示当前 value
bindchange	eventhandle		完成一次拖动后触发的事件，event.detail = {value: value}
bindchanging	eventhandle		拖动过程中触发的事件，event.detail = {value: value}

2. rgb() 和 rgba() 函数。视图层组件颜色的变化可以通过设置 rgb(red,green,blue) 和 rgba(red,green,blue,alpha) 函数中的参数来动态改变，其中 alpha 表示透明度。

3. data-* 属性。wxml 中的 data-* 属性用于存储页面或应用程序私有的自定义数据，存储的（自定义）数据能够被页面的 JavaScript 利用。data-* 属性包括两部分：

（1）属性名。不能包含大写字母，并且在前缀 "data-" 之后必须至少有一个字符。

（2）属性值。可以是任意字符串。

4. [color]:value 的含义。[color] 表示 color 是一个动态属性名，它的值由变量 color 决定。[color]:value 意味着不是直接给名为 color 的属性赋值，而是给 color 变量属性的值赋值，即给 r、g、b、a 赋值。

4.3.5 问题思考

1. slider 组件的 bindchange 和 bindchanging 属性有什么区别？
2. rgba(red,green,blue,alpha) 函数各个参数分别表示什么？
3. 如何利用 data-* 属性自定义数据并获取该数据的值？

案例 4.4 swiper 和 switch 组件

swiper 和 switch 组件

4.4.1 案例描述

设计一个小程序，演示 swiper 和 switch 组件的功能和使用方法。小程序运行后，利用 switch 组件设置 swiper 组件的属性值，从而实现 swiper 组件的各种播放效果。

4.4.2 实现效果

根据案例描述可以做出图 4.4 所示的效果。初始界面如图 4.4（a）所示，此时 swiper 组件元素显示红色背景和“工匠精神”文字，指示点 switch 组件被选中，其他 switch 组件没有选中，此时可以手动播放 swiper 组件。选中自动播放 switch 组件后的效果如图 4.4（b）所示，此时 swiper 组件能够自动播放。选中衔接滑动和竖向 switch 组件后的效果如图 4.4（c）所示，此时 swiper 组件变成竖向（从指示点方向可以看出），播放效果变为垂直方向和衔接滑动。衔接滑动效果是指播放完一轮后，不会退回到初始位置播放，而是沿着同一方向进入下一轮播放。

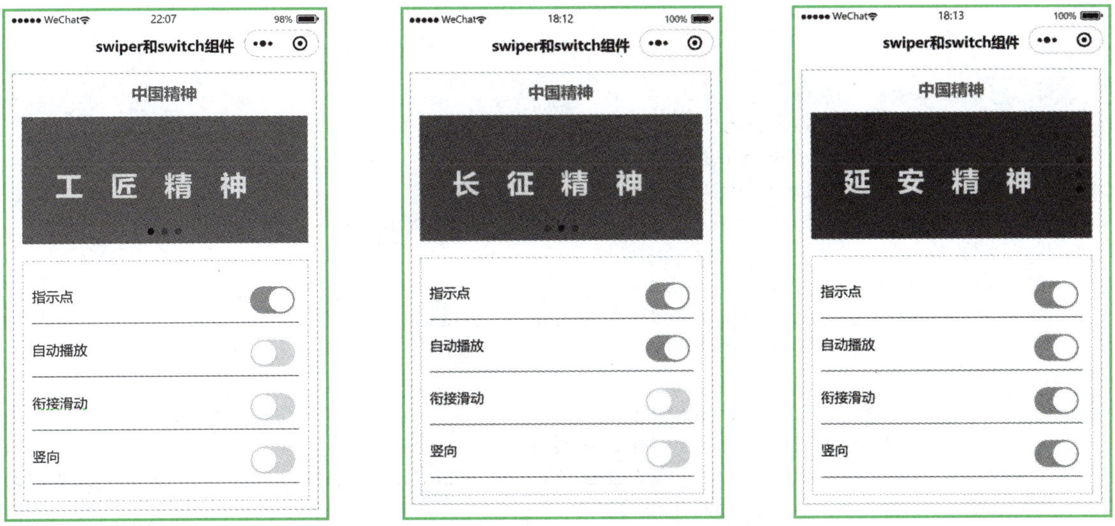

（a）初始界面　　（b）自动播放　　（c）竖向轮播图效果

图 4.4　轮播图和开关选择器案例运行效果

4.4.3　案例实现

1. 新建项目。新建一个不使用云服务和模板的小程序项目：SwiperAndSwitch。

2. 编写 index.wxml 文件代码。代码中包含了一个 swiper 组件和四个 switch 组件，在 swiper 组件中设置了六个属性：indicator-dots、autoplay、circular、vertical、interval、duration，这些属性都进行了数据绑定，其中前四个属性通过后面的四个 switch 组件绑定的事件函数进行赋值。swiper 组件中包含了 swiper-item 组件，该组件用于设置播放的内容，本案例通过 wx:for 对 swiper-item 进行循环，从而设置每个播放界面的背景和文本内容。

（1）四个 switch 组件绑定了四个事件函数：changeIndicatorDots、changeAutoplay、changeCircular、changeVertical，这些函数实现了轮播图的指示点、自动播放、衔接滑动播放和竖向播放的控制，它们都在 index.js 文件中进行定义。

（2）文档代码使用了六个自定义样式类：common、bc-red、bc-green、bc-blue、waikuang、myLeft，前三个样式用来控制 swiper 的背景颜色和字体颜色等，后面两个样式用来设置 text 和 switch 组件的布局，它们都在 index.wxss 文件中进行了定义。

```
<!--index.wxml-->
<navigation-bar title="swiper 和 switch 组件 " back="{{false}}" color="black"
background="#FFF"></navigation-bar>
<scroll-view class="scrollarea" scroll-y type="list">
  <view class='box'>
    <view class='title'>中国精神</view>
    <swiper indicator-dots="{{indicatorDots}}" autoplay="{{autoplay}}"
    circular="{{circular}}" vertical="{{vertical}}" interval="{{interval}}"
    duration="{{duration}}">
      <block wx:for="{{background}}" wx:key="index">
        <swiper-item>
          <view class="{{item}} common">{{text[index]}}</view>
```

```
        </swiper-item>
      </block>
    </swiper>
    <view class="layout">
      <view class='waikuang'>
        <text class='myLeft'>指示点</text>
        <switch checked='{{indicatorDots}}' bindchange="changeIndicatorDots" />
      </view>
      <view class='waikuang'>
        <text class='myLeft'>自动播放</text>
        <switch checked="{{autoplay}}" bindchange="changeAutoplay" />
      </view>
      <view class='waikuang'>
        <text class='myLeft'>衔接滑动</text>
        <switch checked="{{circular}}" bindchange="changeCircular" />
      </view>
      <view class='waikuang'>
        <text class='myLeft'>竖向</text>
        <switch checked="{{vertical}}" bindchange="changeVertical" />
      </view>
    </view>
  </view>
</scroll-view>
```

3. 编写 index.wxss 文件代码。代码中自定义了七种样式：.common、.bc-red、.bc-green、.bc-blue、.waikuang、.myLeft、.layout，主要用于设置 swiper 和 switch 组件的样式和布局。

```
/* index.wxss */
page {…}
.scrollarea {…}
.common {
  width: 100%;
  line-height: 160px;
  font-size: xx-large;
  font-weight: bolder;
  text-align: center;
  letter-spacing: 1em;
  color: yellow;
}
.bc-red {
  background-color: red;
}
.bc-green {
  background-color: green;
}
.bc-blue {
  background-color: blue;
}
.waikuang {
```

```
  display: flex;
  flex-direction: row;
  border-bottom: 1px solid #353535;
  margin: 10px 0px;
  padding: 10px 0px;
}
.myLeft {
  flex: 1;
}
.layout{
  margin-top: 20px;
  padding: 10px;
  border: 1px dashed burlywood;
}
```

4. 编写 app.wxss 文件代码。代码中定义了 .box 和 .title 样式类，样式类的代码和前面案例相同，这里就不再给出。

5. 编写 index.js 文件代码。首先在 data 中初始化 swiper 组件绑定的属性等内容，然后定义了 switch 组件绑定的四个事件函数：changeIndicatorDots()、changeAutoplay(e)、changeCircular(e)、changeVertical(e)。

```
// index.js
Page({
  data: {
      background: ['bc-red', 'bc-green', 'bc-blue'],
      text: ['工匠精神', '长征精神', '延安精神'],
      indicatorDots: true,          // 显示 swiper 组件的指示点
      autoplay: false,              //swiper 组件不自动播放
      circular: false,              //swiper 组件不衔接播放
      vertical: false,              //swiper 组件不垂直播放
      interval: 2000,               //swiper 组件播放时换页时间间隔 2s
      duration: 500,                //swiper 组件播放每页的持续时间是 0.5s
  },
  changeIndicatorDots () {          // 改变是否显示指示点函数
      this.setData({
          indicatorDots: !this.data.indicatorDots
      })
  },
  changeAutoplay (e) {              // 改变是否自动播放函数
      this.setData({
          autoplay: !this.data.autoplay
      })
  },
  changeCircular (e) {              // 改变是否衔接播放函数
      this.setData({
          circular: !this.data.circular
      })
  },
```

```
  changeVertical (e) {                        // 改变是否垂直播放函数
      this.setData({
          vertical: !this.data.vertical
      })
  }
})
```

4.4.4 知识要点

本案例主要使用了滑块视图容器组件 swiper 和开关选择器组件 switch。

1. swiper 组件。能够实现轮播图的效果，其属性说明见表 4.7。

表 4.7 滑块视图容器组件 swiper 属性说明

属性名	类型	默认值	说明
indicator-dots	boolean	false	是否显示面板指示点
indicator-color	color	rgba(0,0,0,.3)	指示点颜色
indicator-active-color	color	#000000	当前选中的指示点颜色
autoplay	boolean	false	是否自动切换
current	number	0	当前所在滑块的 index
current-item-id	string		当前所在滑块的 item-id，不能与 current 被同时指定
interval	number	5000	自动切换时间间隔
duration	number	500	滑动动画时长
circular	boolean	false	是否采用衔接滑动
vertical	boolean	false	滑动方向是否为纵向
bindchange	eventhandle		current 改变时会触发 change 事件，event.detail = {current: current, source: source}

2. switch 组件。该组件能够实现开关效果，其属性说明见表 4.8。

表 4.8 开关选择器组件 switch 属性说明

属性名	类型	默认值	说明
checked	boolean	false	是否选中
disabled	boolean	false	是否禁用
type	string	switch	样式，有效值：switch, checkbox
bindchange	eventhandle		checked 改变时触发 change 事件，event.detail={ value:checked}
color	color		switch 的颜色，同 css 的 color

4.4.5 问题思考

1. swiper 组件的 interval 属性和 duration 属性有什么区别？
2. swiper 组件的 circular 属性的主要功能是什么？
3. switch 组件的 type 属性值有哪些？分别表示什么类型？

案例 4.5 picker 组件

picker 组件

4.5.1 案例描述

设计一个小程序，演示各种类型 picker 组件的功能和使用方法、JavaScript 构造函数的定义方法和创建对象方法。小程序运行后，能够通过 picker 组件选择人的性别、籍贯、出生日期和出生时间。

4.5.2 实现效果

根据案例描述可以做出图 4.5 所示的效果。初始界面如图 4.5（a）所示；点击“选择性别”时，屏幕底部自动出现图 4.5（b）所示的普通选择器组件，选择完成并点击“确定”按钮后，选项将出现在普通选择器后面；点击“选择籍贯”时，屏幕底部自动出现图 4.5（c）所示的省市区选择器组件，选择完成并点击“确定”按钮后，选项将出现在省市区选择器后面；点击“选择出生日期”时，屏幕底部会自动弹出图 4.5（d）所示的日期选择器组件，选择完成并点击“确定”按钮后，选项将出现在日期选择器后面；点击“选择出生时间”时，屏幕底部将自动弹出图 4.5（e）所示的时间选择器组件，点击“确定”按钮后，选项将出现在时间选择器后面。点击“显示个人信息”按钮后，将显示以上所有选择的信息，如图 4.5（f）所示。

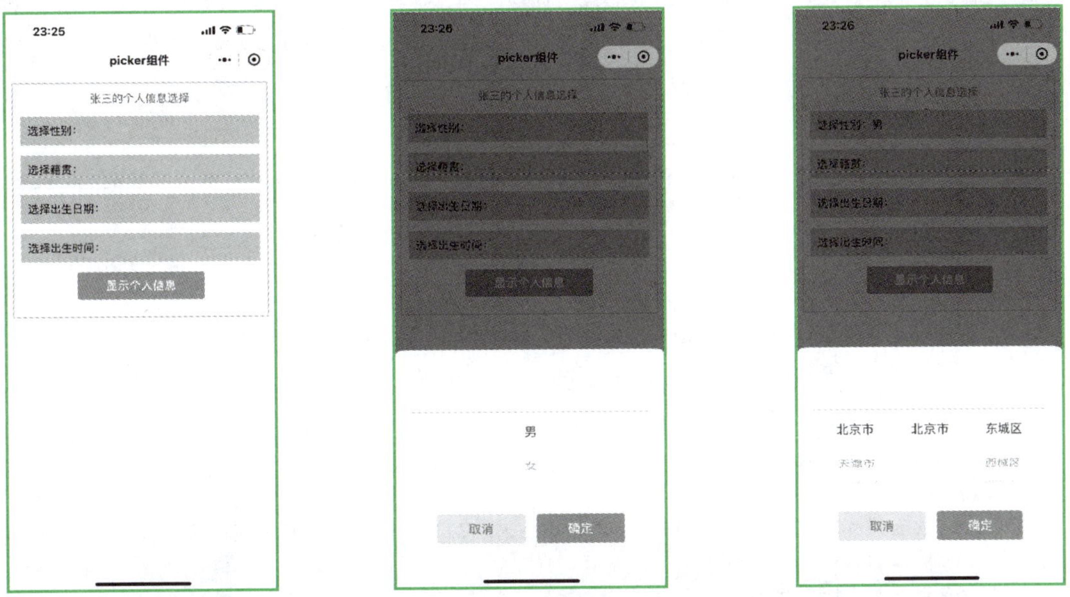

（a）初始界面　（b）选择性别　（c）选择籍贯

图 4.5　个人信息填写案例运行效果

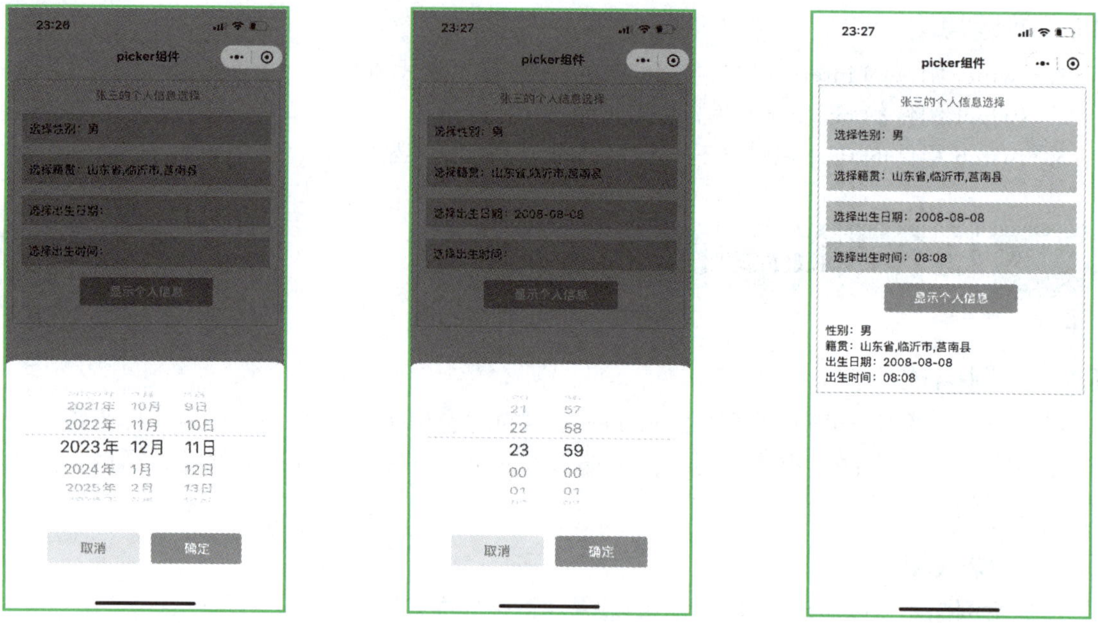

（d）选择出生日期　（e）选择出生时间　（f）显示结果

图 4.5　个人信息填写案例运行效果（续）

4.5.3　案例实现

1. 新建项目。新建一个不使用云服务和模板的小程序项目：Picker。

2. 编写 index.wxml 文件代码。代码中主要用到了四种类型的 picker 选择器组件：普通类型（mode='selector'，这是默认类型，可以不写）、省市区类型（mode='region'）、日期类型（mode='date'）和时间型（mode='time'）。不同类型选择器选择值 value 的类型不同，因此获取不同类型选择器 value 值的方法是不同的。个人信息的显示是通过 wx:if 绑定 {{flag}} 变量实现的。

```
<!--index.wxml-->
<navigation-bar title="picker 组件 " back="{{false}}" color="black" background=
"#FFF"></navigation-bar>
<scroll-view class="scrollarea" scroll-y type="list">
  <view class="box">
    <view class='title'>张三的个人信息选择</view>
    <picker bindchange="pickSex" range="{{gender}}">
      <view>选择性别：{{sex}}</view>
    </picker>
    <picker mode='region' bindchange='pickRegion'>
      <view>选择籍贯：{{birthPlace}}</view>
    </picker>
    <picker mode="date" start="1800-01-01" end="2999-12-12" bindchange=
    "pickDate">
      <view>选择出生日期：{{birthDay}}</view>
    </picker>
```

```
    <picker mode="time" start="00:00" end="23:59" bindchange="pickTime">
      <view>选择出生时间: {{birthTime}}</view>
    </picker>
    <button type='primary' bindtap="showMessage">显示个人信息</button>
    <view wx:if='{{flag}}' class="txt-style">
      <view>性别: {{person.sex}}</view>
      <view>籍贯: {{person.birthPlace}}</view>
      <view>出生日期: {{person.birthDay}}</view>
      <view>出生时间: {{person.birthTime}}</view>
    </view>
  </view>
</scroll-view>
```

3. 编写 index.wxss 文件代码。代码自定义了三个样式类：picker、button 和 .txt-style。picker 和 button 样式类主要用来设置这两种组件的外边距、picker 的背景颜色和内边距。

```
/*index.wxss*/
page {…}
.scrollarea {…}
picker,button {                              /* 设置picker和button组件样式 */
  margin-top: 15px;
}
picker{                                      /* 设置picker组件样式 */
    background-color: lightgray;
    padding: 10px;
}
.txt-style{                                  /* 设置显示个人信息的文本样式 */
  font-size: large;
  line-height: 1.5em;
}
```

4. 编写 app.wxss 文件代码。代码中定义了 .box 和 .title 样式类，样式类的代码和前面案例相同，这里就不再给出。

5. 编写 index.js 文件中的代码。代码首先定义了构造函数 Person，然后在 Page() 函数的 data 中初始化了两个变量，并编写了性别选择器事件函数 pickerSex()、省区市选择器事件函数 pickerRegion()、日期选择器事件函数 pickerDate()、时间选择器函数 pickerTime(e) 和点击按钮显示个人信息的事件函数 showMessage()。

```
/*index.js*/
function Person(sex, birthPlace, birthDay, birthTime) {      //定义构造函数
  this.sex = sex;                           //将函数参数赋值给Person对象的属性
  this.birthPlace = birthPlace;
  this.birthDay = birthDay;
  this.birthTime = birthTime;
}
Page({
  data: {                                   //初始数据
```

```
    flag: false,                                 // 个人信息显示标记，开始不显示
    gender: ["男", "女"]                          // 普通选择器的初始值
  },
  pickSex(e) {                                   // 性别 picker 组件事件函数
    this.sex = this.data.gender[e.detail.value]        // 获取性别并赋值
    this.setData({
      sex: this.sex                 // 选择完成后在视图层 picker 组件后面显示性别
    })
  },
  pickRegion(e) {                                // 地区 picker 组件事件函数
    this.birthPlace = e.detail.value;            // 获取籍贯
    this.setData({
      birthPlace: this.birthPlace   // 选择完成后在视图层 picker 组件后面显示籍贯
    })
  },
  pickDate(e) {                                  // 日期 picker 组件事件函数
    this.birthDay = e.detail.value               // 获取生日
    this.setData({
      birthDay: this.birthDay       // 选择完成后在视图层 picker 组件后面显示生日
    })
  },
  pickTime(e){
    this.birthTime = e.detail.value              // 获取生日
    this.setData({
      birthTime: this.birthTime     // 选择完成后在视图层 picker 组件后面显示生日
    })
  },
  showMessage(e) {                               //button 组件事件函数
    var person = new Person(this.sex, this.birthPlace, this.birthDay,
    this.birthTime)                              // 创建对象
    this.setData({
      flag: true,                                // 设置显示
      person                                     // 将 person 对象发送到视图层
    })
  }
})
```

4.5.4 知识要点

本案例主要涉及 picker 选择器组件、JavaScript 中自定义构造函数的定义及利用构造函数创建对象的方法。

1. picker 组件。是从屏幕底部弹起的滚动选择器，目前支持五种类型的选择器：普通选择器、多列选择器、时间选择器、日期选择器、省市区选择器，通过 mode 属性来设置，默认的是普通选择器。普通类型选择器的属性在前面已经介绍，其他类型选择器的属性说明见表 4.9 ～表 4.12。

表 4.9 多列选择器（mode = multiSelector）的属性说明

属性名	类　型	默认值	说　明
range	array/object array	[]	mode 为 selector 或 multiSelector 时，range 有效
range-key	string		当 range 是一个 Object Array 时，通过 range-key 指定 Object 中 key 的值作为选择器显示内容
value	array	[]	表示选择了 range 中的第几个（下标从 0 开始）
bindchange	eventhandle		value 改变时触发 change 事件，event.detail = {value}
bindcolumnchange	eventhandle		列改变时触发

表 4.10 时间选择器（mode = time）的属性说明

属性名	类　型	说　明
value	string	表示选中的时间，格式为 "hh:mm"
start	string	表示有效时间范围的开始，字符串格式为 "hh:mm"
end	string	表示有效时间范围的结束，字符串格式为 "hh:mm"
bindchange	eventhandle	value 改变时触发 change 事件，event.detail = {value}

表 4.11 日期选择器（mode = date）的属性说明

属性名	类　型	默认值	说　明
value	string	当天	表示选中的日期，格式为 "YYYY-MM-DD"
start	string		表示有效日期范围的开始，字符串格式为 "YYYY-MM-DD"
end	string		表示有效日期范围的结束，字符串格式为 "YYYY-MM-DD"
fields	string	day	有效值 year,month,day，表示选择器的粒度
bindchange	eventhandle		value 改变时触发 change 事件，event.detail = {value}

表 4.12 省市区选择器（mode = region）的属性说明

属性名	类　型	默认值	说　明	最低版本
value	array	[]	表示选中的省市区，默认选中每一列的第一个值	
custom-item	string		可为每一列的顶部添加一个自定义的项	1.5.0
level	string	region	选择器层级，包括 province（省）、city（市）、region（区）、sub-district（街道）	2.21.1
bindchange	eventhandle		value 改变时触发 change 事件，event.detail = {value, code, postcode}，其中字段 code 是统计用区划代码，postcode 是邮政编码	

2. JavaScript 中自定义构造函数方法。自定义构造函数也是一个普通函数，创建方式和普通函数一样，但构造函数习惯上首字母大写。构造函数中的 this 表示利用本构造函数创建的

对象。

3. JavaScript 中利用自定义构造函数创建对象的方法。利用自定义构造函数创建对象的方法和利用 JavaScript 内置构造函数创建对象的方法一样，都是通过 new 关键字来创建。

```
var 对象实例名 = new 自定义构造函数名（实参 1, 实参 2, …）
```

4.5.5 问题思考

1. 如何在微信小程序中自定义构造函数？
2. 如何利用自定义构造函数创建对象实例？
3. picker 选择器组件的类型有哪些？通过哪个属性设置 picker 的选择器类型？
4. 如果通过 setData() 函数将对象发送到视图层，在视图层绑定的数据中如何访问对象的属性？

案例 4.6 image 组件

image 组件

4.6.1 案例描述

设计一个小程序，演示 image 组件不同显示模式的实现方法和效果。小程序运行后，能够以 14 种模式显示同一张图片。

4.6.2 实现效果

案例运行效果如图 4.6 所示。通过滚动小程序屏幕，可以看到 14 种不同显示模式。

图 4.6 图片显示效果案例运行效果

4.6.3 案例实现

1. 新建项目。新建一个不使用云服务和模板的小程序项目：Image。

2. 编写 index.wxml 文件代码。代码利用 wx:for 将图片的各种模式显示出来，其中 {{item.text}} 为绑定的图片说明文字，{{item.mode}} 为绑定的图片显示模式。代码中使用了 imgLayout 样式设置图片布局，使用 image 样式设置图片样式。

```
<!--index.wxml-->
<navigation-bar title="image 组件" back="{{false}}" color="black" background="#FFF">
</navigation-bar>
<scroll-view class="scrollarea" scroll-y type="list">
  <view class='box'>
      <view class='title'>图片的不同显示模式</view>
      <block wx:for="{{imgArray}}">
        <view>{{item.text}}</view>
        <view class="imgLayout">
          <image src="{{src}}" mode="{{item.mode}}"></image>
        </view>
      </block>
    </view>
</scroll-view>
```

3. 编写 index.wxss 文件代码。代码定义了 .imgLayout 和 image 两种样式。

```
/* index.wxss */
page {…}
.scrollarea {…}
.imgLayout {                                        /*设置图片的布局*/
  text-align: center;
  margin-top: 10px;
  margin-bottom: 20px;
}
image {                                             /*设置图片的大小和背景颜色*/
  width: 240px;
  height: 240px;
  background-color: #eee;
}
```

4. 编写 app.wxss 文件代码。代码中定义了 .box 和 .title 样式类，样式类的代码和前面案例相同，这里就不再给出。

5. 编写 index.js 文件代码。代码在 data 中初始化 index.wxml 文件中绑定的数据 src 和 imgArray，imgArray 是一个对象数组，每个对象包含两个属性：mode 和 text，mode 指定图片的显示模式，text 是对图片显示模式的说明。

```
// index.js
Page({
  data: {
     src: 'https://6475-duct-6ga39mgc186585d0-1256708420.tcb.qcloud.la/
images/2023/hill.jpg?sign=bd56480f767d136aeb27d689905099dd&t=1702361735',
    //图片路径
```

```
    imgArray: [{                          // 图片显示模式及文字说明数组
      mode: 'scaleToFill',
      text: 'scaleToFill: 缩放模式，不保持纵横比缩放图片，使图片的宽高完全拉伸至
      填满 image 元素'
    }, {
      mode: 'aspectFit',
      text: 'aspectFit: 缩放模式，保持纵横比缩放图片，使图片的长边能完全显示出来。
      也就是说，可以完整地将图片显示出来。'
    }, {
      mode: 'aspectFill',
      text: 'aspectFill: 缩放模式，保持纵横比缩放图片，只保证图片的短边能完全显示
      出来。也就是说，图片通常只在水平或垂直方向是完整的，另一个方向将会发生截取。'
    }, {
      mode: 'widthFix',
      text: 'widthFix: 缩放模式，宽度填满图片空间，高度自动变化，保持原图宽高比不变'
    }, {
      mode: 'heightFix',
      text: 'heightFix 缩放模式，高度填满图片空间，宽度自动变化，保持原图宽高比不变'
    }, {
      mode: 'top',
      text: 'top: 裁剪模式，不缩放图片，只显示图片的顶部区域'
    }, {
      mode: 'bottom',
      text: 'bottom: 裁剪模式，不缩放图片，只显示图片的底部区域'
    }, {
      mode: 'center',
      text: 'center: 裁剪模式，不缩放图片，只显示图片的中间区域'
    }, {
      mode: 'left',
      text: 'left: 裁剪模式，不缩放图片，只显示图片的左边区域'
    }, {
      mode: 'right',
      text: 'right: 裁剪模式，不缩放图片，只显示图片的右边区域'
    }, {
      mode: 'top left',
      text: 'top left: 裁剪模式，不缩放图片，只显示图片的左上边区域'
    }, {
      mode: 'top right',
      text: 'top right: 裁剪模式，不缩放图片，只显示图片的右上边区域'
    }, {
      mode: 'bottom left',
      text: 'bottom left: 裁剪模式，不缩放图片，只显示图片的左下边区域'
    }, {
      mode: 'bottom right',
      text: 'bottom right: 裁剪模式，不缩放图片，只显示图片的右下边区域'
    }]
  }
})
```

4.6.4 知识要点

本案例主要演示了 image 图片组件的使用方法。image 组件支持 JPG、PNG、SVG 格式，基础库 2.3.0 版本起支持云文件 ID（需配合云开发环境）。其主要属性及其说明见表 4.13。

表 4.13 image 组件主要属性及其说明

属性	类型	默认值	必填	说明
src	string		否	图片资源地址
mode	string	scaleToFill	否	图片裁剪、缩放的模式

mode 的合法值包括五种缩放模式和九种裁剪模式，具体说明见表 4.14。

表 4.14 mode 的合法值及其说明

模式	值	说明
缩放	scaleToFill	不保持纵横比缩放图片，使图片的宽高完全拉伸至填满 image 元素
缩放	aspectFit	保持纵横比缩放图片，使图片的长边能完全显示出来。也就是说，可以完整地将图片显示出来
缩放	aspectFill	保持纵横比缩放图片，只保证图片的短边能完全显示出来。也就是说，图片通常只在水平或垂直方向是完整的，另一个方向将会发生截取
缩放	widthFix	宽度填满图片空间，高度自动变化，保持原图宽高比不变
缩放	heightFix	高度填满图片空间，宽度自动变化，保持原图宽高比不变
裁剪	top	不缩放图片，只显示图片的顶部区域
裁剪	bottom	不缩放图片，只显示图片的底部区域
裁剪	center	不缩放图片，只显示图片的中间区域
裁剪	left	不缩放图片，只显示图片的左边区域
裁剪	right	不缩放图片，只显示图片的右边区域
裁剪	top left	不缩放图片，只显示图片的左上边区域
裁剪	top right	不缩放图片，只显示图片的右上边区域
裁剪	bottom left	不缩放图片，只显示图片的左下边区域
裁剪	bottom right	不缩放图片，只显示图片的右下边区域

4.6.5 问题思考

1. 利用 image 组件的什么属性来控制图片的显示模式？
2. 哪些图片显示模式是缩放模式，哪些是裁剪模式？
3. 哪些图片显示模式能保持图片的纵横比？

案例 4.7 video 组件

video 组件

4.7.1 案例描述

设计一个小程序，演示 video 组件的功能和使用方法，以及发送弹幕和创建随机颜色的方法。小程序运行后，可以播放视频和发送随机颜色的弹幕。

4.7.2 实现效果

根据案例描述可以做出图 4.7 所示的效果。

1. 初始界面如图 4.7（a）所示，页面中包含了视频组件、输入弹幕文本的输入框组件和发送弹幕按钮组件，开始时视频没有播放。

2. 当点击视频组件时，视频开始播放，如图 4.7（b）所示。当视频播放到第 1 秒和第 3 秒时，能够看到视频上面出现不同颜色的弹幕文本。

3. 当在输入框中输入文本并点击“发送弹幕”按钮时，弹幕将被发送到视频上，如图 4.7（c）所示，弹幕文本的颜色也是随机产生的。

（a）初始界面　（b）播放视频界面　（c）发送弹幕界面

图 4.7　视频演示案例运行效果

4.7.3 案例实现

1. 新建项目。新建一个不使用云服务和模板的小程序项目：Video。

2. 编写 index.wxml 文件代码。代码中主要包含了播放视频的 video 组件、输入弹幕内容的 input 组件和发送弹幕的 button 组件。video 组件的 src 和 danmu-list 属性采用数据绑定方式，指定的 id 属性用于在逻辑层中创建视频上下文，danmu-list、enable-danmu、danmu-btn 属性分别用于设置弹幕内容、使弹幕生效和出现弹幕控制按钮，controls 用于显示视频播放控件。代码中使用了两种样式：page 和 input，page 用于设置页面样式，input 用于设置 input 组件样式。

```
<!--index.wxml-->
```

```
<navigation-bar title="video 组件 " back="{{false}}" color="black" background="#FFF">
</navigation-bar>
<scroll-view class="scrollarea" scroll-y type="list">
  <view class='box'>
    <view class='title'>《微信小程序开发》课程宣传片 </view>
    <view class="videoLayout">
      <video id="myVideo" src="{{videoPath}}" danmu-list="{{danmuList}}"
      enable-danmu danmu-btn controls>
      </video>
    </view>
    <view>
      <view class="txt-style">弹幕内容 </view>
      <input bindblur="inputBlur" type="text" placeholder=" 在此处输入弹
      幕内容 " />
      <button type="primary" bindtap="sendDanmu">发送弹幕 </button>
    </view>
  </view>
</scroll-view>
```

3. 编写 index.wxss 文件代码。代码自定义了三种样式：.videoLayout、.txt-style 和 input。

```
/* index.wxss */
page {…}
.scrollarea {…}
.videoLayout{
  display: flex;                          /* 设置布局方式 */
  justify-content: center;                /* 设置主轴方向对齐方式 */
}
.txt-style{
  font-size: large;
  margin-top: 20px;
}
input {
  height: 80rpx;
  background-color: white;
  border-bottom: 2px solid blue;
  margin-top: 10px;
  margin-bottom: 20px;
}
```

4. 编写 app.wxss 文件代码。代码中定义了 .box 和 .title 样式类，样式类的代码和前面案例相同，这里就不再给出。

5. 编写 index.js 文件代码。

（1）定义了全局函数 getRandomColor()，该函数用于获取一种随机颜色，用于设置弹幕文本的颜色。

（2）在 data 中初始化了 index.wxml 文件中绑定的视频路径（放于云存储中）和弹幕文本数组 danmuList，其中包含了两个对象元素，每个对象元素的 text 属性表示发送的弹幕文本，color 属性表示弹幕文本的颜色，time 表示弹幕发送的时间。

（3）输入框失去焦点事件函数 inputBlur()。函数通过 this.inputValue = e.detail.value 获取 input 组件的 value 值，并赋值给对象属性 inputValue（可以在其他函数中访问）。

（4）生命周期函数 onLoad()。在函数中通过调用 API 函数 wx.createVideoContext('myVideo') 创建 video 组件的视频上下文对象 this.videoCtx，该对象用于发送弹幕，其中 this 表示本类的对象，this.videoCtx 表示 videoCtx 是本类的一个属性，可以在本类的其他函数中使用。

（5）发送弹幕按钮事件函数 sendDanmu()。函数直接利用 this.videoCtx 调用 sendDanmu() 函数发送弹幕。

```
// index.js
function getRandomColor() {                          // 获取随机颜色函数
  let rgb = []                                       // 定义存放 RGB 三种颜色值分量的数组
  for (let i = 0; i < 3; ++i) {       // 创建三个两位十六进制随机数（一种随机颜色）
    let color = Math.floor(Math.random() * 256).toString(16)  // 产生十六进制随机数
    color = color.length == 1 ? '0' + color : color    // 将一位十六进制数变为两位
    rgb.push(color)                                  // 将两位十六进制随机数加入数组
  }
  console.log(rgb);
  return '#' + rgb.join('')           // 将三个数组元素连接成颜色值字符串并返回
}
Page({
  data: {
    // 视频路径，视频文件存放于云存储中（不使用云开发的项目也可以使用云存储中的资源）
     videoPath: "https://6475-duct-6ga39mgc186585d0-1256708420.tcb.qcloud.
la/videos/mini.mp4?sign=f9847fbe92f17cabacd9ce8975f8b84d&t=1702388517",
    danmuList: [{
      text: '第 1s 出现的弹幕',
      color: '#ff0000',
      time: 1
    }, {
      text: '第 3s 出现的弹幕',
      color: '#ff00ff',
      time: 3
    }]
  },
  onLoad() {
    this.videoCtx = wx.createVideoContext('myVideo')
                                                  // 创建视频上下文用于发送弹幕
  },
  inputBlur(e) {                                  //input 组件失去焦点事件函数
    this.inputValue = e.detail.value              // 获取输入框中的数据
  },
  sendDanmu() {                                   //button 组件点击事件函数
    this.videoCtx.sendDanmu({                     // 发送弹幕
      text: this.inputValue,                      // 弹幕文本
      color: getRandomColor()                     // 弹幕文本颜色
    })
  }
})
```

4.7.4 知识要点

本案例主要涉及 video 视频组件（包括发射弹幕）、创建随机颜色等知识。

1. video 视频组件。支持的视频格式见表 4.15。

表 4.15 video 组件支持的视频格式

格　式	iOS	Android
mp4	√	√
mov	√	×
m4v	√	×
3gp	√	√
avi	√	×
m3u8	√	√
webm	×	√

2. video 组件属性。其常用属性及其说明见表 4.16。

表 4.16 video 组件常用属性及其说明

属性名	类　型	默认值	说　明
src	string		要播放视频的资源地址，支持云文件 ID（2.2.3 起）
duration	number		指定视频时长
controls	boolean	true	是否显示默认播放控件（播放 / 暂停按钮、播放进度、时间）
danmu-list	Object Array		弹幕列表
danmu-btn	boolean	false	是否显示弹幕按钮，只在初始化时有效，不能动态变更
enable-danmu	boolean	false	是否展示弹幕，只在初始化时有效，不能动态变更
autoplay	boolean	false	是否自动播放
loop	boolean	false	是否循环播放
muted	boolean	false	是否静音播放
initial-time	number		指定视频初始播放位置

3. API 函数 VideoContext.sendDanmu(Object data)。用于发送弹幕，其参数 data 表示弹幕内容，其属性见表 4.17。

表 4.17 API 函数 VideoContext.sendDanmu(Object data) 的参数属性

属　性	类　型	必　填	说　明
text	string	是	弹幕文字
color	string	否	弹幕颜色

4. 创建随机颜色。颜色是由红、绿、蓝（即RGB）三种颜色构成，#RRGGBB是颜色值，其中每种颜色值都在00～FF（即0～255）之间，如果每种颜色在0～255之间取一个随机数，就可以生成一种随机颜色。利用代码：Math.floor(Math.random() * 256).toString(16)就可以生成00～FF之间的一个随机数。如果生成这样的三个随机数，然后再与#连接，就可以生成一种随机颜色。

4.7.5 问题思考

1. 本案例在video组件中使用了id属性，该属性的主要功能是什么？

2. 本案例在创建随机颜色的时候使用了代码：Math.floor(Math.random() * 256).toString(16)，是否还可以使用其他方法创建颜色？

3. VideoContext.sendDanmu(Object data)函数的对象类型参数data的属性有哪些？

案例4.8 scroll-view组件

scroll-view组件

4.8.1 案例描述

设计一个小程序，演示scroll-view组件的功能和使用方法。小程序运行后，可以实现视图的纵向滚动和横向滚动。

4.8.2 实现效果

案例实现效果如图4.8所示，初始界面如图4.8（a）所示。上面是纵向滚动视图，初始时显示第二页，下面是横向滚动视图，初始时显示第一页的一部分和第二页的一小部分。纵向滚动视图可以实现上下滚动，水平滚动视图可以实现水平滚动，图4.8（b）所示为滚动后的效果，滚动过程中console面板提示内容如图4.8（c）所示。

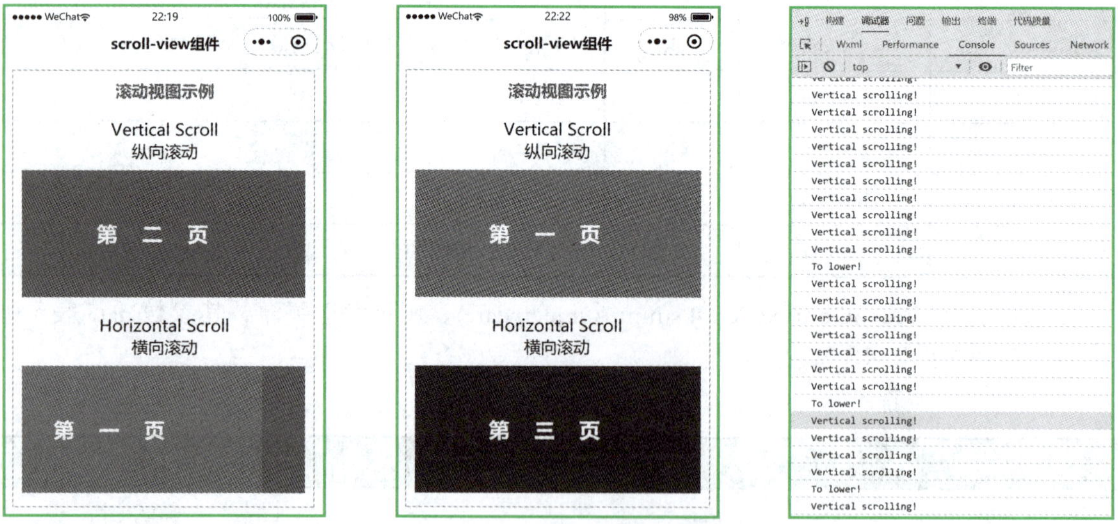

（a）初始界面　（b）滚动后界面　（c）console面板内容

图4.8 滚动视图组件案例实现效果

4.8.3 案例实现

1. 新建项目。新建一个不使用云服务和模板的小程序项目：Scroll-View。

2. 编写 index.wxml 文件代码。代码中主要包含了纵向滚动视图和水平滚动视图，纵向滚动视图实现代码：<scroll-view scroll-y="true" style="height: 300rpx;" class="sheet" bindscrolltoupper="upper" bindscrolltolower="lower" bindscroll="scroll_y" scroll-into-view="page2">，其中 scroll-y 属性用于设置纵向滚动，bindscrolltoupper 属性表示滚动到顶端时的事件，bindscrolltolower 属性表示滚动到底端时的事件，bindscroll 属性表示滚动事件，scroll-into-view 属性用于设置初始 view 视图。横向滚动视图代码：<scroll-view class="scroll-view-x sheet" scroll-x="true" bindscroll="scroll_x" style="width: 100%" scroll-left="50">，其中 scroll-x 属性用于设置横向滚动，bindscroll 属性表示滚动事件，scroll-left 属性用于设置初始显示视图向左滚动的尺寸。

```
<!--index.wxml-->
<navigation-bar title="scroll-view 组件 " back="{{false}}" color="black"
background="#FFF"></navigation-bar>
<scroll-view class="scrollarea" scroll-y type="list">
  <view class="box">
    <view class="title">滚动视图示例</view>
    <view class="page-section-title">
      <text>Vertical Scroll\n 纵向滚动</text>
    </view>
    <scroll-view scroll-y="true" style="height: 300rpx;" class="sheet"
    bindscrolltoupper="upper" bindscrolltolower="lower" bindscroll="scroll_y"
    scroll-into-view="page2">
      <view id="page1" class="scroll-view-item-y page1"></view>
      <view id="page2" class="scroll-view-item-y page2"></view>
      <view id="page3" class="scroll-view-item-y page3"></view>
    </scroll-view>
    <view class="page-section-title">
      <text>Horizontal Scroll\n 横向滚动</text>
    </view>
    <scroll-view class="scroll-view-x sheet" scroll-x="true" bindscroll=
    "scroll_x" style="width: 100%" scroll-left="50">
      <view id="page1" class="scroll-view-item-x page1"></view>
      <view id="page2" class="scroll-view-item-x page2"></view>
      <view id="page3" class="scroll-view-item-x page3"></view>
    </scroll-view>
  </view>
</scroll-view>
```

3. 编写 index.wxss 文件代码。代码中自定义了 11 个样式类，其中 page-section-title 用于设置“纵向滚动”和“横向滚动”标题的样式，scroll-view-item-y 用于设置纵向滚动视图的高度，scroll-view-x 用于设置横向滚动视图的布局，scroll-view-item-x 用于设置横向布局视图元素的样式，page 用于设置所有视图的字体大小、字体加粗和字符间距，page1 用于设置第一个视图的样式，page1:before 用于设置第一个视图中文本样式，page2 用于设置第二个视图的样式，page2:before 用于设置第二个视图中文本样式，page3 用于设置第三个视图的样式，page3:before 用于设置第三个视图中文本样式。

```
/**index.wxss**/
page {…}
.scrollarea {…}
.page-section-title{
  font-size: larger;
  text-align: center;
  margin-top: 20px;
  margin-bottom: 10px;
}
.scroll-view-item-y {
  height: 300rpx;
}
.scroll-view-x {
  white-space: nowrap;                             /* 不换行 */
}
.scroll-view-item-x {
  display: inline-block;
  width: 100%;
  height: 300rpx;
}
.sheet{
  font-size: x-large;
  font-weight: bolder;
  letter-spacing: 1.2em;                           /* 字符间距 */
}
.page1{
  position: relative;                              /* 相对定位，即对象不可层叠 */
  background-color: #1AAD19;
  color: #FFFFFF;
}
.page1:before{
  content: '第一页';                               /* 元素内容 */
  position: absolute;                              /* 绝对定位 */
  top: 50%;                                        /* 元素从父元素的顶端向下移动 50% */
  left: 50%;                                       /* 元素从父元素的最左端向右移动 50% */
  transform: translate(-50%, -50%);                /* 元素向左上方移动元素大小的一半 */
}
.page2{
  position: relative;
  background-color: #2782D7;
  color: #FFFFFF;
}
.page2:before{
  content: '第二页';
  position: absolute;
  top: 50%;
```

```
  left: 50%;
  transform: translate(-50%, -50%);
}
.page3{
  position: relative;
  background-color: purple;
  color: #FFFFFF;
}
.page3:before{
  content: '第三页';
  position: absolute;
  top: 50%;
  left: 50%;
  transform: translate(-50%, -50%);
}
```

4. 编写 app.wxss 文件代码。代码中定义了 .box 和 .title 样式类，样式类的代码和前面案例相同，这里就不再给出。

5. 编写 index.js 文件代码。代码中定义了四个函数，其中 upper() 函数对应 bindscrolltoupper 事件，lower() 函数对应 bindscrolltolower 事件，scroll_y() 函数对应纵向滚动事件，scroll_x() 函数对应横向滚动事件。

```
// index.js
Page({
  upper() {
      console.log('To upper!')
  },
  lower() {
      console.log('To lower!')
  },
  scroll_y() {
      console.log('Vertical scrolling!')
  },
  scroll_x() {
      console.log('Horizontal scrolling!')
  },
})
```

4.8.4 知识要点

1. scroll-view 组件。可滚动视图区域。使用竖向滚动时，需要给 scroll-view 一个固定高度，通过 style 属性设置 height。组件属性的长度单位默认值为 px。

2. scroll-view 组件主要属性及说明见表 4.18。

表 4.18 scroll-view 组件主要属性及说明

属　性	类　型	默认值	说　明
scroll-x	boolean	false	允许横向滚动
scroll-y	boolean	false	允许纵向滚动
upper-threshold	number/string	50	距顶部 / 左边多远时，触发 scrolltoupper 事件
lower-threshold	number/string	50	距底部 / 右边多远时，触发 scrolltolower 事件
scroll-top	number/string		设置竖向滚动条位置
scroll-left	number/string		设置横向滚动条位置
scroll-into-view	string		值应为某子元素 id（id 不能以数字开头）。设置哪个方向可滚动，则在哪个方向滚动到该元素
scroll-with-animation	boolean	false	在设置滚动条位置时使用动画过渡
show-scrollbar	boolean	true	滚动条显隐控制（同时开启 enhanced 属性后生效）
paging-enabled	boolean	false	分页滑动效果（同时开启 enhanced 属性后生效）
fast-deceleration	boolean	false	滑动减速速率控制，仅在 iOS 下生效（同时开启 enhanced 属性后生效）
binddragstart	eventhandle		滑动开始事件（同时开启 enhanced 属性后生效）detail { scrollTop, scrollLeft }
binddragging	eventhandle		滑动事件（同时开启 enhanced 属性后生效）detail { scrollTop, scrollLeft }
binddragend	eventhandle		滑动结束事件（同时开启 enhanced 属性后生效）detail { scrollTop, scrollLeft, velocity }
bindscrolltoupper	eventhandle		滚动到顶部 / 左边时触发
bindscrolltolower	eventhandle		滚动到底部 / 右边时触发
bindscroll	eventhandle		滚动时触发，event.detail = {scrollLeft, scrollTop, scrollHeight, scrollWidth, deltaX, deltaY}

4.8.5 问题思考

1. 分别通过什么属性来设置 scroll-view 组件为纵向滚动或横向滚动?
2. 当 scroll-view 组件为纵向滚动时，必须设置该组件的哪个属性?
3. 通过 scroll-view 组件的什么属性来设置初始视图页面?
4. 通过 scroll-view 组件的什么属性来设置竖向滚动条的位置?

案例 4.9 map 组件

map 组件

4.9.1 案例描述

设计一个小程序，演示 map 组件、wx.getLocation() 函数、wx.chooseLocation() 函数和 wx.openLocation() 函数的功能和使用方法。小程序运行后，可以显示给定经纬度的地图和一些地图标识，还可以实现选择位置和打开位置的功能。

4.9.2 实现效果

根据案例描述，可以设计图 4.9 所示运行效果的小程序。初始界面如图 4.9（a）所示，此时显示以初始给定的 latitude 和 longitude 为中心的地图，地图中有两个 marker 标记点图标，其中一个标记点图标位置有蓝色字体黄色底纹的标签“我的位置”，字体大小为 20 px。点击“选择位置”按钮后出现图 4.9（b）所示的界面，此时地图下方出现了很多地址名称，选择某个地址后，地图标记点会移动到该地址，当点击屏幕右上角的“确定”按钮后，界面返回选择的位置。当点击图 4.9（a）上的“打开位置”按钮后，出现图 4.9（c）所示的界面效果，如果点击地图右下角的“打车”或“导航”按钮，将进入相应的界面。

（a）初始界面　　（b）选择位置　　（c）打开位置

图 4.9 地图组件案例运行结果

4.9.3 案例实现

1. 新建项目。新建一个不使用云服务和模板的小程序项目：Map。
2. 在小程序根目录下新建一个文件夹：images，在其中存放两个标记位置的图标。
3. 在 app.json 文件中添加 "permission" 字段，只有添加该字段内容，微信小程序才会向用户申请使用其位置信息的权限。

app.json 文件代码：

```
{
  ……
  "pages": ["pages/index/index"],
  "permission": {
    "scope.userLocation": {
      "desc": "你的位置信息将用于小程序位置接口的效果展示"
    }
  },
  ……
}
```

4. 编写 index.wxml 文件代码。代码主要包含了 map 组件和两个用于选择位置和打开位置的 button 组件。map 组件使用的主要属性包括：latitude、longitude、markers、show-location，两个 button 组件分别绑定了 chooseLocation 和 openLocation 事件函数。代码主要使用了 map 样式和 btnLayout 样式，分别用于设置 map 组件的外边距和两个按钮的布局。

```
<!-- index.wxml-->
<navigation-bar title="map组件" back="{{false}}" color="black" background="#FFF">
</navigation-bar>
<scroll-view class="scrollarea" scroll-y type="list">
  <view class="box">
    <view class='title'>地图组件应用示例</view>
    <map id="myMap" latitude="{{latitude}}" longitude="{{longitude}}"
    markers="{{markers}}" show-location></map>
    <view class='btnLayout'>
      <button bindtap="chooseLocation" type="primary" size="mini">选择位置
      </button>
      <button bindtap="openLocation" type="primary" size="mini">打开位置
      </button>
    </view>
  </view>
</scroll-view>
```

5. 编写 index.wxss 文件代码。代码自定义了两个样式：map 和 .btnLayout，主要用于设置地图大小和按钮布局。

```
/* index.wxss */
page {…}
.scrollarea {…}
```

```
map {
  margin: 10px 0px;
  width: 100%;
  height: 320px;
}
.btnLayout {
  display: flex;
  flex-direction: row;
  justify-content: space-evenly;
}
```

6. 编写 app.wxss 文件代码。代码中定义了 .box 和 .title 样式类，样式类的代码和前面案例相同，这里就不再给出。

7. 编写 index.js 文件代码。首先在 data 中初始化 map 组件绑定的属性值，然后定义了 chooseLocation() 函数和 openLocation() 函数。在 openLocation() 函数中首先调用 wx.getLocation() 函数获取当前位置，然后打开获取的位置。

```
// index.js
Page({
  data: {
    latitude: 39.93111,                              // 纬度
    longitude: 116.199167,                           // 经度
    scale: 12,
    markers: [{
      id: 1,
      latitude: 39.93111,
      longitude: 116.199167,
      iconPath: '/images/loc01.png',                 // 标记点图标
      label: {                                       // 标记点标签
        content: '我的位置',                          // 标记点文本
        color: '#0000FF',                            // 标记点文本颜色
        bgColor: '#FFFF00',                          // 标记点文本背景颜色
        fontSize: 20
      }
    }, {
      id: 2,
      latitude: 39.93211,
      longitude: 116.199211,
      iconPath: '/images/loc02.png'                  // 标记点图标
    }]
  },
  chooseLocation () {
    wx.chooseLocation({                              // 选择位置 API 函数
      success: function (res) {
        console.log(res)
      },
    })
  },
```

```
    openLocation: function () {
      wx.getLocation({                                    // 获取位置
        type: 'gcj02',
        success: function (res) {
          wx.openLocation({                               // 打开位置
            latitude: res.latitude,
            longitude: res.longitude,
            scale: 28,
          })
        },
      })
    }
  })
```

4.9.4 知识要点

本案例使用了 map 地图组件和相应的位置 API 函数：wx.getLocation(Object object)、wx.chooseLocation(Object object) 和 wx.openLocation(Object object)。地图中的颜色值 color、borderColor 和 bgColor 等需使用六位（或八位）十六进制表示，八位时后两位表示 alpha 值，如 #000000AA。

1. map 组件。该组件的主要属性及说明见表 4.19。

表 4.19 map 组件的主要属性及说明

属性名	类型	默认值	说明
longitude	number		中心经度
latitude	number		中心纬度
scale	number	16	缩放级别，取值范围为 5 ～ 18
markers	Array		标记点
polyline	Array		路线
polygons	Array		多边形
circles	Array		圆
controls	Array		控件（即将废弃，建议使用 cover-view 代替）
include-points	Array		缩放视野以包含所有给定的坐标点
show-location	boolean		显示带有方向的当前定位点

表 4.19 中的 markers 属性用于在地图上显示标记的位置，是数组类型，每个数组元素是一个对象，每个对象主要属性见表 4.20。

表 4.20 markers 对象主要属性

属　性	说　明	类　型	必　填	备　注
id	标记点 id	number	否	marker 点击事件回调会返回此 id。建议为每个 marker 设置上 number 类型 id，保证更新 marker 时有更好的性能
latitude	纬度	number	是	浮点数，范围 -90 ～ 90
longitude	经度	number	是	浮点数，范围 -180 ～ 180
title	标注点名	string	否	
iconPath	显示的图标	string	是	项目目录下的图片路径
width	标注图标宽度	number / string	否	默认为图片实际宽度，单位为 px（2.4.0 起支持 rpx）
height	标注图标高度	number / string	否	默认为图片实际高度，单位为 px（2.4.0 起支持 rpx）
label	为标记点旁边增加标签	Object	否	可识别换行符

2. API 函数 wx.getLocation(Object object)。用于获取当前的地理位置、速度，调用前需要在 app.json 文件中申请允许使用用户位置 scope.userLocation。该函数的 Object 类型参数 object 的属性说明见表 4.21。

表 4.21 API 函数 wx.getLocation(Object object) 参数主要属性说明

属　性	类　型	默 认 值	必　填	说　明
type	string	wgs84	否	wgs84 返回 gps 坐标，gcj02 返回可用于 wx.openLocation 的坐标
altitude	string	false	否	传入 true 会返回高度信息，由于获取高度需要较高精确度，会减慢接口返回速度
success	function		否	接口调用成功的回调函数
fail	function		否	接口调用失败的回调函数
complete	function		否	接口调用结束的回调函数（调用成功、失败都会执行）

表 4.21 中 object.success 回调函数参数 Object res 属性说明见表 4.22。

表 4.22 object.success 回调函数参数 Object res 主要属性说明

属　性	类　型	说　明
latitude	number	纬度，范围为 -90 ～ 90，负数表示南纬
longitude	number	经度，范围为 -180 ～ 180，负数表示西经
speed	number	速度，单位为 m/s
accuracy	number	位置的精确度
altitude	number	高度，单位为 m
verticalAccuracy	number	垂直精度，单位为 m（Android 无法获取，返回 0）
horizontalAccuracy	number	水平精度，单位为 m

3. API 函数 wx.chooseLocation(Object object)。用于打开地图选择位置，其参数属性说明见表 4.23。

表 4.23　函数 wx.chooseLocation(Object object) 的参数主要属性说明

属性	类型	默认值	必填	说明
success	function		否	接口调用成功的回调函数
fail	function		否	接口调用失败的回调函数
complete	function		否	接口调用结束的回调函数（调用成功、失败都会执行）

4. API 函数 wx.openLocation(Object object)。用于使用微信内置地图查看位置，其参数属性说明见表 4.24。

表 4.24　函数 wx.openLocation(Object object) 的参数主要属性说明

属性	类型	默认值	必填	说明
latitude	number		是	纬度，范围为 -90 ～ 90，负数表示南纬。使用 gcj02 国测局坐标系
longitude	number		是	经度，范围为 -180 ～ 180，负数表示西经。使用 gcj02 国测局坐标系
scale	number	18	否	缩放比例，范围为 5 ～ 18
name	string		否	位置名
address	string		否	地址的详细说明
success	function		否	接口调用成功的回调函数
fail	function		否	接口调用失败的回调函数
complete	function		否	接口调用结束的回调函数（调用成功、失败都会执行）

4.9.5　问题思考

1. map 组件的 markers 属性的主要功能是什么？
2. 函数 wx.getLocation(Object object) 的主要功能是什么？
3. 函数 wx.chooseLocation(Object object) 的主要功能是什么？
4. 函数 wx.openLocation(Object object) 的主要功能是什么？
5. 通过什么方法才能让微信小程序向用户申请允许使用位置信息？

案例 4.10　canvas 组件

canvas 组件

4.10.1　案例描述

设计一个小程序，演示 canvas 组件的功能和使用方法、canvas 2D 绘图上下文的创建和使用方法。小程序运行后，可以在画布上进行自由绘图。

4.10.2 实现效果

案例实现效果如图 4.10 所示。当按住鼠标左键在画布中移动时，就可以绘制出各种各样的线条。

（a）初始界面和清屏效果　　（b）画线效果

图 4.10　自由绘图案例运行效果

4.10.3 案例实现

1. 新建项目。新建一个不使用云服务和模板的小程序项目：Canvas。

2. 编写 index.wxml 文件代码。代码主要包括一个画布和一个按钮，画布采用 canvas 样式，按钮采用 .btnLayout 布局样式。

```
<!--index.wxml-->
<navigation-bar title="canvas 组件 " back="{{false}}" color="black"
background="#FFF"></navigation-bar>
<scroll-view class="scrollarea" scroll-y type="list">
  <view class="box">
    <view class='title'> 自由绘图 </view>
    <canvas id="myCanvas" type="2d" bindtouchstart="paintStart" bindtouchmove=
    "paintMove"></canvas>
    <view class="btnLayout">
      <button type="primary" size="mini" bind:tap="clear"> 清空画布 </button>
    </view>
  </view>
```

```
</scroll-view>
```

3. 编写 index.wxss 文件代码。代码自定义了 canvas 样式类，用于设置画布的宽度、高度和背景颜色。

```
/* index.wxss */
page {…}
.scrollarea {…}
canvas {
  width: 100%;
  height: 340px;
  background-color: cornflowerblue;
}
.btnLayout{
  margin-top: 10px;
  display: flex;                                    /* 设置布局样式 */
  justify-content: center;                          /* 设置对齐方式 */
}
```

4. 编写 app.wxss 文件代码。代码中定义了两个样式类：.box 和 .title，这两个样式类和以前案例中的相同，这里就不再给出。

5. 编写 index.js 文件代码。代码首先定义了画布上下文实例变量 ctx，然后在 onReady 函数中初始化 ctx 实例。paintStart 是光标点击屏幕时的事件函数，paintMove 是光标拖动时的事件函数。

```
// index.js
Page({
  onReady() {
    const query = wx.createSelectorQuery();
    query.select('#myCanvas')
      .fields({
        node: true,
        size: true
      })
      .exec((res) => {
        const canvas = res[0].node                    // 创建画布实例
        const ctx = canvas.getContext('2d')           // 创建绘图上下文实例
        const dpr = wx.getWindowInfo().pixelRatio     // 获取设备像素比
        canvas.width = res[0].width * dpr             // 设置画布宽度
        canvas.height = res[0].height * dpr           // 设置画布高度
        ctx.scale(dpr, dpr)                           // 设置画布缩放比例
        this.canvas = canvas;        // 将局部变量赋值给页面对象属性供其他函数使用
        this.ctx = ctx;              // 将局部变量赋值给页面对象属性供其他函数使用
      })
  },
  paintStart(e) {
    let x = e.touches[0].x;                           // 获取光标落点 x 坐标
    let y = e.touches[0].y;                           // 获取光标落点 y 坐标
```

```
    let ctx = this.ctx;
    ctx.strokeStyle = '#ffff00';          // 设置线条颜色
    ctx.lineCap = 'round';                // 设置线条端点样式
    ctx.lineJoin = 'round';               // 设置线条交点样式
    ctx.lineWidth = 5;                    // 设置线条粗细
    ctx.moveTo(x, y);                     // 将光标移动到 (x,y) 坐标处
  },
  paintMove(e) {
    let x = e.touches[0].x;               // 获取光标落点 x 坐标
    let y = e.touches[0].y;               // 获取光标落点 y 坐标
    let ctx = this.ctx;                   // 将页面对象属性赋值给局部变量
    ctx.strokeStyle = '#ffff00';          // 设置线条颜色
    ctx.lineTo(x, y);                     // 绘制线条到 (x,y) 坐标处
    ctx.stroke();                         // 完成线条绘制
  },
  clear() {
    let canvas = this.canvas;             // 将页面对象属性赋值给局部变量
    let ctx = this.ctx;                   // 将页面对象属性赋值给局部变量
    ctx.beginPath();                      // 开始或重置路径
    ctx.clearRect(0, 0, canvas.width, canvas.height);       // 清空画布
  }
})
```

4.10.4 知识要点

1. canvas 组件。画布组件，从 2.9.0 版本起支持一套新 Canvas 2D 接口（需指定 type 属性），同时支持同层渲染。该组件的属性说明见表 4.25。

表 4.25　canvas 组件属性说明

属　性	类　型	必　填	说　明	最低版本
type	string	否	指定 canvas 类型，支持 2d(2.9.0) 和 webgl(2.7.0)	2.7.0
canvas-id	string	否	canvas 组件的唯一标识符，若指定了 type 则无须再指定该属性	1.0.0
disable-scroll	boolean	否	当在 canvas 中移动时且有绑定手势事件时，禁止屏幕滚动以及下拉刷新	1.0.0
bindtouchstart	eventhandle	否	手指触摸动作开始	1.0.0
bindtouchmove	eventhandle	否	手指触摸后移动	1.0.0
bindtouchend	eventhandle	否	手指触摸动作结束	1.0.0
bindtouchcancel	eventhandle	否	手指触摸动作被打断，如来电提醒、弹窗	1.0.0
bindlongtap	eventhandle	否	手指长按 500 ms 之后触发，触发了长按事件后进行移动不会触发屏幕的滚动	1.0.0
binderror	eventhandle	否	当发生错误时触发 error 事件，detail={errMsg}	1.0.0

2. 创建 canvas 2D 绘图上下文方法。

（1）在 wxml 文件中使用以下代码：

```
<canvas id="myCanvas" type="2d" />
```

（2）在 js 文件的 onReady() 函数中使用如下代码：

```
wx.createSelectorQuery()
    .select('#myCanvas')                              // 在 wxml 中填入的 id
    .fields({ node: true, size: true })
    .exec((res) => {
        const canvas = res[0].node                    // 创建 canvas 实例
        const renderWidth = res[0].width   // 设置 canvas 画布的实际绘制宽高
        const renderHeight = res[0].height
        const ctx = canvas.getContext('2d')           // 创建 canvas 绘制上下文实例
        // 初始化画布大小
        const dpr = wx.getWindowInfo().pixelRatio
        canvas.width = renderWidth * dpr
        canvas.height = renderHeight * dpr
        ctx.scale(dpr, dpr)
    })
```

3. canvas绘制上下文实例的lineCap属性。用于设置线条端点样式，合法值及说明见表4.26。

表 4.26　lineCap 属性的合法值及说明

值	说　明
butt	向线条的每个末端添加平直的边缘
round	向线条的每个末端添加圆形线帽
square	向线条的每个末端添加正方形线帽

4. canvas 绘制上下文实例的 lineJoin 属性。用于设置线条的交点样式，参数 lineJoin 表示线条的交点样式，合法值及其说明见表 4.27。

表 4.27　lineJoin 的合法值及其说明

值	说　明
bevel	斜角
round	圆角
miter	尖角

4.10.5　问题思考

1. 如何使用新版画布组件？
2. 线条的端点样式有哪些？如何设置线条的端点样式？
3. 线条的交点样式有哪些？如何设置线条的连接样式？

习　题

1. 设计一个小程序，利用 form、input、radio、checkbox 和 button 组件输入或选择个人信息，个人信息包括姓名、年龄、性别、个人爱好等内容，最后将个人信息显示出来。

2. 设计一个小程序，综合利用 slider、swiper、switch 和 picker 组件的各种属性实现相应的功能。

3. 设计一个小程序，综合利用 image 和 video 组件实现对图片和视频的各种操作。

4. 设计一个小程序，利用 map 组件对读者所在学校各个教学楼做标记。

5. 设计一个小程序，利用 canvas 组件实现自由绘图。

第 5 章 小程序 API

本章概要

本章设计了 13 个案例，演示了小程序常用 API 函数的功能和使用方法。案例使用的 API 函数包括：加速度、画布、文件、数据缓存、传感器、用户行为、手机状态、设备系统信息、网络和数据库等。

学习目标

- 了解加速度、画布、文件、数据缓存、传感器、用户行为、手机状态、设备系统信息、网络和数据库等 API 函数的功能、参数和返回值含义
- 掌握加速度、画布、文件、数据缓存、传感器、用户行为、手机状态、设备系统信息、网络和数据库等 API 函数的使用方法

案例 5.1 变脸游戏

变脸游戏

5.1.1 案例描述

设计一个小程序，演示 API 函数 wx.onAccelerometerChange() 的功能和使用方法。小程序运行后，页面上出现一张脸谱画面，当点击这张脸谱时，画面随机换成另一张脸谱；当摇晃手机时，显示一个消息框，同时画面也随机换成另一张脸谱，从而实现变脸效果。

5.1.2 实现效果

根据案例描述可以做出图 5.1 所示的效果。初始界面如图 5.1（a）所示，当点击图片时，图片会随机换成另一张脸谱，如图 5.1（b）所示；当晃动手机时，屏幕上会显示一个消息框，同时随机换成另一张脸谱，如图 5.1（c）所示。

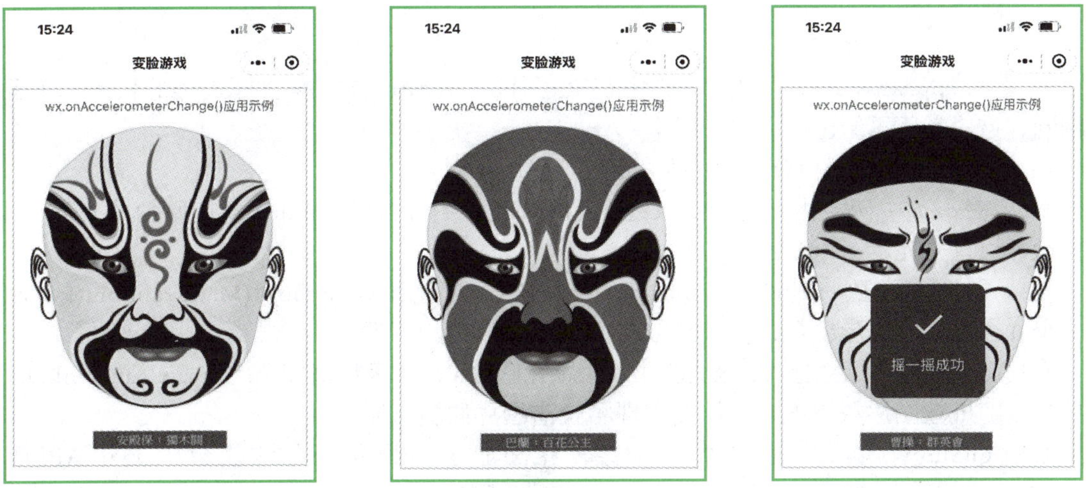

（a）初始界面　　（b）点击时产生的脸谱　　（c）晃动时产生的脸谱

图 5.1　变脸游戏案例运行结果

5.1.3 案例实现

1. 新建项目。新建不使用云开发和模板的小程序：Accelerometer。

2. 案例素材准备。把案例中用到的所有图片存放到 images 文件夹中，然后把 images 文件夹复制到项目文件夹中。

3. 编写 index.wxml 文件代码。代码主要通过 image 组件呈现了一张脸谱，其 src 属性通过 {{imgArr[index]}} 绑定了图片数组，其 bindtap 属性绑定了点击脸谱图片事件函数 changeFace()，其 mode 属性为 widthFix。

```
<!--index.wxml-->
<navigation-bar title=" 变脸游戏 " back="{{false}}" color="black" background=
"#FFF"></navigation-bar>
```

```
<scroll-view class="scrollarea" scroll-y type="list">
  <view class='box'>
    <view class='title'>wx.onAccelerometerChange() 应用示例 </view>
    <view>
      <image src="{{faces[index]}}" bindtap="changeFace" mode='widthFix'>
      </image>
    </view>
  </view>
</scroll-view>
```

4. 编写 index.wxss 文件代码。文件自定义了 image 样式类来设置图片的外边距。

```
/* index.wxss */
page {…}
.scrollarea {…}
image {
  margin: 10px;
}
```

5. 编写 app.wxss 文件代码。代码中定义了 .box 和 .title 样式类，样式类的代码和前面案例相同，这里就不再给出。

6. 编写 index.js 文件代码。代码主要内容包括：

（1）在 data 中初始化绑定图片数组下标 index 和图片数组。index 的初始值为 0，表示小程序运行后首先显示第一张图片。

（2）自定义函数 createRandomIndex(n)。该函数利用 Math.floor(Math.random() * n) 创建一个 0 ～ n 之间的随机数，该随机数将用于图片数组的下标。

（3）changFace() 函数。点击脸谱图片时调用的函数，该函数直接调用 createRandomIndex(n) 函数产生随机数图片数组下标，从而实现了脸谱图片的随机显示。

（4）onShow() 函数。生命周期函数，界面显示时调用。在该函数中调用 API 函数 wx.onAccelerometerChange() 和 wx.showToast()。函数 wx.onAccelerometerChange() 用于监听手机加速度的变化（手机晃动）。为了使手机加速度变化达到一定程度时才让脸谱发生变化，这里使用了 if (res.x > 0.5 || res.y > 0.5 || res.z > 0.5) 条件语句进行控制，而且一旦条件满足，调用 changFace() 函数实现变脸，并调用 wx.showToast() 函数显示消息框进行提示。

```
// index.js
Page({
  data: {
    index: 0,                         // 初始化脸谱图片数组下标为 0
    faces: [                          // 脸谱图片数组
      '/images/01.jpg',
      '/images/02.jpg',
      '/images/03.jpg',
      '/images/04.jpg',
      '/images/05.jpg',
      '/images/06.jpg',
```

```
      '/images/07.jpg',
      '/images/08.jpg',
      '/images/09.jpg',
      '/images/10.jpg',
    ],
  },
  createRandomIndex(n) {                       // 定义产生随机数的全局函数
    return Math.floor(Math.random() * n);      // 产生 0 ~ n 之间的随机整数
  },
  changeFace() {                               // 点击脸谱图片事件函数
    this.setData({
      index: this.createRandomIndex(this.data.faces.length)
                                               // 调用全局函数产生随机数
    })
  },
  onShow() {                                   // 生命周期函数，界面显示时调用
    wx.onAccelerometerChange((res) => {        // 加速度变化监听函数
      if (res.x > 0.5 || res.y > 0.5 || res.z > 0.5) {
                                               // 设置加速度在某个坐标轴方向达到的数值
        this.changeFace()                      // 调用函数进行变脸
        wx.showToast({                         // 消息提示框函数
          title: '摇一摇成功',                  // 消息框标题
          icon: 'success',                     // 消息框图标
          duration: 2000                       // 消息框显示的时间
        })
      }
    })
  }
})
```

5.1.4 知识要点

本案例使用了监听加速度变化事件的 API 函数 wx.onAccelerometerChange(function callback) 和消息提示框 API 函数 wx.showToast(Object object)。

1. API 函数 wx.onAccelerometerChange(function callback)。用于监听加速度变化事件，其参数 function callback 为加速度变化事件的回调函数，该回调函数的参数 Object res 的属性说明见表 5.1。监听频率根据函数 wx.startAccelerometer(Object object) 的参数 object.interval 来确定，可使用 wx.stopAccelerometer() 函数停止监听。

表 5.1 函数 wx.onAccelerometerChange(function callback) 的参数属性说明

属　性	类　型	说　明
x	number	*x* 轴方向加速度的最小值
y	number	*y* 轴方向加速度的最小值
z	number	*z* 轴方向加速度的最小值

2. API 函数 wx.startAccelerometer(Object object)。用于开始监听加速度数据，其参数属性说明见表 5.2。

表 5.2 函数 wx.startAccelerometer(Object object) 的参数属性说明

属　性	类　型	默认值	必　填	说　明
interval	string	normal	否	函数 wx.onAccelerometerChange() 的执行频率
success	function		否	接口调用成功的回调函数
fail	function		否	接口调用失败的回调函数
complete	function		否	接口调用结束的回调函数（调用成功、失败都会执行）

表 5.2 中的 interval 属性的合法值见表 5.3。

表 5.3 object.interval 的合法值

值	说　明
game	适用于更新游戏的回调频率，在 20 ms/ 次左右
ui	适用于更新 UI 的回调频率，在 60 ms/ 次左右
normal	普通的回调频率，在 200 ms/ 次左右

3. API 函数 wx.stopAccelerometer(Object object)。用于停止监听加速度数据，其参数属性只包括 success、fail 和 complete 三个回调函数。

5.1.5 问题思考

1. 如果不限定加速度的值，该案例会出现什么样的运行效果？

2. API 函数 wx.onAccelerometerChange(function callback) 的参数用于监听加速度变化，其监听频率是根据什么来确定的？

案例 5.2 基本绘图

基本绘图

5.2.1 案例描述

设计一个小程序，演示利用画布 API 实现基本绘图的功能和实现方法。绘制的图形包括：实心圆、轮廓圆、虚线、文字等，设置的绘图样式包括：端点样式、交点样式、圆形渐变、阴影、透明度等。

5.2.2 实现效果

根据案例描述可以做出图 5.2 所示的效果。初始界面和点击“清屏”按钮后的效果如图 5.2（a）所示，画布上没有任何图形，点击“画实心圆”按钮后的效果如图 5.2（b）所示，点击“画轮廓圆”按钮后的效果如图 5.2（c）所示，点击“绘制虚线”按钮后的效果如图 5.2（d）所示，点击“端点交点”按钮后的效果如图 5.2（e）所示，图形的线条端点显示为半圆形，线条的交点为尖角。点击“绘制文字”按钮后的效果如图 5.2（f）所示，画布中出现了三行文字，第一行文字的 baseline 为 bottom，颜色为红色，第二行文字的 baseline 为 top，颜色为黄色，第三行文字旋转了 30°，颜色为蓝色。点击“圆形渐变”按钮后的效果如图 5.2（g）所示，点击“阴影矩形”按钮后的效果如图 5.2（h）所示，画布中出现一个带有黄色阴影的矩形，阴影沿水平向右和垂直向下的方向延伸，并具有一定的模糊度。点击“半透明图”按钮后的效果如图 5.2（i）所示，画布中出现一个半透明的矩形。

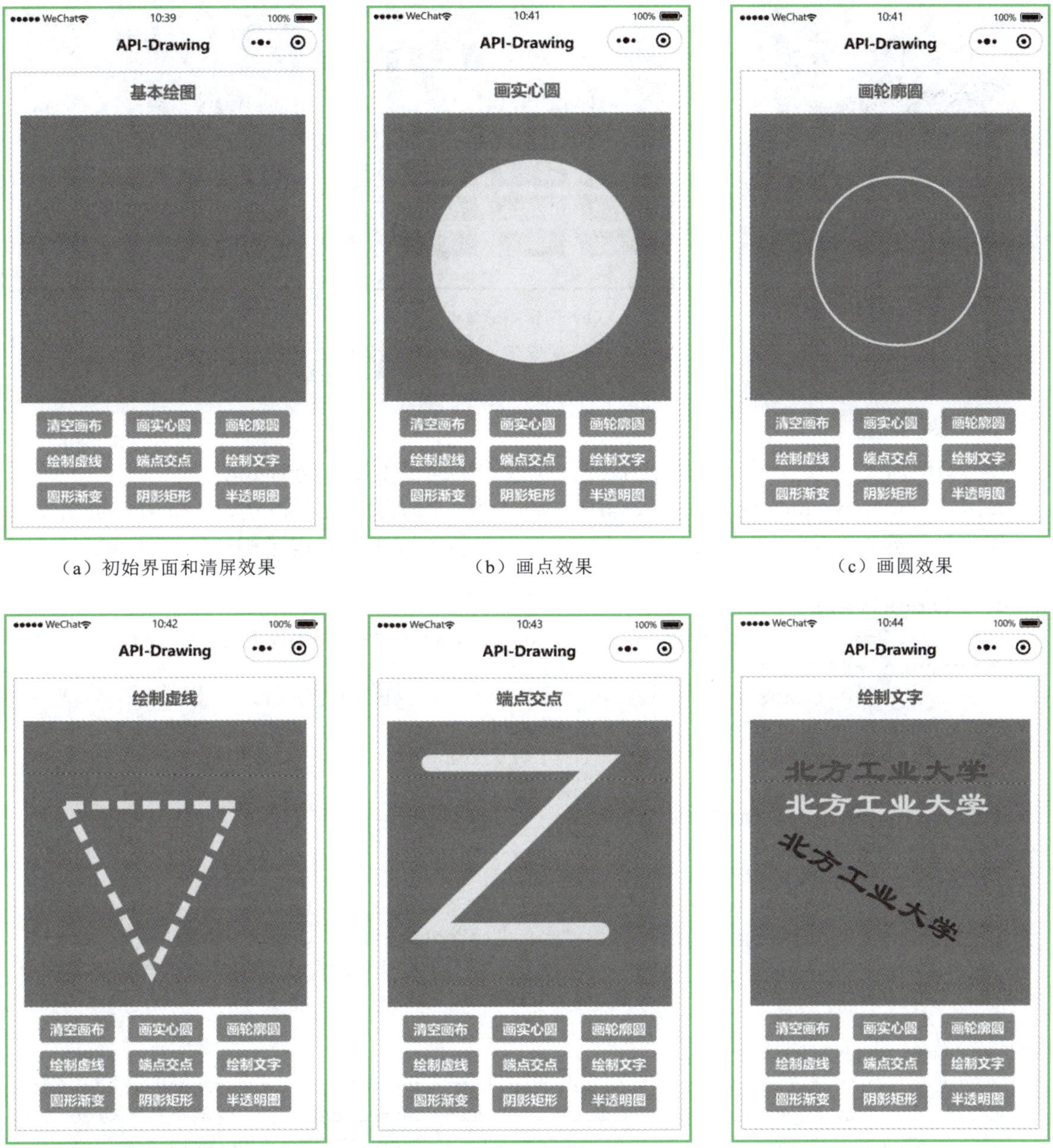

（a）初始界面和清屏效果　（b）画点效果　（c）画圆效果

（d）画虚线效果　（e）端点交点效果　（f）画字效果

图 5.2　基本绘图案例运行效果

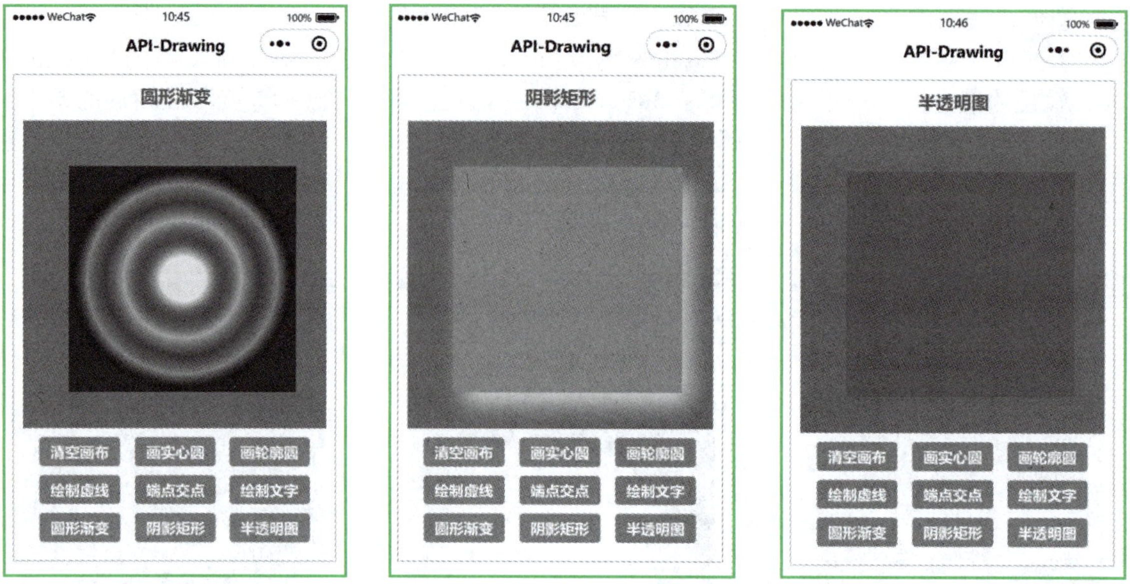

（g）圆形渐变效果　　（h）阴影矩形效果　　（i）半透明效果

图 5.2　基本绘图案例运行效果（续）

5.2.3　案例实现

1. 新建项目。新建一个不使用云服务和模板的小程序项目：Drawing。

2. 编写 index.wxml 文件代码。代码中主要包括一个画布和九个按钮，画布用来绘制图形，按钮用来执行绘图命令。画布 canvas 采用 2d 类型，每个按钮都绑定了相应的事件函数。

```
<!--index.wxml-->
<navigation-bar title="API-Drawing" back="{{false}}" color="black"
background="#FFF"></navigation-bar>
<scroll-view class="scrollarea" scroll-y type="list">
  <view class="box">
    <view class='title'>{{title}}</view>
    <view>
      <canvas id="myCanvas" type="2d"></canvas>
    </view>
    <view class='btnLayout'>
      <button type='primary' size="mini" bindtap="clear">清空画布</button>
      <button type='primary' size="mini" bindtap="fillCircle">画实心圆</button>
      <button type='primary' size="mini" bindtap="strokeCircle">画轮廓圆
      </button>
    </view>
    <view class='btnLayout'>
      <button type='primary' size="mini" bindtap="dashLine">绘制虚线</button>
      <button type='primary' size="mini" bindtap="capAndJoin">端点交点</button>
      <button type='primary' size="mini" bindtap="fillText">绘制文字</button>
    </view>
    <view class='btnLayout'>
```

```
        <button type='primary' size="mini" bindtap="radialGrad">圆形渐变</button>
        <button type='primary' size="mini" bindtap="shadowRect">阴影矩形</button>
        <button type='primary' size="mini" bindtap="translucent">半透明图</button>
      </view>
    </view>
</scroll-view>
```

3. 编写 index.wxss 文件代码。代码中自定义了两个样式类：canvas 和 .btnLayout。canvas 样式类定义了画布的宽度、高度和背景颜色；.btnLayout 样式类定义了按钮的布局样式。

```
/* index.wxss */
page {…}
.scrollarea {…}
canvas {
  width: 100%;
  height: 340px;
  background-color: cornflowerblue;
}
.btnLayout {
  display: flex;
  flex-direction: row;
  margin: 10px;
  justify-content: space-around; /* 沿主轴方向平均分布，两边留有一半的间隔空间。*/
}
```

4. 编写 app.wxss 文件代码。代码中定义了 .box 和 .title 样式类，样式类的代码和前面案例相同，这里就不再给出。

5. 编写 index.js 文件代码。代码在 data 中初始化了绑定变量 title，并定义了一系列函数实现相应的功能：

（1）onReady() 函数。生命周期函数，用于创建画布和绘图上下文实例。

（2）clear() 函数。用于清空画布，函数首先保存了绘图上下文的初始设置，然后调用 clearRect() 函数清空画布。

（3）fillCircle() 函数。用于绘制实心圆，函数首先调用 clear() 函数清空画布，然后定义局部变量 ctx 并初始化为页面对象属性 ctx，再通过调用 arc() 函数绘制圆，利用 fillStyle 属性设置填充颜色，调用 fill() 函数完成实心圆绘制，调用 restore() 函数恢复 clear() 函数中 save() 函数存储的绘图上下文的初始设置，最后调用 setData() 函数设置绑定变量 title。

（4）strokeCircle() 函数。用于绘制圆形轮廓，使用 strokeStyle 属性设置线条颜色，使用 lineWidth 属性设置线条粗细，调用 arc() 函数创建圆形对象，调用 stroke() 函数画出轮廓圆。

（5）dashLine() 函数。用于绘制虚线，通过调用 setLineDash 属性设置虚线样式，该函数参数是一个数组，用来指定线段与间隙的尺寸。通过调用 moveTo() 函数将路径移动到画布中的指定点，调用 lineTo() 函数创建线条对象，调用 stroke() 函数绘制线条。

（6）capAndJoin() 函数。用于设置线条的端点样式和连接样式，其中 lineCap 属性用来设置线条端点样式，lineJoin 属性用来设置连接样式。

（7）fillText() 函数。用于绘制文本，通过 ctx.font 属性设置字体样式、大小和类型，通过 ctx.textBaseline 属性设置文本基线，通过 ctx.fillText 属性绘制文本，通过 ctx.rotate 属性旋转画布。

（8）radialGrad() 函数。用于实现圆形渐变，利用 ctx.createRadialGradient() 函数创建渐变样式，利用 grd.addColorStop 设置渐变点和渐变色，通过 ctx.fillStyle = grd 将渐变样式赋值给画布填充色。

（9）shadowRect() 函数。用于绘制阴影矩形，其中，ctx.shadowOffsetX 和 ctx.shadowOffsetY 属性分别用于设置阴影沿 x 和 y 方向的距离，ctx.shadowBlur 用于设置阴影的模糊程度，ctx.shadowColor 用于设置阴影颜色。

（10）translucent() 函数。用于设置图形的透明度，其中，ctx.globalAlpha 属性用于设置透明度。

```
// index.js
Page({
  data: {
    title: '基本绘图'
  },
  onReady() {
    const query = wx.createSelectorQuery();                        // 创建查询实例
    query.select('#myCanvas')                                     // 选择画布
      .fields({
        node: true,
        size: true
      })
      .exec((res) => {
        const canvas = res[0].node                                 // 创建画布实例
        const ctx = canvas.getContext('2d')                        // 创建绘图上下文实例
        const dpr = wx.getWindowInfo().pixelRatio                  // 获取设备像素比
        canvas.width = res[0].width * dpr                          // 设置画布宽度
        canvas.height = res[0].height * dpr                        // 设置画布高度
        ctx.scale(dpr, dpr)                                        // 设置画布缩放比例
        this.canvas = canvas;          // 将局部变量赋值给页面对象属性供其他函数使用
        this.ctx = ctx;                // 将局部变量赋值给页面对象属性供其他函数使用
      })
  },
  clear() {
    let canvas = this.canvas;                        // 将页面对象属性赋值给局部变量
    let ctx = this.ctx;                              // 将页面对象属性赋值给局部变量
    ctx.save();                                      // 保存绘图环境初始设置
    ctx.beginPath();                                 // 开始或重置路径
    ctx.clearRect(0, 0, canvas.width, canvas.height);      // 清空画布
    this.setData({
      title: '清空画布'                               // 为绑定变量赋值
    })
  },
  fillCircle() {
    this.clear()                                     // 清空画布
    let ctx = this.ctx;                              // 将页面对象属性赋值给局部变量
```

```
    ctx.arc(175, 175, 120, 0, 2 * Math.PI)              // 创建圆形对象
    ctx.fillStyle = 'yellow'                          // 设置填充样式
    ctx.fill()                                        // 绘制出实心圆
    ctx.restore();    // 恢复 clear() 函数中 save() 函数存储的绘图上下文的初始设置
    this.setData({
      title: '画实心圆'                                // 为绑定变量赋值
    })
  },
  strokeCircle() {
    this.clear()                                      // 清空画布
    let ctx = this.ctx;                               // 将页面对象属性赋值给局部变量
    ctx.strokeStyle = 'yellow'                        // 设置描边颜色
    ctx.lineWidth = 3                                 // 设置线条粗细
    ctx.arc(175, 175, 100, 0, 2 * Math.PI)  // 创建圆
    ctx.stroke()                                      // 画出圆形轮廓
    ctx.restore();  // 恢复 clear() 函数中 save() 函数存储的绘图上下文的初始设置
    this.setData({
      title: '画轮廓圆'                                // 为绑定变量赋值
    })
  },
  dashLine() {
    this.clear()                                      // 清空画布
    let ctx = this.ctx;                               // 将页面对象属性赋值给局部变量
    ctx.strokeStyle = 'yellow'                        // 设置线条颜色
    ctx.setLineDash([20, 10])                         // 设置虚线样式
    ctx.lineWidth = 10                                // 设置线宽
    ctx.moveTo(50, 100)                               // 把路径移动到画布中的指定点
    ctx.lineTo(250, 100)                              // 创建线条对象
    ctx.lineTo(150, 300)                              // 创建线条对象
    ctx.lineTo(50, 100)                               // 创建线条对象
    ctx.stroke()                                      // 画出所有线条
    ctx.restore()     // 恢复 clear() 函数中 save() 函数存储的绘图上下文的初始设置
    this.setData({
      title: '绘制虚线'                                // 为绑定变量赋值
    })
  },
  capAndJoin: function () {
    this.clear()                                      // 清空画布
    let ctx = this.ctx;                               // 将页面对象属性赋值给局部变量
    ctx.strokeStyle = 'yellow'                        // 设置线条颜色
    ctx.lineWidth = 20                                // 设置线条粗细
    ctx.lineCap = 'round'                             // 设置线条端点样式
    ctx.lineJoin = 'miter'                            // 设置线条连接样式
    ctx.moveTo(50, 50)                                // 将绘图光标移动到这里
    ctx.lineTo(250, 50)                               // 创建线条对象
    ctx.lineTo(50, 250)
    ctx.lineTo(250, 250)
    ctx.stroke();                                     // 画出所有线条
    ctx.restore();    // 恢复 clear() 函数中 save() 函数存储的绘图上下文的初始设置
```

```
    this.setData({
      title: '端点交点'                            // 为绑定变量赋值
    })
  },
  fillText() {
    this.clear()
    let ctx = this.ctx                           // 将页面对象属性赋值给局部变量
    ctx.font = 'bold 40px 隶书'                   // 设置字体样式、大小和类型
    ctx.fillStyle = 'red'                        // 设置字体颜色
    ctx.textBaseline = 'bottom'                  // 设置文本基线
    ctx.fillText('北方工业大学', 40, 80)          // 在画布上绘制填充文本
    ctx.fillStyle = 'yellow'                     // 设置字体颜色
    ctx.textBaseline = 'top'
    ctx.fillText('北方工业大学', 40, 80)
    ctx.fillStyle = 'blue'
    ctx.rotate(30 * Math.PI / 180)               // 旋转画布
    ctx.fillText('北方工业大学', 100, 80)
    ctx.restore();    // 恢复 clear() 函数中 save() 函数存储的绘图上下文的初始设置
    this.setData({
      title: '绘制文字'                            // 为绑定变量赋值
    })
  },
  radialGrad() {
    this.clear()                                 // 清空画布
    let ctx = this.ctx;                          // 将页面对象属性赋值给局部变量
    // 创建以点 (175,175) 为圆心，以 25 为起始半径、125 为终止半径的圆形渐变样式
    let grd = ctx.createRadialGradient(175, 175, 25, 175, 175, 125)
    grd.addColorStop(0, 'yellow');               // 添加渐变点及渐变色，下同
    grd.addColorStop(0.2, 'red');
    grd.addColorStop(0.4, 'pink');
    grd.addColorStop(0.6, 'green');
    grd.addColorStop(0.8, 'orange');
    grd.addColorStop(1, 'blue');
    ctx.fillStyle = grd                          // 设置圆形渐变填充样式
    ctx.fillRect(50, 50, 250, 250)               // 绘制填充矩形
    ctx.restore();    // 恢复 clear() 函数中 save() 函数存储的绘图上下文的初始设置
    this.setData({
      title: '圆形渐变'                            // 为绑定变量赋值
    })
  },
  shadowRect() {
    this.clear()
    let ctx = this.ctx                           // 将页面对象属性赋值给局部变量
    ctx.fillStyle = 'orange'                     // 设置填充颜色
    ctx.shadowOffsetX = 20                       // 设置阴影沿 x 方向的偏移距离
    ctx.shadowOffsetY = 30                       // 设置阴影沿 y 方向的偏移距离
    ctx.shadowBlur = 50                          // 设置阴影模糊程度
    ctx.shadowColor = 'yellow'                   // 设置阴影颜色
    ctx.fillRect(50, 50, 250, 250)               // 绘制填充矩形
```

```
      ctx.restore();    // 恢复 clear() 函数中 save() 函数存储的绘图上下文的初始设置
      this.setData({
        title: '阴影矩形'                                // 为绑定变量赋值
      })
    },
    translucent() {
      this.clear()                                      // 清空画布
      let ctx = this.ctx;                               // 将页面对象属性赋值给局部变量
      ctx.fillStyle = 'red'                             // 设置填充颜色
      ctx.globalAlpha = 0.2                             // 设置透明度
      ctx.fillRect(50, 50, 250, 250)                    // 绘制填充矩形
      ctx.restore();                                    // 恢复绘图环境原有设置
      this.setData({
        title: '半透明图'                                // 为绑定变量赋值
      })
    }
  })
```

5.2.4 知识要点

1. API 函数 wx.createSelectorQuery()。获取 SelectorQuery 对象实例，用于创建 canvas 对象及绘图上下文 CanvasRenderingContext2D 对象。

2. CanvasRenderingContext2D 接口介绍。CanvasRenderingContext2D 是用于绘制 2D 图形的接口。它提供了一系列方法和属性，用于创建和操作画布上的图形元素，实现各种绘图效果。

（1）CanvasRenderingContext2D 接口主要功能：

① 绘制基本形状：通过方法如 rect()、arc()、lineTo() 等，可以绘制矩形、圆形、直线等基本形状。

② 绘制路径：通过 beginPath()、moveTo()、lineTo() 等方法，可以创建复杂的路径，并通过 fill()、stroke() 等方法进行填充和描边。

③ 绘制文本：通过 fillText()、strokeText() 等方法，可以在画布上绘制文本，并通过 font、textAlign 等属性控制字体样式和对齐方式。

④ 绘制图像：通过 drawImage() 方法，可以在画布上绘制图像，可以是 HTMLImageElement、HTMLVideoElement、HTMLCanvasElement 等元素。

⑤ 变换和样式：通过 scale()、rotate()、translate() 等方法，可以对绘图进行缩放、旋转、平移等变换操作，通过 fillStyle、strokeStyle 等属性，可以设置填充和描边的颜色、渐变或图案。

⑥ 图像处理：通过 getImageData()、putImageData() 等方法，可以获取和操作画布上的像素数据，实现图像处理效果。

（2）CanvasRenderingContext2D 接口属性：

① canvas：返回当前绘图上下文关联的 canvas 元素。

② fillStyle：设置或返回用于填充绘画的颜色、渐变或模式。

③ strokeStyle：设置或返回用于笔触的颜色、渐变或模式。

④ lineWidth：设置或返回当前的线条宽度。

⑤ lineCap：设置或返回线条的结束端点样式，包括 butt（平直）、round（圆形）和 square（方形）三种样式，如图 5.3 所示。

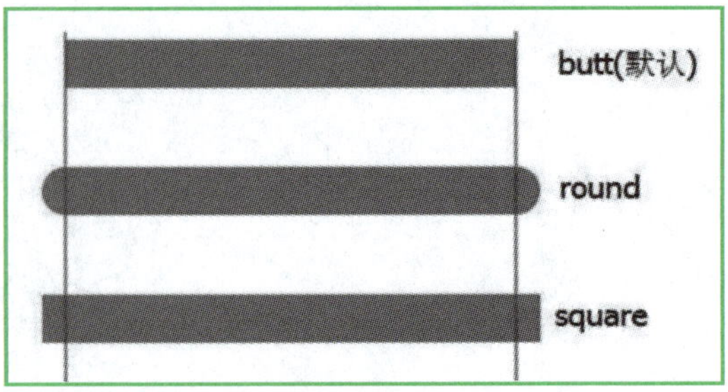

图 5.3 lineCap 的合法值及含义

⑥ lineJoin：设置或返回两条线相交时所创建的拐角类型，包括 bevel（斜角）、round（圆角）、miter（尖角）三种样式，如图 5.4 所示。

图 5.4 lineJoin 的合法值及含义

⑦ miterLimit：设置或返回最大斜接长度。

⑧ globalAlpha：设置或返回绘图的当前透明值，范围为 0 ～ 1。

⑨ globalCompositeOperation：设置或返回新图像如何绘制到已有的图像上。

⑩ font：设置或返回文本内容的当前字体属性。

⑪ textAlign：设置或返回文本内容的当前对齐方式。

⑫ textBaseline：设置或返回在绘制文本时使用的当前文本基线，合法值包括 top、middle、bottom、normal。基线位置如图 5.5 所示。

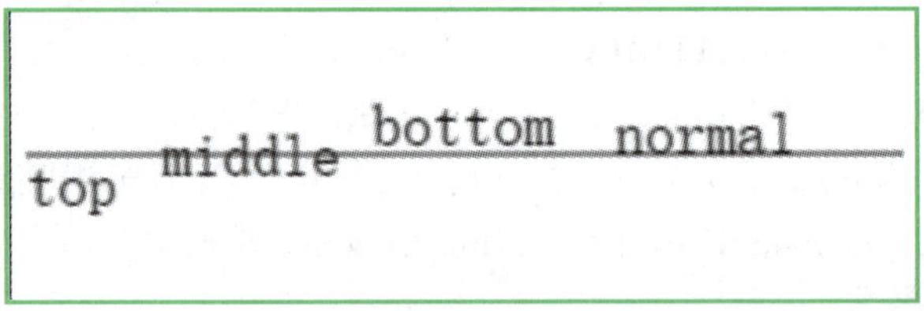

图 5.5 textBaseline 的合法值及含义

⑬ shadowOffsetX：设置或返回阴影距形状的水平距离。

⑭ shadowOffsetY：设置或返回阴影距形状的垂直距离。

⑮ shadowBlur：设置或返回阴影的模糊级别，范围为 0 ～ 100，默认值为 0。

⑯ shadowColor：设置或返回阴影的颜色，默认值为 black。

⑰ imageSmoothingEnabled：设置或返回是否启用图像平滑处理。

⑱ imageSmoothingQuality：设置或返回图像平滑处理的质量。

（3）CanvasRenderingContext2D 接口方法：

① save()：保存当前绘图状态。

② restore()：恢复之前保存的绘图状态。

③ setTransform(a, b, c, d, e, f)：重置当前变换矩阵为指定的值。

④ createLinearGradient(x0, y0, x1, y1)：创建线性渐变对象。

⑤ createRadialGradient(x0, y0, r0, x1, y1, r1)：创建径向渐变对象。

⑥ createPattern(image, repetition)：创建图像模式。

⑦ clearRect(x, y, width, height)：清除指定矩形区域的像素。

⑧ fillRect(x, y, width, height)：填充指定矩形区域。

⑨ strokeRect(x, y, width, height)：描边指定矩形区域。

⑩ beginPath()：开始一个新的路径。

⑪ closePath()：闭合当前路径。

⑫ moveTo(x, y)：将路径移动到指定的坐标点。

⑬ lineTo(x, y)：绘制一条直线到指定的坐标点。

⑭ quadraticCurveTo(cpx, cpy, x, y)：绘制二次贝塞尔曲线。

⑮ bezierCurveTo(cp1x, cp1y, cp2x, cp2y, x, y)：绘制三次贝塞尔曲线。

⑯ arcTo(x1, y1, x2, y2, radius)：绘制弧线，通过两个切线点和半径确定。

⑰ arc(x, y, radius, startAngle, endAngle, anticlockwise)：绘制圆弧。

⑱ rect(x, y, width, height)：绘制矩形。

⑲ fill()：填充当前路径。

⑳ stroke()：描边当前路径。

㉑ clip()：剪切当前路径。

㉒ isPointInPath(x, y)：判断指定的点是否在当前路径中。

㉓ drawImage(image, dx, dy)：绘制图像。

㉔ drawImage(image, dx, dy, dWidth, dHeight)：绘制图像并指定目标宽高。

㉕ drawImage(image, sx, sy, sWidth, sHeight, dx, dy, dWidth, dHeight)：绘制图像并指定源区域和目标区域。

㉖ fillText(text, x, y)：绘制文本。

㉗ strokeText(text, x, y)：描边文本。

㉘ measureText(text)：测量文本的宽度。

㉙ createImageData(width, height)：创建指定宽高的 ImageData 对象。

㉚ getImageData(sx, sy, sw, sh)：获取指定区域的像素数据。

㉛ putImageData(imageData, dx, dy)：将像素数据绘制到指定位置。

5.2.5 问题思考

1. CanvasRenderingContext2D 接口的主要功能有哪些？
2. 设置线条颜色和填充颜色的属性分别是什么？

3. 绘制圆弧函数的参数有哪些？
4. 如何设置虚线样式？
5. 线条端点样式及连接样式有哪些？如何设置这些样式？
6. 文本的绘制方法是什么？
7. 渐变样式类型有哪些？如何设置图形的渐变样式？
8. 如何设置矩形的阴影样式？
9. 如何设置图形的透明度？

案例 5.3 图形变换

图形变换

5.3.1 案例描述

设计一个小程序，演示利用画布 API 实现图形变换的功能和实现方法。小程序运行后，可以实现对图形的平移、旋转、缩放和矩阵变换等。

5.3.2 实现效果

案例运行效果如图 5.6 所示。初始界面如图 5.6（a）所示；点击“平移”按钮后，图形将沿 x 和 y 方向平移，如图 5.6（b）所示；点击“旋转”按钮后，图形将在初始位置的基础上旋转一定角度，如图 5.6（c）所示；点击“缩放”按钮后，图形将在初始位置基础上放大，如图 5.6（d）所示；点击“矩阵变换”按钮后，图形将发生矩阵变换，如图 5.6（e）所示；点击“还原”按钮后，图形将恢复到初始状态，如图 5.6（f）所示。

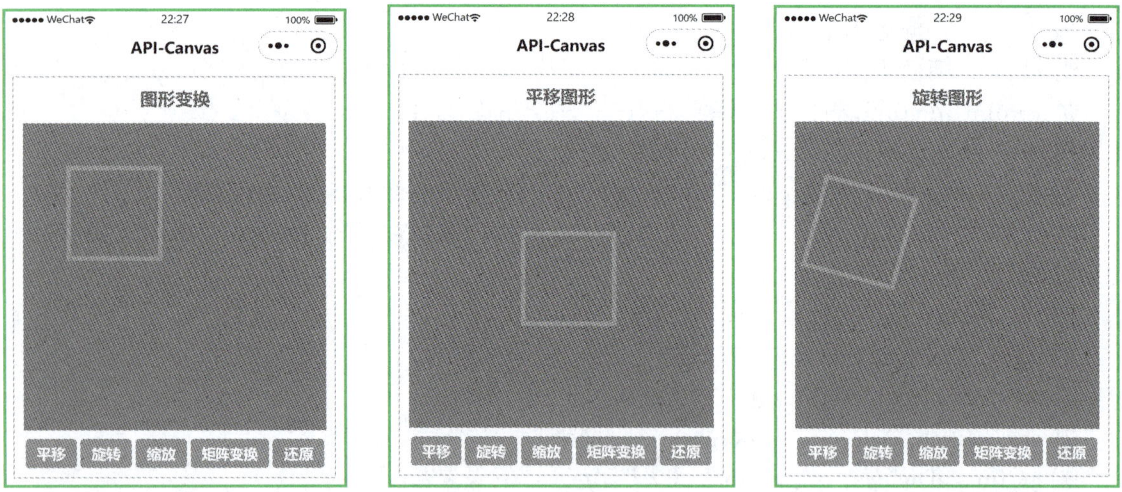

（a）初始界面　（b）平移后的图形　（c）旋转后的图形

图 5.6　图形变换案例运行效果

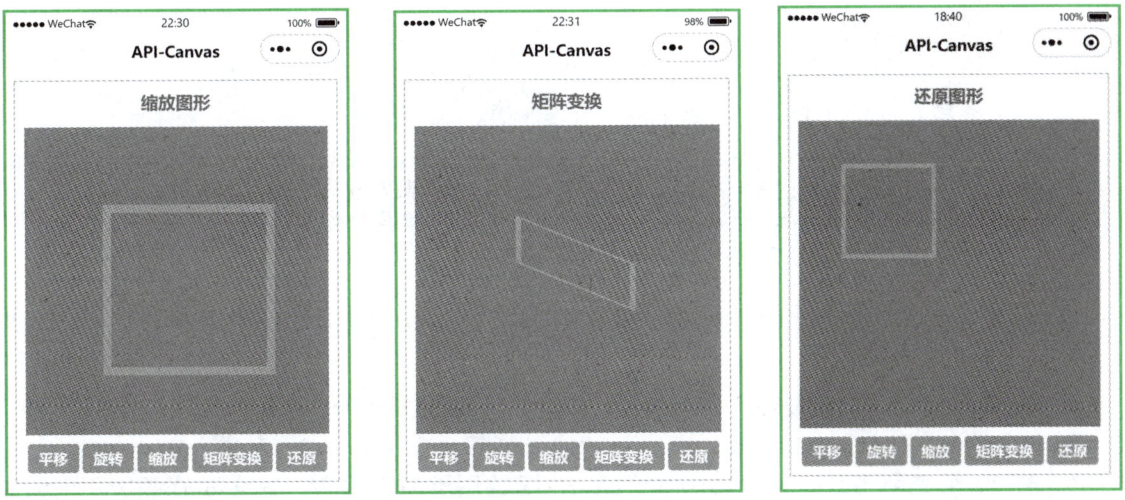

（d）缩放后的图形　　（e）矩阵变换后的图形　　（f）还原后的图形

图 5.6　图形变换案例运行效果（续）

5.3.3　案例实现

1. 新建项目。新建一个不使用云服务和模板的小程序项目：ChangeDrawing。

2. 编写 index.wxml 文件代码。代码主要包括一个画布和五个按钮，画布采用 2d 类型，按钮都绑定了相应的函数。

```
<!--index.wxml-->
<navigation-bar title="API-Canvas" back="{{false}}" color="black"
background="#FFF"></navigation-bar>
<scroll-view class="scrollarea" scroll-y type="list">
  <view class="box">
    <view class='title'>{{title}}</view>
    <canvas id="myCanvas" type="2d"></canvas>
    <view class="btnLayout">
      <button type="primary" size="mini" bindtap="translate">平移</button>
      <button type="primary" size="mini" bindtap="rotate">旋转</button>
      <button type="primary" size="mini" bindtap="scale">缩放</button>
      <button type="primary" size="mini" bindtap="transform">矩阵变换</button>
      <button type="primary" size="mini" bindtap="reset">还原</button>
    </view>
  </view>
</scroll-view>
```

3. 编写 index.wxss 文件代码。代码自定义了两个样式：canvas 和 btnLayout。

```
/* index.wxss */
page {…}
.scrollarea {…}
canvas {
  width: 100%;
```

```
  height: 340px;
  background-color: cornflowerblue;
}
.btnLayout{
  margin-top: 10px;
  display: flex;                              /* 设置布局样式 */
  justify-content: center;                    /* 设置对齐方式 */
}
```

4. 编写 app.wxss 文件代码。代码中定义了 .box 和 .title 样式类，样式类的代码和前面案例相同，这里就不再给出。

5. 编写 index.js 文件代码。代码定义了一个绑定变量 title 和八个函数：onReady()、clear()、drawing()、translate()、rotate()、scale()、transform() 和 reset()，其中 onReady() 函数用于创建绘图上下文环境并绘制初始图形，clear() 函数用于清空画布，drawing() 函数用于绘制图形，translate() 函数用于平移图形，rotate() 函数用于旋转图形，scale() 函数用于缩放图形，transform() 函数用于图形的矩阵变换，reset() 函数用于还原图形。

```
// index.js
Page({
  data: {
    title: '图形变换'
  },
  onReady() {
    const query = wx.createSelectorQuery();
    query.select('#myCanvas')
      .fields({
        node: true,
        size: true
      })
      .exec((res) => {
        const canvas = res[0].node                        //创建画布实例
        const ctx = canvas.getContext('2d')               //创建绘图上下文实例
        const dpr = wx.getSystemInfoSync().pixelRatio     //获取设备像素比
        canvas.width = res[0].width * dpr                 //设置画布宽度
        canvas.height = res[0].height * dpr               //设置画布高度
        ctx.scale(dpr, dpr)                               //设置画布缩放比例
        this.canvas = canvas;
        this.ctx = ctx;
        this.drawing();                                   //绘图
      })
  },
  clear() {                                               //清空画布函数
    let ctx = this.ctx;
    let canvas = this.canvas;
    ctx.clearRect(0, 0, canvas.width, canvas.height);//清空画布
  },
  drawing() {                                             //绘图函数
```

```
    let ctx = this.ctx;
    ctx.strokeStyle = 'orange';                  //设置线条颜色
    ctx.lineWidth = 5;                           //设置线宽
    ctx.strokeRect(50, 50, 100, 100);            //绘制描边矩形
  },
  translate() {                                  //平移函数
    let ctx = this.ctx;
    ctx.save()                                   //保存绘图环境
    this.clear()                                 //清空画布
    ctx.translate(75, 75)                        //沿 x 和 y 方向移动
    this.drawing()                               //绘制基本图形
    ctx.restore()                                //恢复保存的绘图环境
    this.setData({
      title: '平移图形'
    })
  },
  rotate() {                                     //旋转函数
    let ctx = this.ctx;
    ctx.save();                                  //保存绘图环境
    this.clear();
    ctx.rotate(15 * Math.PI / 180);
    this.drawing();
    ctx.restore();                               //恢复保存的绘图环境
    this.setData({
      title: '旋转图形'
    })
  },
  scale() {                                      //缩放函数
    let ctx = this.ctx;
    ctx.save()                                   //保存绘图环境
    this.clear()                                 //清空画布
    ctx.scale(1.8, 1.8)                          //缩放
    this.drawing()                               //绘制基本图形
    ctx.restore()                                //恢复保存的绘图环境
    this.setData({
      title: '缩放图形'
    })
  },
  transform() {                                  //矩阵变形函数
    let ctx = this.ctx
    ctx.save()                                   //保存绘图环境
    this.clear()                                 //清空画布
    ctx.transform(1.25, 30 * Math.PI / 180, 0, 0.5, 50, 50)//变形
    this.drawing()                               //绘制基本图形
    ctx.restore()                                //恢复保存的绘图环境
    this.setData({
      title: '矩阵变换'
    })
  },
```

```
    reset() {
      let ctx = this.ctx;
      ctx.restore()                                   // 恢复保存的绘图环境
      ctx.save()                                      // 保存绘图环境
      this.clear()                                    // 清空画布
      this.drawing()                                  // 重新绘制初始图形
      this.setData({
        title: '还原图形'
      })
    }
  })
```

5.3.4 知识要点

本案例主要用到了 RenderingContext 接口中的以下 API 函数：

1. translate(number x, number y)：平移当前绘图，其中参数 x 和 y 分别表示沿 *x* 和 *y* 方向平移的距离。

2. rotate(number rotate)：以坐标原点为中心顺时针旋转当前坐标轴，多次调用旋转的角度会叠加。原点可以用 translate() 方法修改。参数 rotate 表示旋转角度（以弧度计）。

3. scale(number scaleWidth, number scaleHeight)：缩放当前绘图，参数 scaleWidth 和 scaleHeight 分别表示图形在横坐标和纵坐标缩放的倍数。

4. transform(number scaleX, number skewX, number skewY, number scaleY, number translateX, number translateY)：矩阵变换函数，参数 scaleX 表示水平缩放、skewX 表示水平倾斜、skewY 表示垂直倾斜、scaleY 表示垂直缩放、translateX 表示水平移动、translateY 表示垂直移动。

5.3.5 问题思考

1. 图形缩放函数 scale(number scaleWidth, number scaleHeight) 的各个参数的含义是什么？
2. 图形平移函数 translate(number x, number y) 的参数分别表示什么？
3. 图形旋转函数 rotate(number rotate) 的参数表示什么？
4. 图形变换的默认基准点是什么？
5. 如何利用函数 transform(number scaleX, number scaleY, number skewX, number skewY, number translateX, number translateY) 实现图形综合变换？

案例 5.4 绘制曲线、图片和图案

绘制曲线、图片和图案

5.4.1 案例描述

设计一个小程序，演示利用绘图 API 绘制曲线、图片和图案的实现方法。小程序运行后，可以实现绘制正弦曲线、Bezier 曲线，图片和图案。

5.4.2 实现效果

根据案例描述可以做出图 5.7 所示的效果。初始界面如图 5.7（a）所示，画布下面有四个

按钮。当点击“正弦曲线”按钮时，在画布上绘制出一条正弦曲线，如图 5.7（b）所示；当点击“Bezier”按钮时，将在画布上绘制出一条 Bezier 曲线，如图 5.7（c）所示；当点击“图片”按钮时，将在画布上显示一张图片，如图 5.7（d）所示；当点击“图案”按钮时，将在画布上显示一张圆形图案效果，如图 5.7（e）所示。

（a）初始界面

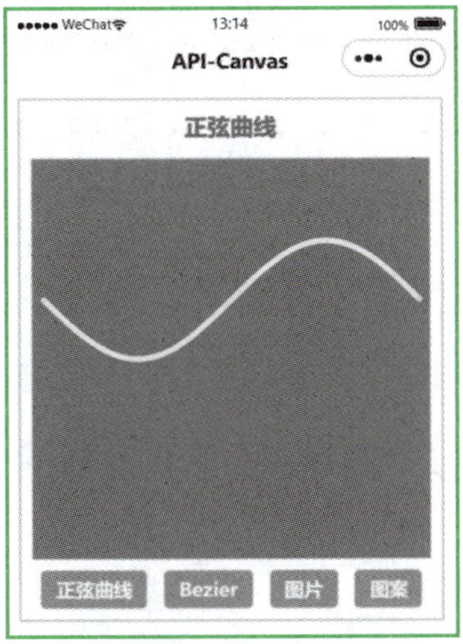

（b）绘制的正弦曲线

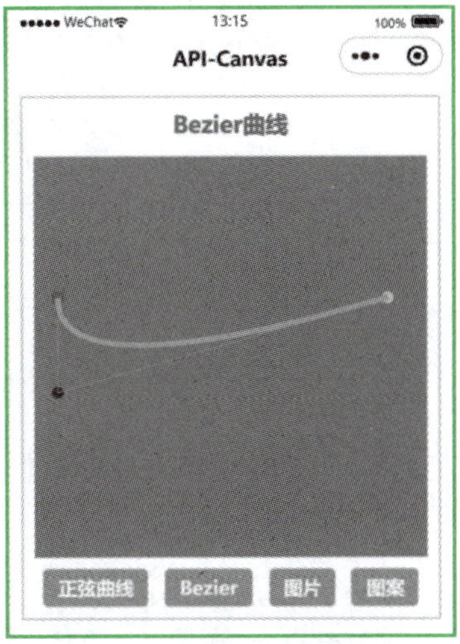

（c）绘制的 Bezier 曲线

（d）绘制的图片

（e）图案填充效果

图 5.7　案例的运行结果

5.4.3　案例实现

1. 新建项目。新建一个不使用云服务和模板的小程序项目：CurveAndImage。

2. 编写 index.wxml 文件代码。代码中包含了一个画布和四个按钮，画布采用 2d 类型，四个按钮绑定了四个函数，分别用于绘制正弦曲线、Bezier 曲线、图片和图案。

```
<!--index.wxml-->
<navigation-bar title="API-Canvas" back="{{false}}" color="black"
background="#FFF"></navigation-bar>
<scroll-view class="scrollarea" scroll-y type="list">
  <view class="box">
    <view class='title'>{{title}}</view>
    <canvas id="myCanvas" type="2d"></canvas>
    <view class="btnLayout">
      <button type="primary" size="mini" bindtap="sinX">正弦曲线</button>
      <button type="primary" size="mini" bindtap="bezier">Bezier</button>
      <button type="primary" size="mini" bindtap="image">图片</button>
      <button type="primary" size="mini" bindtap="pattern">图案</button>
    </view>
  </view>
</scroll-view>
```

3. 编写 index.wxss 文件代码。代码中自定义了 canvas 和 .btnLayout 样式类，分别用于设置画布样式和按钮布局样式。

```
/**index.wxss**/
page {…}
.scrollarea {…}
canvas {                                        /** 画布样式类 **/
  width: 100%;
  height: 340px;
  background-color: cornflowerblue;
}
.btnLayout{                                     /** 按钮布局样式类 **/
  margin-top: 10px;
  display: flex;                                /* 设置布局样式 */
  justify-content: center;                      /* 设置对齐方式 */
}
```

4. 编写 app.wxss 文件代码。代码中定义了 .box 和 .title 样式类，样式类的代码和前面案例相同，这里就不再给出。

5. 编写 index.js 文件代码。代码主要包括七个函数：onReady()、clear()、point()、sinX()、bezier()、image()、pattern()，onReady() 函数主要用于创建画布和绘图上下文实例，clear() 函数用于清空画布，point() 函数用于绘制正弦曲线上的点，sinX() 函数用于绘制正弦曲线，bezier() 函数用于绘制 Bezier 曲线，image() 函数用于绘制图片，pattern() 函数用于绘制图案。

```
// index.js
Page({
  data: {
    title: '曲线和图片'
  },
  onReady() {                                   // 生命周期函数
    const query = wx.createSelectorQuery();
```

```
    query.select('#myCanvas')
      .fields({
        node: true,
        size: true
      })
      .exec((res) => {
        const canvas = res[0].node                    // 创建画布实例
        const ctx = canvas.getContext('2d')           // 创建绘图上下文实例
        const dpr = wx.getSystemInfoSync().pixelRatio    // 获取设备像素比
        canvas.width = res[0].width * dpr             // 设置画布宽度
        canvas.height = res[0].height * dpr           // 设置画布高度
        ctx.scale(dpr, dpr)                           // 设置画布缩放比例
        this.canvas = canvas;
        this.ctx = ctx;
      })
  },
  clear() {                                           // 清空画布函数
    let ctx = this.ctx;
    let canvas = this.canvas;
    ctx.clearRect(0, 0, canvas.width, canvas.height);    // 清空画布
  },
  point(x, y) {                                       // 绘制坐标为(x,y)的点
    let ctx = this.ctx
    ctx.save();
    this.clear()
    ctx.strokeStyle = 'yellow'                        // 设置填充样式
    ctx.arc(x, y, 2, 0, 2 * Math.PI)                  // 绘制圆形
    ctx.stroke()
    ctx.restore();
  },
  sinX() {                                            // 绘制正弦曲线函数
    let ctx = this.ctx
    ctx.save();
    ctx.beginPath()                                   // 开始一条新路径
    for (let x = 0; x < 2 * Math.PI; x += Math.PI / 180) { // 利用 x 坐标循环
      let y = Math.sin(x);                            // 根据 x 坐标求 y 坐标值
      this.point(10 + 50 * x, 120 + 50 * y);          // 放大和平移 x 和 y 来绘制正弦
曲线上的点
    }
    ctx.restore()
    this.setData({
      title: '正弦曲线'
    })
  },
  bezier() {                                          // 绘制 bezier 曲线函数
    let ctx = this.ctx
    ctx.save()
    this.clear()
    // 绘制三个点
```

```
    ctx.beginPath()
    ctx.arc(20, 120, 5, 0, 2 * Math.PI)         //绘制起点
    ctx.fillStyle = 'red'
    ctx.fill()
    ctx.beginPath()
    ctx.arc(300, 120, 5, 0, 2 * Math.PI)        //绘制控制点
    ctx.fillStyle = 'lightgreen'
    ctx.fill()
    ctx.beginPath()
    ctx.arc(20, 200, 5, 0, 2 * Math.PI)         //绘制终点
    ctx.fillStyle = 'blue'
    ctx.fill()
    //绘制两条指导线
    ctx.beginPath()
    ctx.moveTo(20, 120)
    ctx.lineTo(20, 200)
    ctx.lineTo(300, 120)
    ctx.strokeStyle = '#AAAAAA'                 //设置线条颜色
    ctx.stroke()
    // 绘制二次bezier曲线
    ctx.beginPath()
    ctx.moveTo(20, 120)                         //光标移动到起点
    ctx.quadraticCurveTo(20, 200, 300, 120)     //根据控制点和终点绘制曲线
    ctx.strokeStyle = 'orange'                  //设置线条颜色
    ctx.lineWidth = 5                           //设置线条宽度
    ctx.stroke()
    ctx.restore()
    this.setData({
      title: 'Bezier曲线'
    })
  },
  image() {                                     //绘制图片函数
    let canvas = this.canvas
    let ctx = this.ctx
    this.clear()
    ctx.save()
    let img = canvas.createImage();             //创建图片实例
    img.src = 'https://www.ncut.edu.cn/images/7771.jpg'    //设置图片路径
    img.onload = () => {                        //加载图片
      ctx.drawImage(img, 0, 0, canvas.width, canvas.height)//绘制图片
    }
    ctx.restore()
    this.setData({
      title: '绘制图片'
    })
  },
  pattern() {                                   //绘制图案函数
    let canvas = this.canvas
    let ctx = this.ctx
```

```
    this.clear()
    ctx.save()
    let img = canvas.createImage();                     // 创建图片实例
    img.src = 'https://www.ncut.edu.cn/images/6661.jpg';
    img.onload = () => {
      ctx.beginPath()
      ctx.arc(160, 160, 160, 0, 2 * Math.PI)
      ctx.closePath()
      const pattern = ctx.createPattern(img, 'repeat')   // 创建图案实例
      ctx.fillStyle = pattern                          // 将图案实例赋值给填充样式
      ctx.fill()
      ctx.restore()
    }
    this.setData({
      title: '图案填充'
    })
  }
})
```

5.4.4 知识要点

1. 绘制正弦曲线。本案例绘制了一个周期为 2π（$x \in [0, 2\pi]$）的正弦曲线，*x* 坐标范围为 0 ～ 2π，根据公式 y=sin(x) 计算出 *y* 坐标值，这样就可以计算出正弦曲线上的每个点。由于 *x*、*y* 的值都比较小，绘制出的正弦曲线很难看清，因此这里将 *x* 和 *y* 的值都乘以 50，为了使曲线位置显示在屏幕合适的位置，在 *x* 和 *y* 上又加上了一定的数值，从而使坐标点进行了平移。采用的代码为 this.point(10 + 50 * x, 120 + 50 * y)。

2. 绘制 Bezier 曲线。首先利用 arc() 函数绘制曲线的起点、终点和控制点，然后根据三个点绘制两条指导线，最后利用 quadraticCurveTo() 函数绘制二次 Bezier 曲线。

3. RenderingContext.quadraticCurveTo(number cpx, number cpy, number x, number y) 函数。用于创建二次贝塞尔曲线路径，曲线的起始点为路径中前一个点。参数 cpx 表示贝塞尔控制点的 *x* 坐标，cpy 表示贝塞尔控制点的 *y* 坐标，*x* 表示结束点的 *x* 坐标，*y* 表示结束点的 *y* 坐标。

4. Canvas.createImage() 函数。创建一个图片对象。支持在 2D Canvas 和 WebGL Canvas 下使用，但不支持混用 2D 和 WebGL 的方法。

5. RenderingContext.drawImage(string imageResource, number sx, number sy, number sWidth, number sHeight, number dx, number dy, number dWidth, number dHeight) 函数。用于绘制图像到画布，参数 imageResource 表示所要绘制的图片资源（网络图片要通过 getImageInfo / downloadFile 先下载），sx 表示需要绘制到画布中的 imageResource 的矩形（裁剪）选择框的左上角 *x* 坐标，sy 表示需要绘制到画布中的 imageResource 的矩形（裁剪）选择框的左上角 *y* 坐标，sWidth 表示需要绘制到画布中的 imageResource 的矩形（裁剪）选择框的宽度，sHeight 表示需要绘制到画布中的 imageResource 的矩形（裁剪）选择框的高度，dx 表示 imageResource 的左上角在目标 canvas 上 *x* 轴的位置，dy 表示 imageResource 的左上角在目标 canvas 上 *y* 轴的位置，dWidth 表示在目标画布上绘制 imageResource 的宽度，允许对绘制的 imageResource 进行缩放，dHeight 表示在目标画布上绘制 imageResource 的高度，允

许对绘制的 imageResource 进行缩放。

6. RenderingContext.createPattern(string image, string repetition) 函数。用于对指定的图像创建模式，可在指定的方向上重复元图像。参数 image 表示重复的图像源，repetition 表示如何重复图像，其合法值包括 repeat（水平竖直方向都重复）、repeat-x（水平方向重复）、repeat-y（竖直方向重复）和 no-repeat（不重复）。

5.4.5 问题思考

1. 如何绘制一条余弦曲线？

2. API 函数 RenderingContext.quadraticCurveTo(number cpx, number cpy, number x, number y) 的功能和各参数的含义是什么？

3. API 函数 RenderingContext.drawImage(string imageResource, number sx, number sy, number sWidth, number sHeight, number dx, number dy, number dWidth, number dHeight) 的功能和各参数的含义是什么？

4. API 函数 RenderingContext.createPattern(string image, string repetition) 的功能和各参数的含义是什么？

案例 5.5 动画

动画

5.5.1 案例描述

设计一个小程序，演示利用动画 API 创建动画和实现动画效果的功能和方法。小程序运行后，可以实现图形的旋转、缩放、移动、倾斜、旋转并缩放、旋转后缩放、同时展示全部、顺序展示全部等动画效果。

5.5.2 实现效果

根据案例描述，可以实现图 5.8 所示的效果。初始界面如图 5.8（a）所示，点击“旋转”按钮后的效果如图 5.8（b）所示，此时图形发生旋转；点击“还原”按钮之后再点击“缩放”按钮的效果如图 5.8（c）所示，此时图形在原图的基础上大小发生变化；点击“还原”按钮之后再点击“移动”按钮的效果如图 5.8（d）所示，此时图形在原图的位置基础上被平移；点击“还原”按钮之后再点击“倾斜”按钮的效果如图 5.8（e）所示，此时图形发生倾斜；点击“还原”按钮之后再点击“旋转并缩放”按钮的效果如图 5.8（f）所示，此时图形旋转和缩放同时进行；点击“还原”按钮之后再点击“旋转后缩放”按钮的效果如图 5.8（g）所示，此时图形首先旋转，然后进行缩放；点击“还原”按钮之后再点击“同时展示全部效果”按钮的界面如图 5.8（h）所示，此时旋转、缩放、平移、倾斜几个动画效果同时进行；点击“还原”按钮之后再点击“顺序展示全部”按钮的界面如图 5.8（i）所示，此时旋转、缩放、平移、倾斜几个动画效果依次进行。

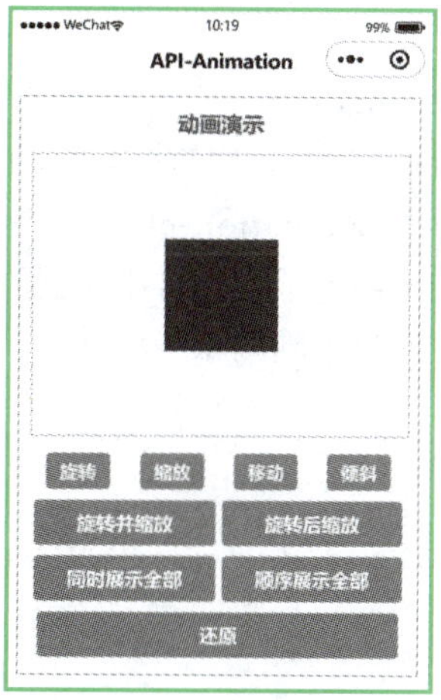

（a）初始界面

（b）旋转后的效果

（c）缩放后效果

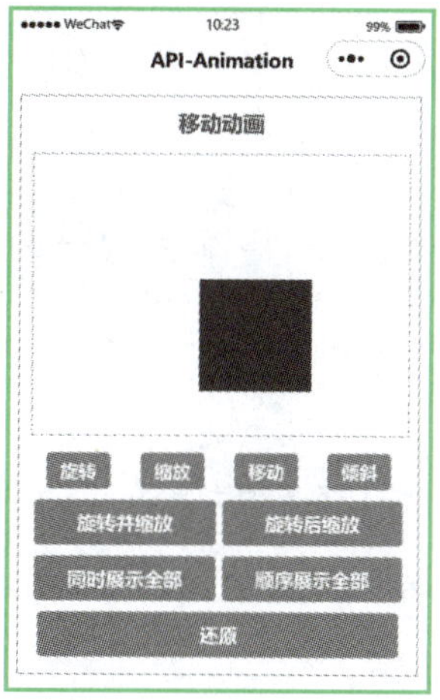

（d）移动后效果

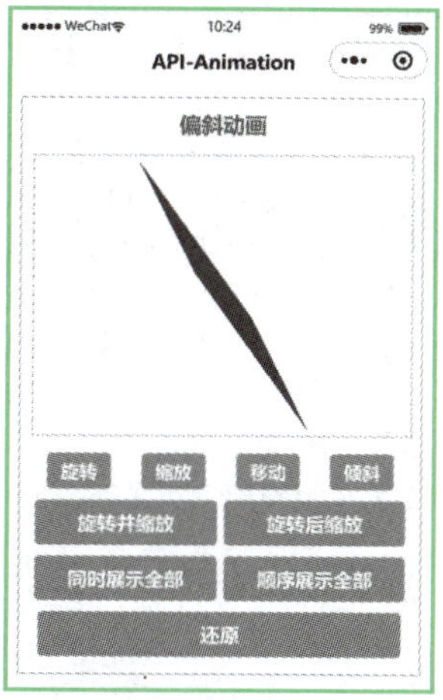

（e）倾斜后效果

（f）旋转并缩放后效果

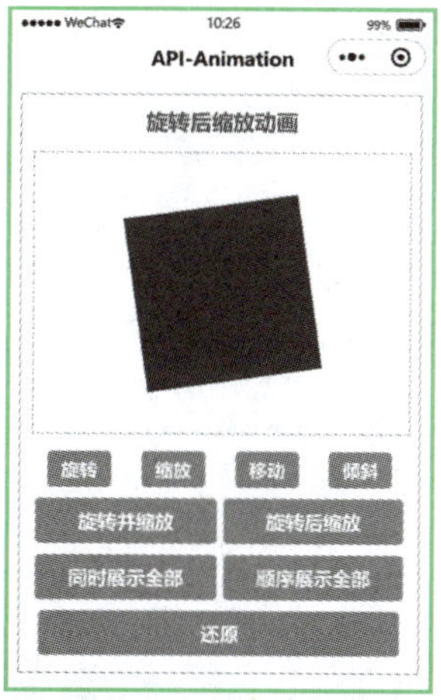

（g）旋转后缩放效果

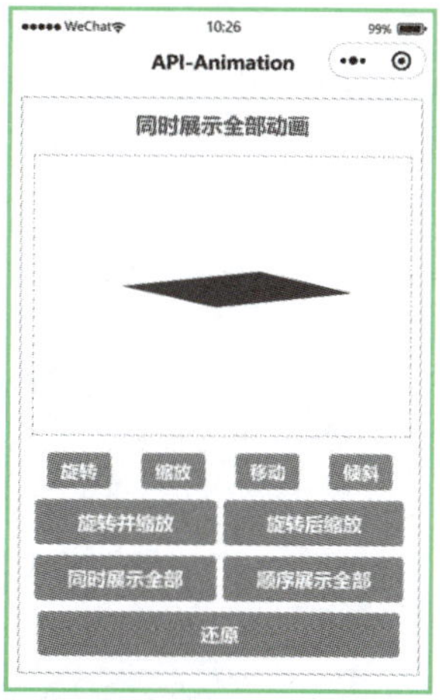

（h）同时展示全部效果

（i）顺序展示全部效果

图 5.8　动画案例运行结果

5.5.3 案例实现

1. 新建项目。新建一个不使用云服务和模板的小程序项目：Animation。

2. 编写 index.wxml 文件代码。界面主要包括动画显示区、动画元素以及实现各种动画效果的按钮组件。动画显示区采用了 animation-area 样式，动画元素采用 animation-element 样式，按钮布局采用了 btnLayout 布局和 button 样式。界面中的九个按钮绑定了九个事件函数，实现的功能包括：旋转、缩放、移动、倾斜、旋转并缩放、旋转后缩放、同时展示全部、顺序展示全部、还原等动画效果。

```
<!--index.wxml-->
<navigation-bar title="API-Animation" back="{{false}}" color="black"
background="#FFF"></navigation-bar>
<scroll-view class="scrollarea" scroll-y type="list">
  <view class="box">
    <view class='title'>{{title}}</view>
    <view class="animation-area">
      <view class="animation-element" animation="{{animation}}"></view>
    </view>
    <view class='btnLayout'>
      <button type="primary" size="mini" bindtap="rotate">旋转</button>
      <button type="primary" size="mini" bindtap="scale">缩放</button>
      <button type="primary" size="mini" bindtap="translate">移动</button>
      <button type="primary" size="mini" bindtap="skew">倾斜</button>
    </view>
    <view class='btnLayout'>
      <button type="primary" bindtap="rotateAndScale" style='width:48%;'>
      旋转并缩放</button>
      <button type="primary" bindtap="rotateThenScale" style='width:48%;'>
      旋转后缩放</button>
    </view>
    <view class='btnLayout'>
      <button type="primary" bindtap="all" style='width:48%;'>同时展示全部
      </button>
      <button type="primary" bindtap="allInQueue" style='width:48%;'>
      顺序展示全部</button>
    </view>
    <view>
      <button type="primary" bindtap="reset" style='width:96%;'>还原</
      button>
    </view>
  </view>
</scroll-view>
```

3. 定义 index.wxss 文件代码。文件定义了四种样式类，即 .animation-area、.animation-element、.btnLayout 和 button。

```
/* index.wxss */
page {…}
```

```
.scrollarea {…}
.animation-area {                                    /* 动画区样式 */
  display: flex;
  width: 100%;
  padding-top: 150rpx;
  padding-bottom: 150rpx;
  justify-content: center;
  overflow: hidden;
  background-color: #fff;
  border: 1px dashed sandybrown;
  margin-bottom: 10px;
}
.animation-element {                                 /* 动画元素样式 */
  width: 200rpx;
  height: 200rpx;
  background-color:blue;
}
.btnLayout {                                         /* 按钮布局 */
  display: flex;
  flex-direction: row;
  justify-content: space-around;
}
button {                                             /* 按钮样式 */
  margin: 5px;
}
```

4. 编写 app.wxss 文件代码。代码中定义了 .box 和 .title 样式类，样式类的代码和前面案例相同，这里就不再给出。

5. 编写 index.js 文件代码。代码首先在 onReady() 生命周期函数中创建了动画实例，然后利用动画实例实现了九个按钮绑定的事件函数：rotate()、scale()、translate()、skew()、rotateAndScale()、rotateThenScale()、all()、allInQueue()、reset()。

```
// index.js
Page({
  data: {
    title: '动画演示'
  },
  onReady: function () {
    this.animation = wx.createAnimation()          //创建动画实例
  },
  rotate() {                                       //旋转动画
    this.animation.rotate(Math.random() * 360 - 180).step()
                                                   //随机旋转 -180° ～180°
    this.setData({
      animation: this.animation.export(),
      title: '旋转动画'
    })
  },
```

```
scale() {                                          // 缩放动画
  this.animation.scale(Math.random() * 2).step()   // 随机缩放 0 ～ 2 倍
  this.setData({
    animation: this.animation.export(),
    title: '缩放动画'
  })
},
translate() {                        // 平移动画，沿 x 和 y 轴随机移动 -50px ～ 50px
  this.animation.translate(Math.random() * 100 - 50, Math.random() *
  100 - 50).step()
  this.setData({
    animation: this.animation.export(),
    title: '移动动画'
  })
},
skew() {                             // 偏斜动画，沿 x 和 y 轴随机倾斜 0° ～ 90°
  this.animation.skew(Math.random() * 90, Math.random() * 90).step()
  this.setData({
    animation: this.animation.export(),
    title: '偏斜动画'
  })
},
rotateAndScale() {                              // 同步进行旋转和缩放
  this.animation.rotate(Math.random() * 360 - 180) // 随机旋转 -180° ～ 180°
    .scale(Math.random() * 2)                      // 随机缩放 0 ～ 2 倍
    .step()                                        // 同步进行旋转和缩放
  this.setData({
    animation: this.animation.export(),
    title: '旋转并缩放动画'
  })
},
rotateThenScale() {                                // 旋转后缩放
  this.animation.rotate(Math.random() * 360 - 180).step() // 先进行旋转
    .scale(Math.random() * 2).step()               // 再进行缩放
  this.setData({
    animation: this.animation.export(),
    title: '旋转后缩放动画'
  })
},
all() {                                            // 同时展示全部动画
  this.animation.rotate(Math.random() * 720 - 360)
    .scale(Math.random() * 2)
    .translate(Math.random() * 100 - 50, Math.random() * 100 - 50)
    .skew(Math.random() * 90, Math.random() * 90)
    .step()                             // 同时展示旋转、缩放、移动和倾斜
  this.setData({
    animation: this.animation.export(),
    title: '同时展示全部动画'
  })
```

```
  },
  allInQueue() {                                    //顺序展示全部动画
    this.animation.rotate(Math.random()*720-360).step()        //展示旋转
      .scale(Math.random()*2).step() //展示缩放
      .translate(Math.random()*100-50, Math.random()*100-50).step()
                                                                //展示移动
      .skew(Math.random() * 90, Math.random()*90).step()     //展示倾斜
    this.setData({
      animation: this.animation.export(),
      title: '顺序展示全部动画'
    })
  },
  reset() {                                         //还原动画
    this.animation.rotate(0, 0)                     //旋转 0°
      .scale(1)                                     //缩放 1 倍
      .translate(0, 0)                              //沿 x 和 y 坐标轴移动 0 px
      .skew(0, 0)                                   //沿 x 和 y 坐标轴倾斜 0°
      .step({
        duration: 0
      })
    this.setData({
      animation: this.animation.export(),
      title: '还原动画'
    })
  }
})
```

5.5.4 知识要点

本案例主要使用了创建 Animation 动画对象的 Animation wx.createAnimation(Object object) 函数和 Animation 动画对象的相关函数。

1. Animation wx.createAnimation(Object object) 函数。创建一个动画实例，通过调用实例的方法来描述动画，最后通过动画实例的 export() 方法导出动画数据并传递给组件的属性。参数 Object object 的属性见表 5.4。

表 5.4 函数 wx.createAnimation(Object object) 的参数属性

属 性	类 型	默认值	必 填	说 明
duration	number	400	否	动画持续时间，单位为 ms
timingFunction	string	'linear'	否	动画的效果
delay	number	0	否	动画延迟时间，单位为 ms
transformOrigin	string	'50% 50% 0'	否	指定变换的原点，三个参数分别表示该点在 x、y、z 轴的相对位置

timingFunction 的合法值见表 5.5。

表 5.5 timingFunction 的合法值

值	说 明
inear	动画从头到尾的速度是相同的
ease	动画以低速开始，然后加快，在结束前变慢
ease-in	动画以低速开始
ease-in-out	动画以低速开始和结束
ease-out	动画以低速结束
step-start	动画第一帧就跳至结束状态直到结束
step-end	动画一直保持开始状态，最后一帧跳到结束状态

2. Animation 动画对象。该对象包含的方法见表 5.6。

表 5.6 Animation 动画对象包含的方法

方 法	说 明
Array.<Object> export()	导出动画队列。export() 方法每次调用后会清掉之前的动画操作
step(Object object)	表示一组动画完成。可以在一组动画中调用任意多个动画方法，一组动画中的所有动画会同时开始，一组动画完成后才会进行下一组动画
matrix()	同 transform-function matrix
matrix3d()	同 transform-function matrix3d
rotate(number angle)	从原点顺时针旋转一个角度
rotate3d(number x, number y, number z, number angle)	从 x 轴顺时针旋转一个角度
rotateX(number angle)	从 x 轴顺时针旋转一个角度
rotateY(number angle)	从 y 轴顺时针旋转一个角度
rotateZ(number angle)	从 z 轴顺时针旋转一个角度
scale(number sx, number sy)	缩放
scale3d(number sx, number sy, number sz)	缩放
scaleX(number scale)	缩放 x 轴
scaleY(number scale)	缩放 y 轴
scaleZ(number scale)	缩放 z 轴
skew(number ax, number ay)	对 x、y 轴坐标进行倾斜
skewX(number angle)	对 x 轴坐标进行倾斜
skewY(number angle)	对 y 轴坐标进行倾斜

续表

方　法	说　明
translate(number tx, number ty)	平移变换
translate3d(number tx, number ty, number tz)	对 *xyz* 坐标进行平移变换
translateX(number translation)	对 *x* 轴平移
translateY(number translation)	对 *y* 轴平移
translateZ(number translation)	对 *z* 轴平移
opacity(number value)	设置透明度
backgroundColor(string value)	设置背景色
width(number | string value)	设置宽度
height(number | string value)	设置高度
left(number | string value)	设置 left 值
right(number | string value)	设置 right 值
top(number | string value)	设置 top 值
bottom(number | string value)	设置 bottom 值

5.5.5　问题思考

1. 创建 Animation 动画对象函数 Animation wx.createAnimation(Object object) 的参数 object 的属性有哪些？分别表示什么含义？

2. 在创建动画实例时，如果设置不同的 duration、timingFunction、transformOrigin 和 delay 参数，动画效果将如何变化？

案例 5.6　照相和摄像

照相和摄像

5.6.1　案例描述

设计一个小程序，演示 API 函数 wx.chooseMedia() 的功能和使用方法。小程序运行后，可以从相册获取照片或视频，也可以直接获取拍摄的图片和视频。

5.6.2　实现效果

根据案例描述，可以设计出图 5.9 所示运行效果的小程序。初始界面如图 5.9（a）所示，界面中包含了“获取照片”按钮、image 组件、“获取视频”按钮和 video 组件。点击“获取照片”或“获取视频”按钮后，将从手机界面下方弹出 Picker 组件，可以选择“拍摄”“从手机相册选择”“取消”选项，如图 5.9（b）所示。当选择“拍摄”或“从手机相册选择”选项后，拍摄或选择的照片或视频将出现在 image 或 video 组件中，如图 5.9（c）所示，此时可以播放视频。

（a）初始界面　　（b）获取照片视频时界面　　（c）获取照片视频后的效果

图 5.9　照相和摄像案例运行结果

5.6.3　案例实现

1. 新建项目。新建一个不使用云服务和模板的小程序项目：PhotoAndVideo。

2. 编写 index.wxml 文件代码。界面主要包括两个 button 组件、一个 image 组件和一个 video 组件。两个 button 组件分别绑定了选择图片事件函数 chooseImage 和选择视频事件函数 chooseVideo，image 和 video 组件的 src 属性都进行了数据绑定。

```
<!-- index.wxml-->
<navigation-bar title="API-PhotoAndVideo" back="{{false}}" color=
"black"background="#FFF"></navigation-bar>
<scroll-view class="scrollarea" scroll-y type="list">
  <view class="box">
    <view class='title'>照相和摄像</view>
    <view>
      <button type='primary' bindtap="chooseImage">获取图片</button>
      <image src="{{imgPath}}" mode="widthFix"></image>
      <button type='primary' bindtap="chooseVideo">获取视频</button>
      <video class="video" src="{{videoPath}}"></video>
    </view>
  </view>
</scroll-view>
```

3. 编写 index.wxss 文件代码。代码自定义了四种样式，即 page、button、video、image，分别用于设置页面、按钮、视频和图片样式。

```
/* index.wxss */
page {…}
.scrollarea {…}
button{
  margin: 20rpx;
}
video {
  width: 100%;
  height: 200px;
}
image{
  background-color: gainsboro;
  border: 1px black solid;
  height: 200px;
  width: 100%;
}
```

4. 编写 app.wxss 文件代码。代码中定义了 .box 和 .title 样式类，样式类的代码和前面案例相同，这里就不再给出。

5. 编写 index.js 文件代码。代码主要定义了函数 chooseImage 和 chooseVideo，在这两个函数中都调用了 wx.chooseMedia() 函数来拍摄或从相册中选择图片或视频。

```
// index.js
Page({
  chooseImage() {
    var that = this;
    wx.chooseMedia({                                   // 选择媒体 API 函数
      count: 9,                                        // 选择媒体的数量，默认值为 9
      mediaType: 'image',          // 媒体文件类型，默认值为 ['image', 'video']
      sizeType: ['original', 'compressed'], // 媒体大小类型，这里给出了默认值
      sourceType: ['album', 'camera'],      // 媒体来源，这里给出了默认值
      success(res) {                                   // 接口调用成功的回调函数
        that.setData({
          imgPath: res.tempFiles[0].tempFilePath // 将媒体路径赋值给绑定变量
        })
      },
    })
  },
  chooseVideo() {
    var that = this;
    wx.chooseMedia({
      sourceType: ['album', 'camera'],      // 媒体来源，相册和摄像头
      mediaType: 'video',                   // 媒体文件类型，这里要求选择视频
      maxDuration: 60,                      // 最长摄影时长
      camera: ['front', 'back'],            // 可以选择前、后摄像头拍摄
```

```
      success: function (res) {                   // 接口调用成功的回调函数
        that.setData({
          videoPath: res.tempFiles[0].tempFilePath  // 将媒体路径赋值给绑定变量
        })
      }
    })
  }
})
```

5.6.4 知识要点

本案例主要使用了 API 函数 wx.chooseMedia(Object object)，其功能是拍摄或从手机相册中选择图片或视频。函数参数 object 的属性见表 5.7。

表 5.7　函数 wx.chooseMedia(Object object) 的参数属性

属　性	类　型	默认值	必　填	说　明
count	number	9	否	最多可以选择的文件个数，基础库 2.25.0 前，最多可支持 9 个文件，2.25.0 及以后最多可支持 20 个文件
mediaType	Array.<string>	['image', 'video']	否	文件类型
sourceType	Array.<string>	['album', 'camera']	否	图片和视频选择的来源
maxDuration	number	10	否	拍摄视频最长拍摄时间，单位为 s。时间范围为 3 ～ 60 s。不限制相册
sizeType	Array.<string>	['original', 'compressed']	否	是否压缩所选文件，基础库 2.25.0 前仅对 mediaType 为 image 时有效，2.25.0 及以后对全量 mediaType 有效
camera	string	'back'	否	仅在 sourceType 为 camera 时生效，使用前置或后置摄像头
success	function		否	接口调用成功的回调函数
fail	function		否	接口调用失败的回调函数
complete	function		否	接口调用结束的回调函数（调用成功、失败都会执行）

表 5.7 中属性 mediaType 的合法值包括 image（只能拍摄图片或从相册选择图片）、video（只能拍摄视频或从相册选择视频）和 mix（可同时选择图片和视频）。sourceType 的合法值包括 album（从相册选择）和 camera（使用相机拍摄），camera 的合法值包括 back（使用后置摄像头）和 front（使用前置摄像头）。

表 5.7 中属性 object.success 回调函数参数 Object res 的属性见表 5.8。

表 5.8　success 回调函数对象类型参数 res 的属性

属　性	类　型	说　明
tempFiles	Array.<Object>	本地临时文件列表
type	string	文件类型，有效值为 image、video、mix

表 5.8 中属性 tempFiles 对象数组元素包含的属性见表 5.9。

表 5.9　tempFiles 对象数组元素包含的属性

结构属性	类　型	说　明
tempFilePath	string	本地临时文件路径（本地路径）
size	number	本地临时文件大小，单位为 B
duration	number	视频的时间长度
height	number	视频的高度
width	number	视频的宽度
thumbTempFilePath	string	视频缩略图临时文件路径
fileType	string	文件类型

表 5.9 中属性 fileType 的合法值包括 image（图片）和 video（视频）。

5.6.5　问题思考

1. 如何获取利用 API 函数 wx.chooseMedia(Object object) 从相册选取或拍摄视频的本地路径？

2. API 函数 wx.chooseMedia(Object object) 参数属性 object.sizeType 表示什么含义？其合法值有哪些？

案例 5.7　文件操作

文件操作

5.7.1　案例描述

设计一个小程序，演示文件 API 的功能和使用方法。小程序运行后，可以实现写文件、复制文件、读取文件和获取文件信息等功能。

5.7.2　实现效果

根据案例描述，可以做出图 5.10 所示运行效果的小程序。初始界面如图 5.10（a）所示，界面标题下方是一个 textArea 组件，可以在其中录入文字，textArea 组件下方是四个按钮，可以分别执行相应的文件操作，按钮下方是一个信息显示区，用来显示相关信息；当在 textArea 组件中录入信息时，标题显示“正在录入文字 ...”，录入完成后，点击“写文件”按钮，如果写文件成功，则在按钮下面的消息提示区显示写文件成功的提示信息和文件路径，如

图 5.10（c）所示。当点击“复制文件”按钮时，如果复制成功，则在按钮下面的信息提示区显示复制文件成功的提示信息和文件路径，如图 5.10（d）所示。当点击“读文件”按钮时，如果读取成功，则在信息提示区显示读文件成功的信息，并显示读取的文件内容，如图 5.10（e）所示。当点击“文件信息”按钮时，将会显示文件大小和摘要等信息，如图 5.10（f）所示。

（a）初始界面　（b）录入文字界面　（c）写文件界面

（d）复制文件界面　（e）读文件界面　（f）获取文件信息界面

图 5.10　文件操作案例运行结果

5.7.3　案例实现

1. 新建项目。新建一个不使用云服务和模板的小程序项目：File。
2. 编写 index.wxml 文件代码。小程序界面主要由一个文本输入组件 textarea、四个按钮和一个用于显示文件操作信息的 view 组件构成。

```
<!-- index.wxml-->
<navigation-bar title="API-File" back="{{false}}" color="black"
background="#FFF"></navigation-bar>
<scroll-view class="scrollarea" scroll-y type="list">
  <view class='box'>
    <view class='title'>{{title}}</view>
    <textarea placeholder="请录入写入文件的内容。" bindinput="inputText" />
    <view class="btnLayout">
      <button size="mini" bind:tap="write">写文件</button>
      <button size="mini" bind:tap="copy">复制文件</button>
      <button size="mini" bind:tap="read">读文件</button>
      <button size="mini" bind:tap="fileInfo">文件信息</button>
    </view>
    <view class="msgArea">{{msg}}</view>
  </view>
</scroll-view>
```

3. 编写 index.wxss 文件代码。代码自定义了三种样式，即 textarea、.msgArea 和 .btnLayout，分别用于设置文本域组件、信息提示区和按钮布局的样式。

```
/* index.wxss */
page {…}
.scrollarea {…}
textarea{
  width: auto;
  margin-bottom: 20px;
  padding: 10px;
  font-size: larger;
  background-color: lightgoldenrodyellow;
}
.msgArea{
  width: auto;
  height: 180px;
  margin-top: 20px;
  padding: 10px;
  font-size: larger;
  background-color: azure;
}
.btnLayout {                                   /*设置按钮布局*/
  display: flex;                               /*设置布局类型*/
  flex-direction: row;                         /*设置布局方向*/
  justify-content: space-around;               /*设置主轴方向控件的排列方式*/
}
```

4. 编写 app.wxss 文件代码。代码中定义了 .box 和 .title 样式类，样式类的代码和前面案例相同，这里就不再给出。

5. 编写index.js文件代码。代码定义了五个函数，即inputText、write、copy、read和fileInfo，分别实现输入文件数据、写文件、复制文件、读文件、获取文件信息。

```
// index.js
Page({
  data: {
    title: '文件操作',
    writeText: '',
    msg: ''
  },
  inputText(e) {
    this.setData({
      title: '正在录入文字...',
      writeText: e.detail.value,                          //获取文本域中的内容
    })
  },
  write() {                                               //写文件
    var that = this;
    const fs = wx.getFileSystemManager()                //获取文件系统管理器实例
    fs.writeFile({                                        //写文件
      filePath: '${wx.env.USER_DATA_PATH}/hello.txt',   //文件路径
      data: this.data.writeText,                          //文件内容
      encoding: 'utf8',                                   //编码方式
      success(res) {                                      //写文件成功接口函数
        let msg='Write file successfully:'+'this.filePath
        that.setData({
          title: '写文件',
          msg
        })
      },
      fail(res) {                                         //写文件失败接口函数
        console.error('Write file fail...')
      }
    })
  },
  copy() {                                                //复制文件函数
    var that = this
    const fs = wx.getFileSystemManager()                //创建文件系统管理器实例
    fs.copyFile({                                         //复制文件
      srcPath:`${wx.env.USER_DATA_PATH}/hello.txt`,       //源文件路径
      destPath:`${wx.env.USER_DATA_PATH}/hello_copy.txt`,  //目标文件路径
      success(res) {                                     //复制文件成功接口函数
        let msg='Copy file successfully:'+'this.destPath
        that.setData({
          title: '复制文件',
          msg
        })
      },
      fail(res) {                                         //复制文件失败接口函数
```

```
        console.error('Copy file fail...')
      }
    })
  },
  read() {                                              // 读文件函数
    var that = this
    const fs = wx.getFileSystemManager()                // 创建文件系统管理器实例
    fs.readFile({                                       // 读文件函数
      filePath:`${wx.env.USER_DATA_PATH}/hello_copy.txt`,     // 文件路径
      encoding: 'utf8',                                 // 字符编码
      position: 0,                                      // 读取文件的起始位置
      success(res) {                                    // 读取文件成功接口函数
        let msg = 'Read file successfully: ' + res.data
        that.setData({
          title: '读文件',
          msg
        })
      },
      fail(res) {
        console.error('Read file fail...')
      }
    })
  },
  fileInfo() {                                          // 获取文件信息函数
    var that = this
    const fs = wx.getFileSystemManager()                // 创建文件系统管理器实例
    fs.getFileInfo({                                    // 获取文件信息
      filePath: `${wx.env.USER_DATA_PATH}/hello_copy.txt`,    // 文件路径
      success(res) {                                    // 读取文件成功接口函数
        console.log('Get file info successfully!')
        let msg = `File size: ${res.size}, File digest: ${res.digest}`
        that.setData({
          title: '获取文件信息',
          msg
        })
      },
      fail(res) {
        console.error('Get file info fail...')
      }
    })
  }
})
```

5.7.4 知识要点

1. FileSystemManager，文件系统管理器。文件系统是小程序提供的一套以小程序和用户维度隔离的存储以及一套相应的管理接口。通过 wx.getFileSystemManager() 可以获取全局唯一的文件系统管理器，所有文件系统的管理操作通过 FileSystemManager 接口调用。文件主要

分为两大类：

（1）代码包文件：代码包文件指的是在项目目录中添加的文件。

（2）本地文件：通过调用接口本地产生，或通过网络下载下来，存储到本地的文件。

本地文件又分为三种：

（1）本地临时文件：临时产生，随时会被回收的文件。运行时最多存储 4 GB，结束运行后，如果已使用超过 2 GB，会以文件为维度按照最近使用时间从远到近进行清理至少于 2 GB。

（2）本地缓存文件：小程序通过接口把本地临时文件缓存后产生的文件，不能自定义目录和文件名。与本地用户文件共计，小程序（含小游戏）最多可存储 200 MB。

（3）本地用户文件：小程序通过接口将本地临时文件缓存后产生的文件，允许自定义目录和文件名。与本地缓存文件共计，小程序（含小游戏）最多可存储 200 MB。

2. FileSystemManager.writeFile(Object object)，写文件。该函数的参数 object 的属性说明见表 5.10。

表 5.10　函数 FileSystemManager.writeFile(Object object) 的参数 object 的属性说明

属　性	类　型	默认值	必　填	说　明
filePath	string		是	要写入的文件路径（本地路径）
data	string/ArrayBuffer		是	要写入的文本或二进制数据
encoding	string	utf8	否	指定写入文件的字符编码
success	function		否	接口调用成功的回调函数
fail	function		否	接口调用失败的回调函数
complete	function		否	接口调用结束的回调函数（调用成功、失败都会执行）

3. FileSystemManager.copyFile(Object object)，复制文件。该函数的参数 object 的属性说明见表 5.11。

表 5.11　函数 FileSystemManager.copyFile(Object object) 的参数 object 的属性说明

属　性	类　型	必　填	说　明
srcPath	string	是	源文件路径，支持本地路径
destPath	string	是	目标文件路径，支持本地路径
success	function	否	接口调用成功的回调函数
fail	function	否	接口调用失败的回调函数
complete	function	否	接口调用结束的回调函数（调用成功、失败都会执行）

4. FileSystemManager.readFile(Object object)，读取本地文件内容。单个文件大小上限为 100 MB。该函数的参数 object 的属性说明见表 5.12。

表 5.12 函数 FileSystemManager.readFile(Object object) 的参数 object 的属性说明

属 性	类 型	必 填	说 明
filePath	string	是	要读取文件的路径（本地路径）
encoding	string	否	指定读取文件的字符编码，如果不传 encoding，则以 ArrayBuffer 格式读取文件的二进制内容
position	number	否	从文件指定位置开始读，如果不指定，则从文件头开始读。读取的范围应该是左闭右开区间 [position, position+length)。有效范围：[0, fileLength -1]。单位为 B（字节），最低版本为 2.10.0
length	number	否	指定文件的长度，如果不指定，则读到文件末尾。有效范围：[1, fileLength]。单位为 B（字节），最低版本为 2.10.0
success	function	否	接口调用成功的回调函数
fail	function	否	接口调用失败的回调函数
complete	function	否	接口调用结束的回调函数（调用成功、失败都会执行）

其中，回调函数 object.success 参数 Object res 的属性 data 表示文件内容。

5. FileSystemManager.getFileInfo(Object object)，获取该小程序下的本地临时文件或本地缓存文件的信息。该函数的参数 object 的属性说明见表 5.13。

表 5.13 函数 FileSystemManager.getFileInfo(Object object) 的参数 object 的属性说明

属 性	类 型	默认值	必 填	说 明
filePath	string		是	要读取文件的路径（本地路径）
digestAlgorithm	string	md5	否	计算文件摘要的算法
success	function		否	接口调用成功的回调函数
fail	function		否	接口调用失败的回调函数
complete	function		否	接口调用结束的回调函数（调用成功、失败都会执行）

5.7.5 问题思考

1. FileSystemManager 的主要功能是什么？如何获取该接口的对象？
2. 本地文件有哪几种？它们各有什么特点？

案例 5.8 数据缓存

数据缓存

5.8.1 案例描述

设计一个小程序，演示数据缓存 API 的功能和使用方法。小程序运行后，可以实现同步和异步存储缓存数据、同步和异步获取缓存数据、同步和异步获取缓存数据信息、同步和异步清空缓存空间等操作。

5.8.2 实现效果

根据案例描述，可以设计出图 5.11 所示运行效果的小程序。初始界面如图 5.11（a）所示，此时界面上方有两个输入框用于输入存储数据的 key 和 value 值，下方有八个按钮用于执行相应的操作。当在输入框中输入 key 和 value 值并点击“异步存储缓存数据”或“同步存储缓存数据”按钮时，输入框中的数据将被存储到缓存，界面上方标题和下方的信息栏中将显示相应的提示信息，如图 5.11（b）和图 5.11（c）所示。当点击“异步获取缓存数据”或“同步获取缓存数据”按钮时，将获取最后存储的数据，如图 5.11（d）和图 5.11（e）所示。当点击“异步获取缓存信息”或“同步获取缓存信息”按钮时，将获取缓存中所有数据的 key 值、当前数据占用缓存空间大小及缓存最大空间大小等信息，如图 5.11（f）和图 5.11（g）所示。当点击“异步清空缓存空间”或“同步清空缓存空间”按钮时，将清空缓存空间中的所有数据，如图 5.11（h）所示，此时再次点击“异步获取缓存信息”或“同步获取缓存信息”按钮时，缓存中数据的 key 值为空，如图 5.11（i）所示。

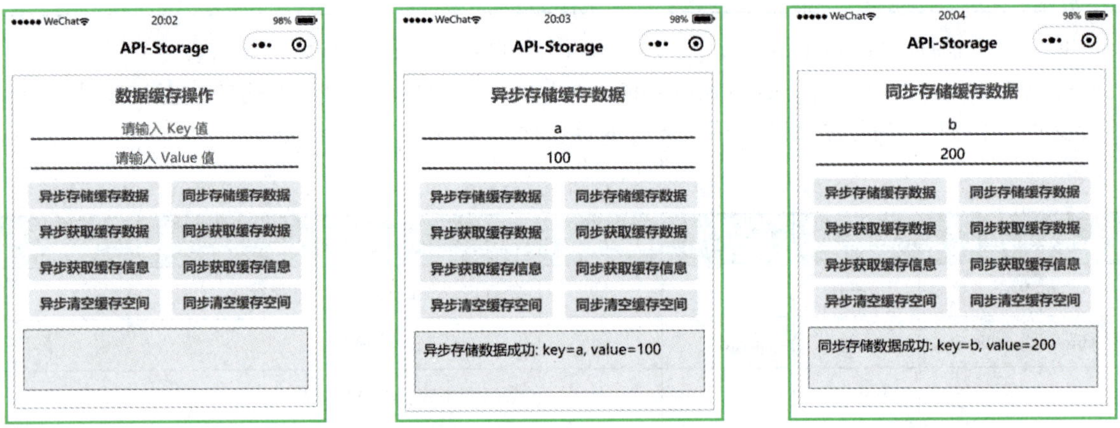

（a）初始界面　　（b）异步存储数据　　（c）同步存储数据

（d）异步获取缓存数据　　（e）同步获取缓存数据　　（f）异步获取缓存信息

图 5.11　数据缓存案例运行结果

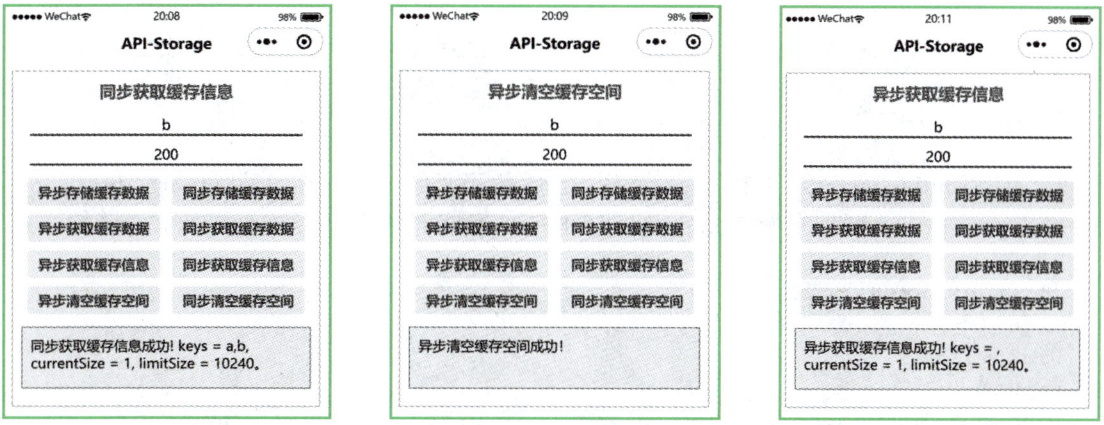

(g) 同步获取缓存信息　　(h) 异步删除全部数据　　(i) 同步获取缓存信息

图 5.11　数据缓存案例运行结果（续）

5.8.3 案例实现

1. 新建项目。新建一个不使用云服务和模板的小程序项目：Storage。

2. 编写 index.wxml 文件代码。小程序界面主要包括一个标题、八个 button 组件和一个信息提示区。标题和信息提示区都使用 view 组件和数据绑定方式，每个 button 组件都绑定了事件函数，分别用来实现：异步存储缓存数据、同步存储缓存数据、异步获取缓存数据、同步获取缓存数据、异步获取缓存信息、同步获取缓存信息、异步清空缓存空间、同步清空缓存空间。

```
<!-- index.wxml-->
<navigation-bar title="API-Storage" back="{{false}}" color="black"
background="#FFF"></navigation-bar>
<scroll-view class="scrollarea" scroll-y type="list">
  <view class='box'>
    <view class='title'>{{title}}</view>
    <input type="text" placeholder="请输入 Key 值" focus="true" bindblur=
    "setKey" />
    <input type="text" placeholder="请输入 Value 值" bindblur="setValue" />
    <view class='btnLayout'>
      <button size="mini" bindtap='setStorage'>异步存储缓存数据</button>
      <button size="mini" bindtap='setStorageSync'>同步存储缓存数据</button>
    </view>
    <view class='btnLayout'>
      <button size="mini" bindtap='getStorage'>异步获取缓存数据</button>
      <button size="mini" bindtap='getStorageSync'>同步获取缓存数据</button>
    </view>
    <view class='btnLayout'>
      <button size="mini" bindtap='getStorageInfo'>异步获取缓存信息</button>
      <button size="mini" bindtap='getStorageInfoSync'>同步获取缓存信息</button>
    </view>
    <view class='btnLayout'>
      <button size="mini" bindtap='clearStorage'>异步清空缓存空间 </button>
      <button size="mini" bindtap='clearStorageSync'>同步清空缓存空间</button>
```

```
    </view>
    <view class='storageInfo'>{{msg}}</view>      <!-- 提示信息区 -->
  </view>
</scroll-view>
```

3. 编写 index.wxss 文件代码。代码自定义了四个样式类，即 input、.btnLayout、button、.prompt，分别用来设置 input 组件、button 组件的布局和样式、提示信息区的样式。

```
/* index.wxss */
page {…}
.scrollarea {…}
input{
  border-bottom: blue 2px solid;
  text-align: center;
  margin: 10px;
}
.btnLayout {                              /* 设置 button 组件的布局 */
  display: flex;
  flex-direction: row;
  justify-content: space-around;          /* 设置主轴方向组件的排列方式 */
}
button {                                  /* 设置 button 组件的样式 */
  margin: 5px;
  color:blueviolet;
}
.prompt {                                 /* 信息提示区样式类 */
  margin: 20rpx 0;                        /* 设置上下边距为 20 rpx，左右边距为 0 */
  padding: 20rpx;                         /* 设置内边距 */
  height: 50px;                           /* 设置高度 */
  background-color: #f8f8f8;              /* 设置背景颜色 */
  border: 1px solid seagreen;
}
```

4. 编写 app.wxss 文件代码。代码中定义了 .box 和 .title 样式类，样式类的代码和前面案例相同，这里就不再给出。

5. 编写 index.js 文件代码。代码首先定义了三个全局变量，即 keys、values、msg，分别用来表示存储缓存数据的 keys、数据和提示信息。在 Page 函数的 data 中初始化了 wxml 文件中绑定的 title，然后定义了两个 input 组件的事件函数 setKey() 和 setValue()，分别用来获取两个 input 组件输入的数据。后面定义了八个按钮事件函数：setStorage()、setStorageSync()、getStorage()、getStorageSync()、getStorageInfo()、getStorageInfoSync()、clearStorage()、clearStorageSync()，这八个函数分别调用相应的 API 函数来实现：异步存储缓存数据、同步存储缓存数据、异步获取缓存数据、同步获取缓存数据、异步获取缓存信息、同步获取缓存信息、异步清空缓存空间、同步清空缓存空间。

```
// index.js
let keys = []                          // 定义关键词数组
```

```
let values = []                                   // 定义数据数组
let msg = ''                                      // 定义显示的提示消息变量
Page({
  data: {
    title: '数据缓存操作'
  },
  setKey(e) {
    keys.push(e.detail.value)                     // 获取 input 组件数据
  },
  setValue(e) {
    values.push(e.detail.value)                   // 获取 input 组件数据
  },
  setStorage() {                                  // 定义异步存储数据的函数
    var that = this
    let key = keys[keys.length - 1]               // 定义最新输入数据 key 值变量
    let value = values[values.length - 1]            // 定义最新输入数据变量
    wx.setStorage({                               // 调用异步存储数据函数
      key: key,                                   // 本地缓存中指定的 key
      data: value,                                // 需要存储的内容
      success(res) {
        that.setData({
          title: '异步存储缓存数据',                // 给绑定变量赋值
          msg:`异步存储数据成功 : key=${this.key}, value=${this.data}` //设置显示的信息
        })
      }
    })
  },
  setStorageSync() {                              // 定义同步存储数据的函数
    let key = keys[keys.length - 1]               // 定义最新输入数据 key 值变量
    let value = values[values.length - 1]            // 定义最新输入数据变量
    wx.setStorageSync(key, value)                 // 同步存储数据 API 函数
    this.setData({
      title: '同步存储缓存数据',                    // 给绑定标题变量赋值
      msg:`同步存储数据成功 : key=${key}, value=${value}` // 给绑定提示变量赋值
    });
  },
  getStorage() {                                  // 定义异步获取缓存数据函数
    let that = this
    let key = keys[keys.length - 1]               // 定义最新输入数据 key 值变量
    wx.getStorage({                               // 异步获取缓存数据 API 函数
      key: key,
      success(res) {                              // 接口调用成功的回调函数
        if (res.data) {
          msg = '异步获取缓存数据成功，获取数据为: ' + res.data
        } else {
          msg = '没有缓存数据！'
        }
  },
```

```
    fail() {                                //接口调用失败的回调函数
      msg = '异步获取缓存数据失败！'
    },
    complete() {            //接口调用结束的回调函数（调用成功、失败都会执行）
      that.setData({
        title: '异步获取缓存数据',          //为绑定标题变量赋值
        msg                                 //为绑定提示信息变量赋值
      })
    }
  })
},
getStorageSync() {                          //定义同步获取缓存数据的函数
  let key = keys[keys.length - 1]
  try {
    let res = wx.getStorageSync(key)    //同步获取缓存数据 API 函数
    if (res) {
      msg = '同步获取缓存数据成功，获取数据为：' + res
    } else {
      msg = '没有缓存数据！'
    }
  } catch (e) {
    msg = '同步获取缓存数据失败！'
  } finally {
    this.setData({
      title: '同步获取缓存数据',            //为绑定标题变量赋值
      msg                                   //为绑定提示信息变量赋值
    })
  }
},
getStorageInfo() {                          //异步获取缓存信息的函数
  let that = this                       //API 函数的回调函数中不能直接使用 this
  wx.getStorageInfo({                       //异步获取缓存信息
    success(res) {                          //接口调用成功的回调函数
      msg =`异步获取缓存信息成功！keys = ${res.keys}, currentSize =
      ${res.currentSize}, limitSize = ${res.limitSize}。`
    },
    fail() {                                //接口调用失败的回调函数
      msg = '异步获取缓存信息失败！'
    },
    complete() {            //接口调用结束的回调函数（调用成功、失败都会执行）
      that.setData({
        title: '异步获取缓存信息',          //为绑定标题变量赋值
        msg                                 //为绑定提示信息变量赋值
      })
    }
  })
},
getStorageInfoSync() {                      //定义同步获取缓存信息的函数
  try {                                     //存放可能产生异常的语句
```

```
      var res = wx.getStorageInfoSync()          //同步获取缓存信息
      msg =`同步获取缓存信息成功！ keys = ${res.keys}, currentSize =
      ${res.currentSize}, limitSize = ${res.limitSize}。`
    } catch (e) {                                //发生异常时的处理
      msg = '同步获取缓存信息失败！'
    } finally {                         //出口语句(无论是否发生异常都会执行)
      this.setData({
        title: '同步获取缓存信息',                //为绑定标题变量赋值
        msg                                      //为绑定提示信息变量赋值
      })
    }
  },
  clearStorage() {                               //异步清空缓存空间
    wx.clearStorage({                            //异步清空缓存空间 API 函数
      success: (res) => {
        msg = '异步清空缓存空间成功！'
      },
      fail: (res) => {
        msg = '异步清空缓存空间失败！'
      },
      complete: (res) => {
        this.setData({
          title: '异步清空缓存空间',              //为绑定标题变量赋值
          msg                                    //为绑定提示信息变量赋值
        })
      },
    })
  },
  clearStorageSync() {                           //同步清空缓存空间
    try {
      wx.clearStorageSync();                     //异步清空缓存空间 API 函数
      msg = '同步删除全部数据成功！'
    } catch (error) {
      msg = '同步删除全部数据失败！'
    } finally {
      this.setData({
        title: '同步清空缓存空间',                //为绑定标题变量赋值
        msg                                      //为绑定提示信息变量赋值
      })
    }
  }
})
```

5.8.4 知识要点

本案例实现了对缓存数据的操作，介绍了与数据缓存有关的 API 函数。与数据缓存有关的 API 函数及说明见表 5.14。

表 5.14 与数据缓存有关的 API 函数及说明

函数	说明
wx.setStorage(Object object)	将数据存储在本地缓存指定的 key 中
wx.setStorageSync(string key, any data)	函数 wx.setStorage 的同步版本
wx.getStorage(Object object)	从本地缓存中异步获取指定 key 的内容
any wx.getStorageSync(string key)	函数 wx.getStorage 的同步版本
wx.getStorageInfo(Object object)	异步获取当前 storage 的相关信息
Object wx.getStorageInfoSync()	函数 wx.getStorageInfo 的同步版本
wx.removeStorage(Object object)	从本地缓存中移除指定 key 对应的缓存数据
wx.removeStorageSync(string key)	函数 wx.removeStorage 的同步版本
wx.clearStorage(Object object)	清空本地缓存数据
wx.clearStorageSync()	函数 wx.clearStorage 的同步版本

1. API 函数 wx.setStorage(Object object)。将数据存储在本地缓存中指定的 key 中，它会覆盖掉原来该 key 对应的内容。数据存储生命周期与小程序本身一致，即除用户主动删除或超过一定时间被自动清理，否则数据都一直可用。单个 key 允许存储的最大数据长度为 1 MB，所有数据存储上限为 10 MB。函数参数 object 的属性说明见表 5.15。

表 5.15 函数 wx.setStorage(Object object) 的参数 object 的属性说明

属性	类型	必填	说明
key	string	是	本地缓存中指定的 key
data	any	是	需要存储的内容。只支持原生类型、Date 及能够通过 JSON.stringify 序列化的对象
encrypt	boolean	否	是否开启加密存储。只有异步的 setStorage 接口支持开启加密存储。开启后，将会对 data 使用 AES128 加密，接口回调耗时将会增加。若开启加密存储，setStorage 和 getStorage 需要同时声明 encrypt 的值为 true。此外，由于加密后的数据会比原始数据膨胀 1.4 倍，因此开启 encrypt 的情况下，单个 key 允许存储的最大数据长度为 0.7 MB，所有数据存储上限为 7.1 MB
success	function	否	接口调用成功的回调函数
fail	function	否	接口调用失败的回调函数
complete	function	否	接口调用结束的回调函数（调用成功、失败都会执行）

2. 函数 wx.setStorageSync(string key, any data)。函数 wx.setStorage 的同步版本。参数 key 为本地缓存中指定的 key，data 为需要存储的内容。

3. 函数 wx.getStorage(Object object)。从本地缓存中异步获取指定 key 的内容。函数参数 object 的属性包括 key、success、fail 和 complete，其中回调函数 success 的对象参数 res 包含属性 data，表示获取的缓存数据。

4. 函数 any wx.getStorageSync(string key)。函数 wx.getStorage 的同步版本。参数 key 表示本地缓存中指定的 key，函数返回值为 key 对应的内容。

5. 函数 wx.getStorageInfo(Object object)。异步获取当前 storage 的相关信息。函数参数 object 的属性包括 success、fail 和 complete，其中回调函数 success 的对象参数 res 包含的属性说明见表 5.16。

表 5.16　函数 success (Object res) 的参数 res 的属性说明

属　性	类　型	说　明
keys	Array.<string>	当前 storage 中所有的 key
currentSize	number	当前占用的空间大小，单位为 KB
limitSize	number	限制的空间大小，单位为 KB

6. 函数 Object wx.getStorageInfoSync()。函数 wx.getStorageInfo 的同步版本。其返回值和 wx.getStorageInfoSync() 函数参数属性 success 的参数属性一样，见表 5.16。

7. 函数 wx.removeStorage(Object object)。从本地缓存中移除指定 key 对应的数据。函数参数 object 的属性包括 key、success、fail 和 complete，其中 key 表示本地缓存中指定的 key。

8. 函数 wx.removeStorageSync(string key)。函数 wx.removeStorage 的同步版本。参数 key 表示本地缓存中指定的 key。

9. 函数 wx.clearStorage(Object object)。清空本地数据缓存。函数参数 object 的属性包括 success、fail 和 complete。

10. 函数 wx.clearStorageSync()。函数 wx.clearStorage 的同步版本。

5.8.5　问题思考

1. 函数 wx.setStorage(Object object) 的功能是什么？其参数属性有哪些？
2. 函数 wx.getStorage(Object object) 的功能是什么？其参数属性有哪些？
3. 函数 wx.getStorageInfo(Object object) 的功能是什么？其参数属性有哪些？
4. 函数 wx.removeStorage(Object object) 和 wx.clearStorage(Object object) 有什么区别？

案例 5.9　传感器

传感器

5.9.1　案例描述

设计一个小程序，演示传感器 API 的功能和使用方法。小程序运行后，可以实现对罗盘传感器、加速度传感器和陀螺仪传感器的启动、监听和停止监听等操作。

5.9.2　实现效果

案例运行效果如图 5.12 所示。界面中包含一个标题、六个操作按钮和三个传感器数值显示区。点击“启动罗盘监听”按钮时，如果移动手机时，罗盘方位角和精度数值在不断发生变化，如图 5.12（a）所示。当点击“停止罗盘监听”按钮后，罗盘监听将停止，罗盘方位角和罗盘精度的数值将不再发生变化，如图 5.12（b）所示。同样，当点击“启动加速度计”和“启动陀螺仪”按钮时，这两个传感器的监听功能将被打开，如果移动手机，加速度和方向角的数值也会不断变化，如图 5.12（c）和图 5.12（e）所示。当点击“停止加速度计”和“停止陀螺仪”按钮后，相关传感器监听功能将被停止，即使移动手机，传感器的数值也不会发生变化，如图 5.12（d）和图 5.12（f）所示。此外，无论点击那个按钮，该按钮对应的功能将会在标题处显示。

（a）启动罗盘监听　（b）停止罗盘监听　（c）启动加速度监听

（d）停止加速度监听　（e）启动陀螺仪监听　（f）停止陀螺仪监听

图 5.12　传感器案例运行结果

5.9.3 案例实现

1. 新建项目。新建一个不使用云服务和模板的小程序项目：Sensors。

2. 编写 index.wxml 文件代码。代码中绑定了 title 标题变量，实现标题的不断变化，此外，界面中设计了六个按钮并绑定了相应的事件函数，实现启动和停止罗盘传感器、加速度传感器和陀螺仪传感器。此外，代码中还设计了显示监听这三种传感器实时数据的文本信息。

```
<!--index.wxml-->
<navigation-bar title="API-Device-Sensors" back="{{false}}" color=
"black" background="#FFF"></navigation-bar>
<scroll-view class="scrollarea" scroll-y type="list">
  <view class='box'>
    <view class='title'>{{title}}</view>
    <view class='btnLayout'>
      <button size="mini" bindtap='startCompass'>启动罗盘监听</button>
      <button size="mini" bindtap='stopCompass'>停止罗盘监听</button>
    </view>
    <view class='txtLayout'>
      <view>罗盘方位角：{{resCompass.direction}}</view>
      <view>罗盘精度：{{resCompass.accuracy}}</view>
    </view>
    <view class='btnLayout'>
      <button size="mini" bindtap='startAcc'>启动加速度计</button>
      <button size="mini" bindtap='stopAcc'>停止加速度计</button>
    </view>
    <view class='txtLayout'>
      <view>X 轴方向加速度：{{resAcc.x}}</view>
      <view>Y 轴方向加速度：{{resAcc.y}}</view>
      <view>Z 轴方向加速度：{{resAcc.z}}</view>
    </view>
    <view class='btnLayout'>
      <button size="mini" bindtap='startGyroscope'>启动陀螺仪</button>
      <button size="mini" bindtap='stopGyroscope'>停止陀螺仪</button>
    </view>
    <view class='txtLayout'>
      <view>X 轴方向角速度：{{resGyroscope.x}}</view>
      <view>Y 轴方向角速度：{{resGyroscope.y}}</view>
      <view>Z 轴方向角速度：{{resGyroscope.z}}</view>
    </view>
  </view>
</scroll-view>
```

3. 编写 index.wxss 文件代码。该文件自定义了四种样式，即 button、view、.btnLayout 和 .txtLayout，分别用来设置 button 和 view 组件的样式，以及 button 组件布局和信息提示区的样式和布局。

```
/* index.wxss */
page {…}
```

```
.scrollarea {…}
button {                                        /*button 组件样式 */
  margin: 10rpx;
}
view {                                          /*view 组件样式 */
  margin: 5rpx 0rpx;
  padding: 5rpx;
}
.btnLayout {                                    /*button 组件布局 */
  display: flex;
  flex-direction: row;
  justify-content: center;
}
.txtLayout {                                    /* 文本区样式和布局 */
  display: flex;
  flex-direction: column;
  margin: 5px;
  padding: 5px;
  border: 1px dashed burlywood;
}
```

4. 编写 app.wxss 文件代码。代码中定义了 .box 和 .title 样式类，样式类的代码和前面案例相同，这里就不再给出。

5. 编写 index.js 文件代码。代码定义了六个按钮的事件函数：startCompass()、stopCompass()、startAcc()、stopAcc()、startGyroscope()、stopGyroscope()，在这些函数中分别调用了相应的 API 函数实现了启动和停止罗盘传感器、加速度传感器和陀螺仪传感器的功能。

```
// index.js
Page({
  data: {
    title: '传感器 API 应用示例'
  },
  startCompass() {
    wx.startCompass({                           // 启动罗盘传感器监听功能
      success: (res) => {
        wx.onCompassChange((result) => {        // 监听罗盘传感器
          this.setData({                        // 箭头函数中可以直接使用 this
            resCompass: result,
            title: '启动罗盘传感器监听功能'
          })
        })
      },
      fail: (res) => {
        this.setData({
          title: '启动罗盘监听功能失败'
        })
      },
      complete: (res) => {},
    })
  },
```

```
  stopCompass() {
    wx.stopCompass({
      success: (res) => {
        this.setData({
          title: '停止罗盘传感器监听功能'
        })
      },
      fail: (res) => {},
      complete: (res) => {},
    })
  },
  startAcc() {
    wx.startAccelerometer({
      interval: 'ui',
      success: (res) => {
        wx.onAccelerometerChange((result) => {
          this.setData({
            resAcc: result,
            title: '启动加速度传感器监听功能'
          })
        })
      },
      fail: (res) => {
        this.setData({
          resAcc: '',
          title: '启动加速度传感器监听功能失败'
        })
      },
      complete: (res) => {},
    })
  },
  stopAcc() {
    wx.stopAccelerometer({
      success: (res) => {
        this.setData({
          title: '停止加速度传感器监听功能'
        })
      },
      fail: (res) => {},
      complete: (res) => {},
    })
  },
  startGyroscope() {
    wx.startGyroscope({
      interval: 'game',
      success: (res) => {
        wx.onGyroscopeChange((result) => {
          this.setData({
            resGyroscope: result,
            title: '启动陀螺仪传感器监听功能'
          })
```

```
            })
          },
          fail: (res) => {
            this.setData({
              resGyroscope: '',
              title: '启动陀螺仪传感器监听功能失败'
            })
          },
          complete: (res) => {},
        })
      },
      stopGyroscope () {
        wx.stopGyroscope({
          success: (res) => {
            this.setData({
              title: '停止陀螺仪传感器监听功能'
            })
          },
          fail: (res) => {},
          complete: (res) => {},
        })
      }
    })
```

5.9.4 知识要点

本案例使用了罗盘传感器、加速度传感器和陀螺仪传感器相关的 API 函数，这些函数的说明见表 5.17。

表 5.17 罗盘传感器、加速度传感器和陀螺仪传感器常用 API 函数说明

函数类型	API 函数	函数功能
罗盘传感器	wx.startCompass(Object object)	启动罗盘监听
	wx.stopCompass(Object object)	停止罗盘监听
	wx.onCompassChange(function callback)	监听罗盘数据变化
加速度传感器	wx.startAccelerometer(Object object)	启动加速度监听
	wx.stopAccelerometer(Object object)	停止加速度监听
	wx.onAccelerometerChange(function callback)	监听加速度变化事件
陀螺仪传感器	wx.startGyroscope(Object object)	启动陀螺仪监听
	wx.stopGyroscope(Object object)	停止陀螺仪监听
	wx.onGyroscopeChange(function callback)	监听陀螺仪数据变化事件

1. 函数 wx.startCompass(Object object) 和 wx.stopCompass(Object object) 的参数 object 都包含三个回调函数属性，即 success、fail、complete。

2. 函数 wx.onCompassChange(function callback) 监听罗盘数据变化事件的频率是 5 次 /s，接口调用后会自动开始监听，可使用 wx.stopCompass 停止监听。其参数 callback 为罗盘数据变化事件的回调函数，该回调函数的参数 Object res 包含的属性说明见表 5.18。

表 5.18 回调函数 callback 的参数属性说明

属　性	类　型	说　明
direction	number	面对的方向度数
accuracy	number/string	精度

3. 函数 wx.startAccelerometer(Object object) 和 wx.stopAccelerometer(Object object) 的参数 object 的属性都包含 success、fail、complete 回调函数，此外，函数 wx.startAccelerometer(Object object) 的参数还包含了 interval 属性，用于监听加速度数据回调函数的执行频率。interval 的合法值说明见表 5.19。

表 5.19 函数 wx.startAccelerometer(Object object) 的参数属性 object.interval 的合法值说明

值	说　明
game	适用于更新游戏的回调频率，在 20 ms/ 次左右
ui	适用于更新 UI 的回调频率，在 60 ms/ 次左右
normal	普通的回调频率，在 200 ms/ 次左右

4. 函数 wx.onAccelerometerChange(function callback) 的监听加速度变化事件频率根据 wx.startAccelerometer() 的 interval 参数来决定，可使用 wx.stopAccelerometer() 停止监听，其回调函数参数 callback 的参数属性包括 x、y 和 z，分别表示 *x* 坐标轴、*y* 坐标轴、*z* 坐标轴的加速度。

5. 函数 wx.startGyroscope(Object object)、wx.stopGyroscope(Object object) 和 wx.onGyroscopeChange(function callback) 的参数分别和 wx.startAccelerometer(Object object)、wx.stopAccelerometer(Object object) 和 wx.onAccelerometerChange(function callback) 类似，这里不再赘述。

5.9.5 问题思考

1. 函数 wx.startCompass(Object object) 的功能是什么？其参数属性有哪些？
2. 函数 wx.onCompassChange(function callback) 的功能是什么？其参数功能是什么？
3. 如何利用设备方向和 NFC 等传感器的 API 函数实现相应功能？

案例 5.10 用户行为

用户行为

5.10.1 案例描述

设计一个小程序，演示利用扫码、打电话、发短信、添加联系人和选择联系人等 API 函数实现相应的功能。

5.10.2 实现效果

小程序运行后的结果如图 5.13 所示。初始界面如图 5.13（a）所示；当点击“扫码”按钮时弹出扫码界面，此时可以直接扫码，也可以点击窗口右上角的“相册”来扫码相册中的图片，扫码后的效果如图 5.13（b）所示，扫码结果包括字符集、扫码类型和扫码结果；如果没有输入联系人电话时就点击“打电话”或“发短信”按钮时，则会弹出“电话号码不能为空”的错误提示，当输入电话号码并点击“拨打电话”按钮时，将出现图 5.13（c）所示的界面，屏幕下方出现“呼叫”和“取消”按钮，如果点击“呼叫”按钮，将直接拨打联系人电话；如果点击“发短信”按钮，将出现图 5.13（d）所示的界面；当输入联系人姓名和电话后点击“添加联系人”按钮时将出现图 5.13（e）所示的界面，此时屏幕下方出现了“创建新联系人”“添加到现有联系人”“取消”按钮，点击某个按钮后将执行相应的操作；如果点击“选择联系人”按钮，则打开手机通信录列表，选择某个联系人后，该联系人的姓名和电话号码将出现在 input 组件中，如图 5.13（f）所示，此时可以直接点击“打电话”或“发信息”实现相应的功能。

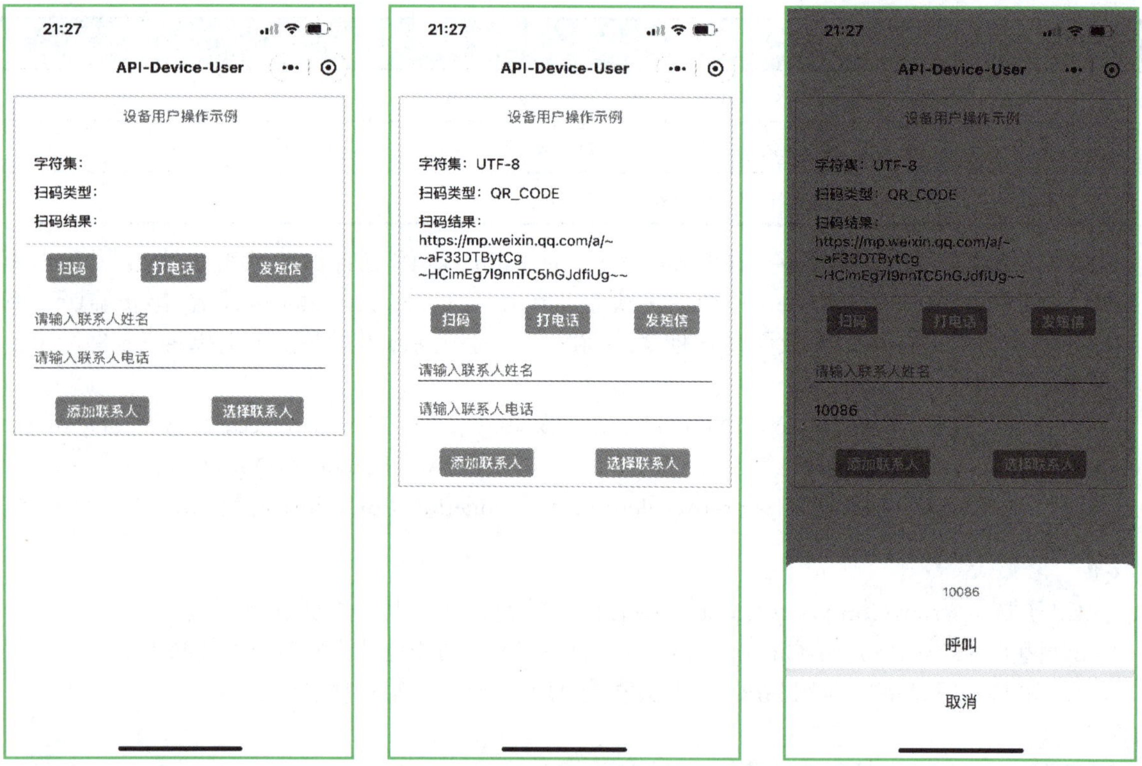

（a）初始界面　　（b）扫码后的界面　　（c）打电话时的界面

图 5.13　扫码与打电话案例运行结果

（d）发短信时的效果　　（e）添加联系人的效果　　（f）选择联系人后的效果

图 5.13　扫码与打电话案例运行结果（续）

5.10.3　案例实现

1. 新建项目。新建一个不使用云服务和模板的小程序项目：UserBehavior。

2. 编写 index.wxml 文件代码。代码中包括五个按钮、扫码结果区、两个输入联系人姓名和电话的 input 组件。扫码结果区绑定了三个变量，两个 input 组件绑定了两个变量。

```
<!-- index.wxml-->
<navigation-bar title="API-Device-User" back="{{false}}" color="black"
background="#FFF"></navigation-bar>
<scroll-view class="scrollarea" scroll-y type="list">
  <view class='box'>
    <view class='title'>设备用户操作示例</view>
    <view class='txtLayout'>
      <text>字符集：{{resCode.charSet}}</text>
      <text>扫码类型：{{resCode.scanType}}</text>
      <text>扫码结果：{{resCode.result}}</text>
    </view>
    <view class='btnLayout'>
      <button type='primary' size="mini" bindtap='scanCode'>扫码</button>
      <button type='primary' size="mini" bindtap='makePhoneCall'>打电话
      </button>
      <button type='primary' size="mini" bindtap='sendSms'>发短信</button>
```

```
    </view>
    <view class='txtLayout'>
      <input placeholder='请输入联系人姓名' bindblur='inputName' value=
      "{{contactName}}"></input>
      <input placeholder='请输入联系人电话' bindblur='inputPhoneNumber'
      type='number' value="{{phoneNumber}}"></input>
    </view>
    <view class='btnLayout'>
      <button type='primary' size="mini" bindtap='addPhoneContact'>添
      加联系人</button>
      <button type='primary' size="mini" bindtap='chooseContact'>选择联
      系人</button>
    </view>
  </view>
</scroll-view>
```

3. 编写 index.wxss 文件代码。代码自定义了四个样式，即 .txtLayout、text、.btnLayout、input，分别用于设置 text 组件的布局和样式、按钮的布局以及 input 组件的样式。

```
/* index.wxss */
page {…}
.scrollarea {…}
.txtLayout {                                        /*text 组件布局 */
  display: flex;
  flex-direction: column;
  margin: 20rpx 0rpx;
  border: 0.5px dashed burlywood;
  padding: 10px;
}
text {
  margin: 10rpx 0;
}
.btnLayout {                                        /* 设置 button 组件的布局 */
  display: flex;
  flex-direction: row;
  justify-content: space-around;                    /* 设置主轴方向组件的排列方式 */
  margin-top: 10px;
}
input {
  margin: 20rpx 0;
  border-bottom: 1px solid blue;
}
```

4. 编写 app.wxss 文件代码。代码中定义了 .box 和 .title 样式类，样式类的代码和前面案例相同，这里就不再给出。

5. 编写 index.js 文件代码。该文件主要定义了七个函数：scanCode()、inputName()、inputPhoneNumber()、makePhoneCall()、sendSms()、addPhoneContact()、chooseContact()，分别用于扫码、输入联系人姓名、输入联系人电话号码、打电话、发短信、添加联系人信息和选择联系人。

```
// index.js
var contactName = '', phoneNumber = ''  //定义联系人姓名和电话号码的全局变量
Page({
  scanCode() {
    wx.scanCode({                          //调用扫码API函数
      onlyFromCamera: false,             //通过摄像头和调用相册图片都可以进行扫码
      scanType: [],                        //不指定码的类型
      success: (result) => {               //接口调用成功时的回调函数
        this.setData({
          resCode: result                  //获取扫码结果
        })
      },
      fail: (res) => { },
      complete: (res) => { },
    })
  },
  inputName(e) {
    contactName = e.detail.value;          //获取联系人姓名
  },
  inputPhoneNumber(e) {
    phoneNumber = e.detail.value;          //获取联系人电话
  },
  makePhoneCall() {
    if (phoneNumber == '') {
      wx.showToast({                       //显示信息框
        title: '电话号码不能为空',
        icon: 'none',
        duration: 2000
      })
    } else {
      wx.makePhoneCall({                   //调用打电话API函数
        phoneNumber: phoneNumber
      })
    }
  },
  sendSms() {                              //发信息函数
    if (phoneNumber == '') {
      wx.showToast({                       //显示信息框
        title: '电话号码不能为空',
        icon: 'none',
        duration: 2000
      })
    } else {
      wx.sendSms({                         //发信息API函数
        content: 'Hello',                  //默认短信内容
        phoneNumber: phoneNumber,          //指定发信息的电话号码
        success: (res) => {                //接口调用成功时的回调函数
          console.log(res)
        },
        fail: (res) => { },
        complete: (res) => { },
      })
    }
  },
```

```
  addPhoneContact() {                                       //添加联系人
    if (contactName == '' || phoneNumber == '') {
      wx.showToast({                                        //显示信息框
        title: '姓名和电话不能为空',
        icon: 'none',
        duration: 2000
      })
    } else {
      wx.addPhoneContact({                                  //添加联系人API函数
        firstName: contactName,
        mobilePhoneNumber: phoneNumber
      })
    }
  },
  chooseContact() {                                         //选择联系人
    wx.chooseContact({                                      //选择联系人API函数
      success: (option) => {                                //接口调用成功时的回调函数
        this.setData({
          contactName: option.displayName,                  //显示联系人姓名
          phoneNumber: option.phoneNumber                   //显示电话号码
        })
      },
      fail: (res) => {                                      //接口调用失败时的回调函数
        console.log('Fail: ' + res)
      },
      complete: (res) => { },                               //接口调用完成时的回调函数
    })
  }
})
```

5.10.4 知识要点

1. 函数 wx.scanCode(Object object)，调用客户端扫码界面进行扫码。其参数 object 的属性说明见表 5.20。

表 5.20 函数 wx.scanCode(Object object) 的参数属性说明

属 性	类 型	默认值	必 填	说 明
onlyFromCamera	boolean	false	否	是否只能从相机扫码，不允许从相册选择图片
scanType	Array.<string>	['barCode', 'qrCode']	否	扫码类型
success	function		否	接口调用成功的回调函数
fail	function		否	接口调用失败的回调函数
complete	function		否	接口调用结束的回调函数（调用成功、失败都会执行）

object.scanType 的合法值说明见表 5.21。

表 5.21　object.scanType 的合法值说明

值	说　明
barCode	一维码（条形码）
qrCode	二维码
datamatrix	Data Matrix 码
pdf417	PDF417 条码

object.success 回调函数的参数 Object res 的属性说明见表 5.22。

表 5.22　object.success 回调函数的参数 Object res 的属性说明

属　性	类　型	说　明
result	string	所扫码的内容
scanType	string	所扫码的类型
charSet	string	所扫码的字符集
path	string	当所扫的码为当前小程序二维码时，会返回此字段，内容为二维码携带的 path
rawData	string	原始数据，base64 编码

2. 函数 wx.makePhoneCall(Object object)，用于拨打电话，其参数 object 的属性说明见表 5.23。

表 5.23　函数 wx.makePhoneCall(Object object) 的参数属性说明

属　性	类　型	必　填	说　明
phoneNumber	string	是	需要拨打的电话号码
success	function	否	接口调用成功的回调函数
fail	function	否	接口调用失败的回调函数
complete	function	否	接口调用结束的回调函数（调用成功、失败都会执行）

3. 函数 wx.addPhoneContact(Object object)，用于添加手机通信录联系人。用户可以选择将该表单以“新增联系人”或“添加到已有联系人”的方式写入手机系统通信录。参数 object 的主要属性说明见表 5.24。

表 5.24　函数 wx.addPhoneContact(Object object) 参数的主要属性说明

属　性	类　型	必　填	说　明
firstName	string	是	名字
lastName	string	否	姓氏
mobilePhoneNumber	string	否	手机号
weChatNumber	string	否	微信号

4. 函数 wx.chooseContact(Object object)，用于拉起手机通信录选择联系人。参数 object 的主要属性说明见表 5.25。

表 5.25 函数 wx.chooseContact(Object object) 参数 object 的主要属性说明

属　性	类　型	必　填	说　明
success	function	否	接口调用成功的回调函数
fail	function	否	接口调用失败的回调函数
complete	function	否	接口调用结束的回调函数（调用成功、失败都会执行）

object.success 回调函数参数 Object object 的属性说明见表 5.26。

表 5.26 函数 object.success 参数 Object res 的属性说明

属　性	类　型	说　明
phoneNumber	string	手机号
displayName	string	联系人姓名
phoneNumberList	string	选定联系人的所有手机号（部分 Android 系统只能选择联系人而不能选择特定手机号）

5. 函数 wx.sendSms(Object object)，拉起手机发送短信界面。参数 object 的主要属性说明见表 5.27。

表 5.27 函数 wx.sendSms(Object object) 参数 object 的主要属性说明

属　性	类　型	必　填	说　明
phoneNumber	string	否	预填到发送短信面板的手机号
content	string	否	预填到发送短信面板的内容
success	function	否	接口调用成功的回调函数
fail	function	否	接口调用失败的回调函数
complete	function	否	接口调用结束的回调函数（调用成功、失败都会执行）

5.10.5 问题思考

1. API 函数 wx.scanCode(Object object) 的主要功能是什么？其参数属性有哪些？
2. API 函数 wx.makePhoneCall(Object object) 的主要功能是什么？其参数属性有哪些？
3. API 函数 wx.addPhoneContact(Object object) 的主要功能是什么？其参数属性有哪些？
4. API 函数 wx.chooseContact(Object object) 的主要功能是什么？其参数属性有哪些？
5. API 函数 wx.sendSms(Object object) 的主要功能是什么？其参数属性有哪些？

案例 5.11 手机状态

手机状态

5.11.1 案例描述

设计一个小程序，演示利用联网状态、屏幕亮度、剪贴板和手机振动等 API 函数实现相应的功能。

5.11.2 实现效果

案例运行效果如图 5.14 所示。初始界面如图 5.14（a）所示，此时显示了当前联网状态是 5g，同时界面中还有三个 button 组件、一个设置屏幕亮度的 slider 组件和一个保持屏幕常亮状态的 switch 组件。如果切换联网类型，则在当前联网状态中显示相关类型的网络，如图 5.14（b）所示。如果当前是 Wi-Fi 网络，可以点击“WiFi 参数查询”按钮获取 Wi-Fi 的相关参数，如图 5.14（c）所示。当滑动 slider 组件滑块时，slider 组件的值和屏幕亮度都在不断发生变化，如图 5.14（d）所示。当点击“查询亮度”按钮时，则可以在按钮右侧看到当前屏幕亮度值，当点击“复制”按钮时，可以利用剪贴板 API 函数实现屏幕亮度的复制，同时弹出消息提示框，如图 5.14（e）所示。当选中 switch 组件时，手机会发生短暂振动，屏幕将一直保持常亮状态（不会自动黑屏），如图 5.14（f）所示。在整个操作过程中，界面标题会根据不同操作发生相应的变化。

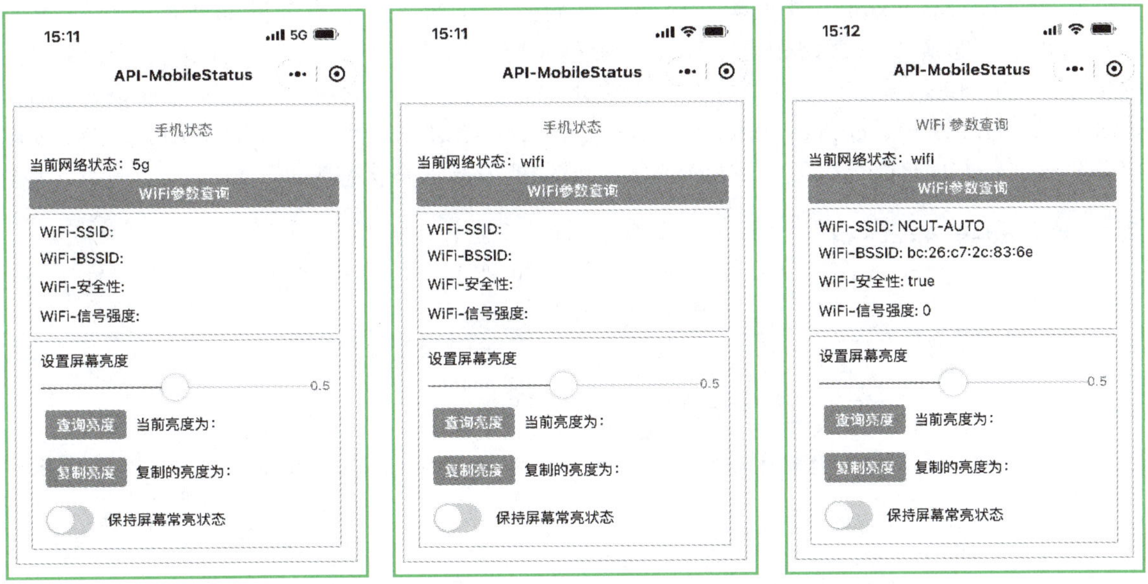

（a）初始界面　　（b）网络状态变化　　（c）WiFi 参数查询

图 5.14 手机状态案例运行结果

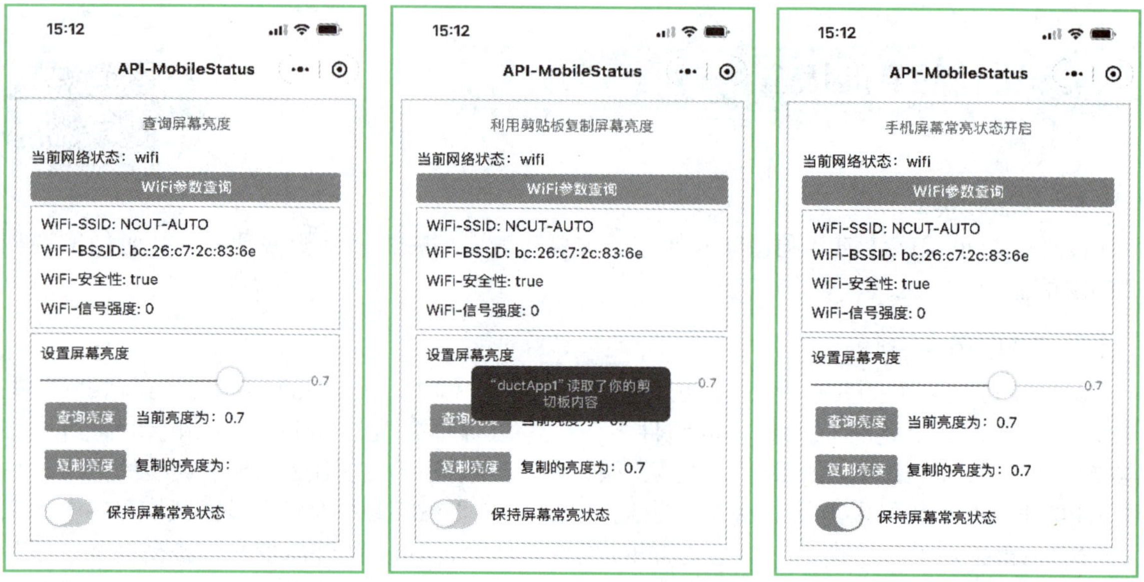

（d）查询屏幕亮度　　（e）复制屏幕亮度　　（f）开启保持屏幕常亮状态

图 5.14　手机状态案例运行结果（续）

5.11.3　案例实现

1. 新建项目。新建一个不使用云服务和模板的小程序项目：MobileStatus。

2. 编写 index.wxml 文件代码。小程序界面主要包括：获取当前网络状态、获取 WiFi 参数、设置屏幕亮度、查询和复制亮度、设置保持屏幕常亮状态等，用到的主要组件包括 button、slider 和 switch，组件绑定的事件函数包括：wifiStatus()、setScreenBrightness()、getScreenBrightness()、copyBrightness()、setKeepScreenOn()，分别实现获取 Wi-Fi 状态、设置屏幕亮度、获取屏幕亮度、复制屏幕亮度、设置保持屏幕常亮状态等。

```
<!--index.wxml-->
<navigation-bar title="API-MobileStatus" back="{{false}}" color="black"
background="#FFF"></navigation-bar>
<scroll-view class="scrollarea" scroll-y type="list">
  <view class='box'>
    <view class='title'>{{title}}</view>
    <view>当前网络状态：{{status}}</view>
    <button type="primary" size="mini" bindtap='wifiStatus'>WiFi 参数查询
    </button>
    <view class="txtLayout">
      <view>WiFi-SSID: {{res.SSID}}</view>
      <view>WiFi-BSSID: {{res.BSSID}}</view>
      <view>WiFi-安全性：{{res.secure}}</view>
      <view>WiFi-信号强度：{{res.signalStrength}}</view>
    </view>
    <view class="txtLayout">
      <view>设置屏幕亮度</view>
```

```
    <!-- 由于亮度的范围是 0 ～ 1，因此设置 slider 的 max、min 和 step 属性，value
属性表示组件的当前位置 -->
      <slider min='0' max='1' value='0.5' step='0.1' show-value='true'
      bindchange='setScreenBrightness'>
      </slider>
      <view class="btnLayout">
        <button type="primary" size="mini" bindtap='getScreenBrightness'>
        查询亮度 </button>
        <view> 当前亮度为: {{brightness}}</view>
      </view>
      <view class="btnLayout">
        <button type="primary" size="mini" bindtap='copyBrightness'> 复
        制亮度 </button>
        <view> 复制的亮度为: {{copyBrightness}}</view>
      </view>
      <view class="btnLayout">
        <switch bindchange='setKeepScreenOn'></switch>
        <view> 保持屏幕常亮状态 </view>
      </view>
    </view>
  </view>
</scroll-view>
```

3. 编写 index.wxss 文件代码。代码定义了 view、slider、button、switch 组件样式类来设置组件外边距，定义了 .btnLayout 和 .txtLayout 两个样式类来设置按钮和文本布局及样式。

```
/**index.wxss**/
page {…}
.scrollarea {…}
view,slider,button,switch {
    margin: 5px;
}
.btnLayout {                                    /*button 组件布局 */
  display: flex;
  flex-direction: row;
  align-items: center;                          /* 设置交叉轴方向对齐方式 */
}
.txtLayout {                                    /*text 组件布局 */
  display: flex;
  flex-direction: column;
  margin: 5px;
  padding: 5px;
  border: 1px dashed burlywood;
}
```

4. 编写 app.wxss 文件代码。代码中定义了 .box 和 .title 样式类，样式类的代码和前面案例相同，这里就不再给出。

5. 编写 index.js 文件代码。代码中使用的 API 函数包括：wx.getNetworkType()（获得网

络类型）、wx.onNetworkStatusChange()（监听网络状态变化）、wx.getConnectedWifi()（获得已连接的 Wi-Fi）、wx.setScreenBrightness()（设置屏幕亮度）、wx.getScreenBrightness()（获得屏幕亮度）、wx.setClipboardData()（设置剪贴板数据）、wx.getClipboardData()（获得剪贴板数据）、wx.setKeepScreenOn()（设置屏幕保持常亮状态）。

```
// index.js
Page({
  data: {
    title: '手机状态',
    brightness: '',
    status: '网络获取中...'
  },
  onLoad(options) {                              //生命周期函数
    wx.getNetworkType({                          //调用获取网络类型 API 函数
      success: (result) => {
        this.setData({
          status: result.networkType             //获取网络类型
        })
      },
      fail: (res) => {},
      complete: (res) => {},
    })
    wx.onNetworkStatusChange((result) => {      //监听网络状态变化 API 函数
      if (result.isConnected) {
        this.setData({
          status: result.networkType             //获取网络类型
        })
      } else {
        this.setData({
          status: '未联网'
        })
      }
    })
  },
  wifiStatus() {                                 //获取 Wi-Fi 状态函数
    wx.getConnectedWifi({                    //获取已连接的 Wi-Fi 状态 API 函数
      partialInfo: false,                        //是否获取部分信息
      success: (result) => {                     //接口调用成功时的回调函数
        this.setData({
          res: result.wifi,                      //获取 Wi-Fi 信息
          title: 'WiFi 参数查询'
        })
      },
      fail: (res) => {},
      complete: (res) => {},
    })
  },
  setScreenBrightness(e) {
```

```
    wx.setScreenBrightness({                   // 设置屏幕亮度 API 函数
      value: e.detail.value,                   // 将 slider 组件的值赋值给函数的参数
      success: (res) => {},
      fail: (res) => {},
      complete: (res) => {
        this.setData({
          title: '设置屏幕亮度'
        })
      },
    })
  },
  getScreenBrightness() {                      // 获取屏幕亮度函数
    wx.getScreenBrightness({                   // 获取屏幕亮度 API 函数
      success: (option) => {
        this.setData({                         // 将屏幕亮度值设置为保留小数点后一位
          brightness: option.value.toFixed(1),   // 获取屏幕亮度值（保留小数
点后一位）
          title: '查询屏幕亮度'
        })
      },
      fail: (res) => {},
      complete: (res) => {},
    })
  },
  copyBrightness() {                           // 复制屏幕亮度
    wx.setClipboardData({                      // 设置剪贴板数据 API 函数
      data: this.data.brightness,              // 设置屏幕亮度值
      success: (res) => {
        wx.showToast({                         // 显示提示信息
          title: '复制成功！'
        })
      },
      fail: (res) => {},
      complete: (res) => {
        this.setData({
          title: '利用剪贴板复制屏幕亮度'
        })
      },
    })
    wx.getClipboardData({                      // 获取剪贴板数据函数
      success: (option) => {
        this.setData({
          copyBrightness: option.data          // 将剪贴板数据赋值给绑定变量
        })
      },
      fail: (res) => {},
      complete: (res) => {},
    })
  },
```

```
  setKeepScreenOn(e) {                         //保持屏幕常亮函数
    let isKeeping = e.detail.value             //将 switch 组件的值赋值给自定义变量
    let title = ''
    if (isKeeping) {                           //如果 switch 组件被选中
      wx.setKeepScreenOn({                     //保持屏幕常亮 API 函数
        keepScreenOn: true,                    //保持屏幕常亮
        success: (res) => {
          wx.vibrateShort()                    //手机短时振动
          title = '手机屏幕常亮状态开启'
        },
        fail: (res) => {
          title = '设置手机屏幕常亮状态失败'
        },
        complete: (res) => {
          this.setData({
            title
          })
        },
      })
    } else {
      title = '手机屏幕常亮状态关闭'
    }
    this.setData({
      title
    })
  }
})
```

5.11.4 知识要点

本案例用到了与网络状态有关的三个 API 函数：wx.getNetworkType(Object object)、wx.onNetworkStatusChange(function callback) 和 wx.getConnectedWifi(Object object)。

1. API 函数 wx.getNetworkType(Object object)。用于获取网络类型，参数 object 的属性包括三个回调函数：success、fail 和 complete，其中 success 回调函数的参数 Object res 的属性值包括 networkType、signalStrength、hasSystemProxy，其中 networkType 的合法值说明见表 5.28。

表 5.28 res.networkType 的合法值说明

值	说　明	值	说　明
wifi	Wi-Fi 网络	5g	5G 网络
2g	2G 网络	unknown	Android 下不常见的网络类型
3g	3G 网络	none	无网络
4g	4G 网络		

2. API 函数 wx.onNetworkStatusChange(function callback)。用于监听网络状态变化事件，参数 callback 为网络状态变化事件的回调函数，该回调函数的参数 Object res 的属性说明见

表 5.29，其中，networkType 的合法值见表 5.28

表 5.29　回调函数 callback 的参数 Object res 的属性

属　　性	类　　型	说　　明
isConnected	boolean	当前是否有网络连接
networkType	string	网络类型

3. API 函数 wx.getConnectedWifi(Object object)。用于获取已连接中的 Wi-Fi 信息。其参数 object 的属性包括三个回调函数：success、fail 和 complete，其中 success 回调函数的参数 Object res 的属性为 WifiInfo 类型的 wifi，wifi 表示 Wi-Fi 的信息，其合法值说明见表 5.30。

表 5.30　wifi 的属性说明

属　　性	类　　型	说　　明
SSID	string	Wi-Fi 的 SSID
BSSID	string	Wi-Fi 的 BSSID
secure	boolean	Wi-Fi 是否安全
signalStrength	number	Wi-Fi 信号强度

4. API 函数 wx.setScreenBrightness(Object object)。用于设置屏幕亮度，其参数 Object object 的属性除了 success、fail 和 complete 三个回调函数外，还包含了 number 类型的 value 属性，该属性是必填项，表示屏幕的亮度值，其范围为 0 ～ 1，0 最暗，1 最亮。

5. API 函数 wx.getScreenBrightness(Object object)。用于获取屏幕亮度，其参数 Object object 的属性只包含 success、fail 和 complete 三个回调函数，其中 object.success 回调函数参数 Object object 的属性 number value 表示屏幕的亮度值，其范围为 0 ～ 1，0 最暗，1 最亮。

6. API 函数 wx.setKeepScreenOn(Object object)。用于设置是否保持屏幕常亮状态，仅在当前小程序生效，离开小程序后设置失效。参数 Object object 的属性除了包含 success、fail 和 complete 三个回调函数外，还包含了 boolean 类型的必填项属性 keepScreenOn，表示是否保持屏幕常亮。

7. API 函数 wx.setClipboardData(Object object)。用于设置系统剪贴板的内容，其参数 Object object 的属性除了包含 success、fail 和 complete 三个回调函数外，还包含了 string 类型的必填项属性 data，表示剪贴板的内容。

8. API 函数 wx.getClipboardData(Object object)。用于获取系统剪贴板的内容，其参数 Object object 的属性只包含 success、fail 和 complete 三个回调函数，其中 object.success 回调函数的参数 Object object 的 string data 属性表示剪贴板的内容。

9. API 函数 wx.vibrateShort(Object object)。用于使手机发生较短时间的振动（15 ms），仅在 iPhone7/7 Plus 以上及 Android 机型生效。其参数 Object object 的属性只包含 success、fail 和 complete 三个回调函数。

10. API 函数 wx.vibrateLong(Object object)。用于使手机发生较长时间的振动（400 ms），其参数 Object object 的属性只包含 success、fail 和 complete 三个回调函数。

5.11.5 问题思考

1. 函数 wx.getNetworkType(Object object) 的功能是什么？其参数属性有哪些？
2. 函数 wx.onNetworkStatusChange(function callback) 的功能是什么？其参数属性有哪些？
3. 函数 wx.getConnectedWifi(Object object) 的功能是什么？其参数属性有哪些？
4. 函数 wx.setScreenBrightness(Object object) 的功能是什么？其参数属性有哪些？
5. 函数 wx.getScreenBrightness(Object object) 的功能是什么？其参数属性有哪些？
6. 函数 wx.setKeepScreenOn(Object object) 的功能是什么？其参数属性有哪些？
7. 函数 wx.setClipboardData(Object object) 的功能是什么？其参数属性有哪些？
8. 函数 wx.getClipboardData(Object object) 的功能是什么？其参数属性有哪些？
9. 函数 wx.vibrateShort(Object object) 与 wx.vibrateLong(Object object) 的区别是什么？
10. 如何将选择的文本内容设置为剪贴板内容进行复制粘贴？

案例5.12 设备系统信息

设备系统信息

5.12.1 案例描述

编写一个小程序，演示同步和异步获取设备系统信息 API 函数的功能和使用方法。小程序运行后，可以同步和异步获取设备系统信息。

5.12.2 实现效果

案例运行效果如图 5.15 所示。初始界面如图 5.15（a）所示，点击“异步获取”按钮后的效果如图 5.15（b）所示，点击“同步获取”按钮后的结果如图 5.15（c）所示。

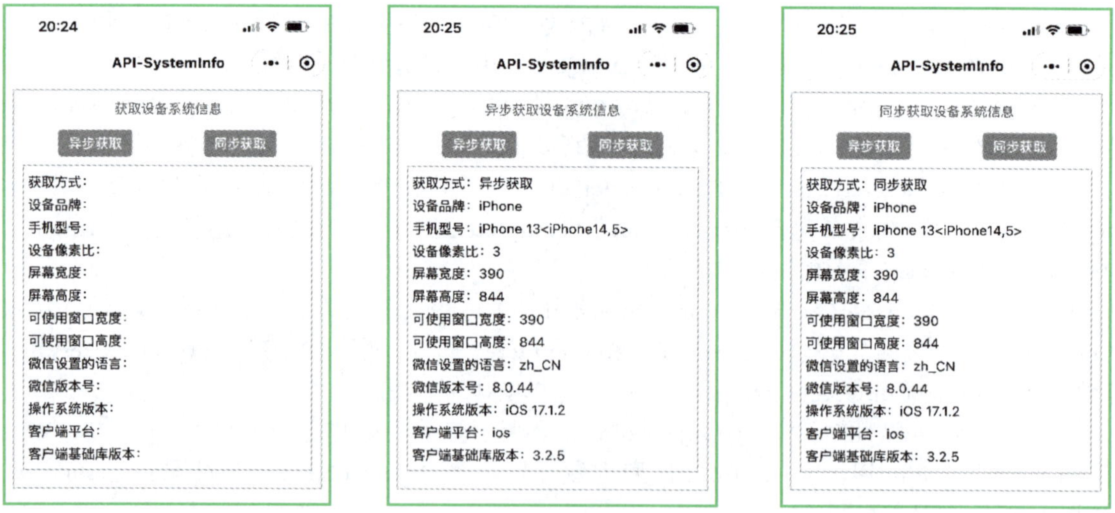

（a）初始界面　　（b）异步获取设备信息　　（c）同步获取设备信息

图 5.15 设备系统信息案例运行结果

5.12.3 案例实现

1. 新建项目。新建一个不使用云服务和模板的小程序项目：SystemInfo。

2. 编写 index.wxml 文件代码。小程序界面主要由两个按钮和多行文本构成，两个按钮分别绑定了 getSystemInfo() 和 getSystemInfoSync() 事件函数，用于实现异步和同步获取设备系统信息。

```
<!-- index.wxml-->
<navigation-bar title="API-SystemInfo" back="{{false}}" color="black"
background="#FFF"></navigation-bar>
<scroll-view class="scrollarea" scroll-y type="list">
  <view class='box'>
      <view class='title'>获取设备系统信息</view>
      <view class='btnLayout'>
          <button type='primary' bindtap='getSystemInfo'>异步获取</button>
          <button type='primary' bindtap='getSystemInfoSync'>同步获取</button>
      </view>
      <view class='txtLayout'>
          <text>获取方式: {{dataSource}}</text>
          <text>设备品牌: {{brand}}</text>
          <text>手机型号: {{model}}</text>
          <text>设备像素比: {{pixelRatio}}</text>
          <text>屏幕宽度: {{screenWidth}}</text>
          <text>屏幕高度: {{screenHeight}}</text>
          <text>可使用窗口宽度: {{windowWidth}}</text>
          <text>可使用窗口高度: {{windowHeight}}</text>
          <text>微信设置的语言: {{language}}</text>
          <text>微信版本号: {{version}}</text>
          <text>操作系统版本: {{system}}</text>
          <text>客户端平台: {{platform}}</text>
          <text>客户端基础库版本: {{SDKVersion}}</text>
      </view>
  </view>
</scroll-view>
```

3. 编写 index.wxss 文件代码。该文件自定义了四种样式，即 txtLayout、text、button、.btnLayout，分别用于设置 text 组件的布局和样式、button 组件的布局和样式。

```
/* index.wxss */
page {…}
.scrollarea {…}
.txtLayout {                                    /* text组件布局 */
  display: flex;
  flex-direction: column;
  margin: 20rpx 0rpx;
  border: 1px solid burlywood;
  padding: 10rpx;
}
text {
  margin: 5rpx 0;
```

```
}
.btnLayout {                                /* 设置 button 组件的布局 */
  display: flex;
  flex-direction: row;
  justify-content: space-around;            /* 设置主轴方向组件的排列方式 */
}
```

4. 编写 app.wxss 文件代码。代码中定义了 .box 和 .title 样式类，样式类的代码和前面案例相同，这里就不再给出。

5. 编写 index.js 文件代码。该文件定义了两个按钮事件函数：getSystemInfo() 和 getSystemInfoSync()。在 getSystemInfo() 函数中调用 API 函数 wx.getSystemInfo() 异步获取设备系统信息，在 getSystemInfoSync() 函数中调用 API 函数 wx.getSystemInfoSync() 同步获取设备系统信息。

```
// index.js
Page({
  data: {
    title: '获取设备系统信息'
  },
  getSystemInfo() {
    var that = this
    wx.getSystemInfo({                              //异步获取设备系统信息
      success: function (res) {
        that.setData({
          title: '异步获取设备系统信息',
          dataSource: '异步获取',                   //获取方式
          brand: res.brand,                         //设备品牌
          model: res.model,                         //设备型号
          pixelRatio: res.pixelRatio,               //设备像素比
          screenWidth: res.screenWidth,             //屏幕宽度
          screenHeight: res.screenHeight,           //屏幕高度
          windowWidth: res.windowWidth,             //可使用窗口宽度
          windowHeight: res.windowHeight,           //可使用窗口高度
          language: res.language,                   //微信设置的语言
          version: res.version,                     //微信版本号
          system: res.system,                       //操作系统版本
          platform: res.platform,                   //客户端平台
          SDKVersion: res.SDKVersion                //客户端基础库版本
        })
      }
    })
  },
  getSystemInfoSync: function () {
    try {
      var res = wx.getSystemInfoSync()              //同步获取设备系统信息
      this.setData({
        title: '同步获取设备系统信息',
        dataSource: '同步获取',
        brand: res.brand,
```

```
            model: res.model,
            pixelRatio: res.pixelRatio,
            screenWidth: res.screenWidth,
            screenHeight: res.screenHeight,
            windowWidth: res.windowWidth,
            windowHeight: res.windowHeight,
            language: res.language,
            version: res.version,
            system: res.system,
            platform: res.platform,
            SDKVersion: res.SDKVersion
          })
        } catch (e) {
          this.setData({
            dataSource: '同步获取系统信息失败！'
          })
        }
      }
    })
```

5.12.4 知识要点

1. API 函数 wx.getSystemInfo(Object object)。用于异步获取设备系统信息，其参数 Object object 的属性只包含 success、fail 和 complete 三个回调函数，object.success 回调函数参数 Object res 的主要属性说明见表 5.31。

表 5.31 object.success 回调函数参数 Object res 的主要属性说明

属　性	类　型	说　明
brand	string	设备品牌
model	string	设备型号
pixelRatio	number	设备像素比
screenWidth	number	屏幕宽度，单位为 px
screenHeight	number	屏幕高度，单位为 px
windowWidth	number	可使用窗口宽度，单位为 px
windowHeight	number	可使用窗口高度，单位为 px
statusBarHeight	number	状态栏的高度，单位为 px
language	string	微信设置的语言
version	string	微信版本号
system	string	操作系统及版本
platform	string	客户端平台
fontSizeSetting	number	用户字体大小（单位为 px）。以微信客户端「我 - 设置 - 通用 - 字体大小」中的设置为准
SDKVersion	string	客户端基础库版本

2. API 函数 Object wx.getSystemInfoSync()。用于同步获取设备系统信息，其返回值 Object res 的主要属性说明见表 5.31。

5.12.5 问题思考

1. 函数 wx.getSystemInfo(Object object) 的主要功能是什么？其参数属性有哪些？
2. 函数 wx.getSystemInfoSync() 的功能是什么？该函数的返回值的属性有哪些？
3. 设备信息主要包括哪些内容？这些信息属于哪个函数的哪个参数的属性？

案例 5.13 网络和数据库

网络和数据库（1） 网络和数据库（2）

5.13.1 案例描述

设计一个小程序案例，利用 phpStudy、Navicat 和 ThinkPHP 框架包配置网络和 MySQL 数据库环境，在微信小程序中使用网络 API 读取数据库中的数据，实现用户登录和学生成绩显示。

5.13.2 实现效果

案例运行后的效果如图 5.16 所示。初始界面如图 5.16（a）所示，界面中有两个 input 组件用于输入账号和密码，两个 button 组件用于登录和重置。如果账号或用户名为空并点击“登录”按钮时，会弹出提示信息框，如图 5.16（b）所示。如果输入的用户名或密码与数据库中存储的账号和密码不一致并点击“登录”按钮时，会弹出图 5.16（c）所示的错误提示信息框。如果输入的用户名和密码都正确时，会弹出“登录成功”信息框，如图 5.16（d）所示，如果点击信息框中的“取消”按钮，则信息框消失，如图 5.16（e）所示，如果点击信息框中的“确定”按钮，则进入“学生成绩表”页面，如图 5.16（f）所示，页面中的数据来自数据库。

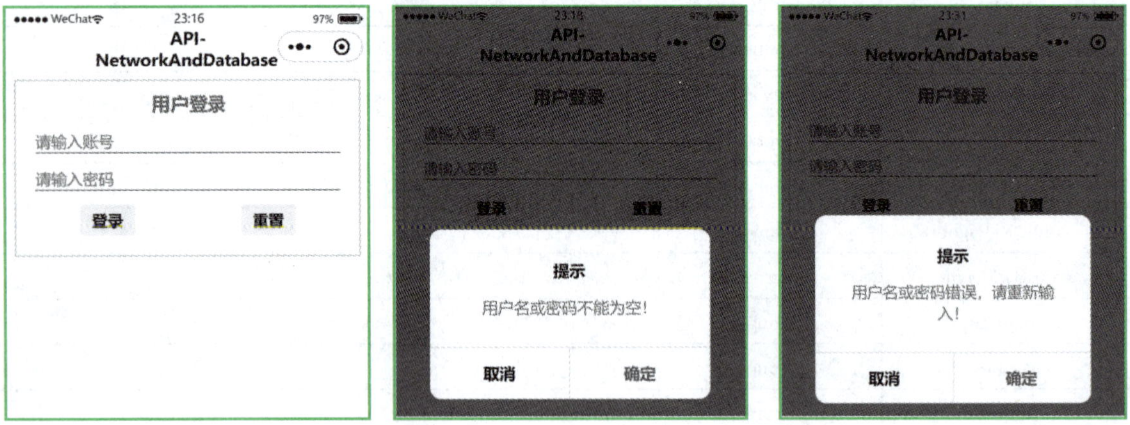

（a）初始界面　（b）用户名或密码为空时　（c）用户名或密码错误时

图 5.16 网络和数据库案例运行结果

（d）输入正确时登录界面　　（e）登录成功时取消界面　　（f）成功登录并确定后界面

图 5.16　网络和数据库案例运行结果（续）

5.13.3　案例实现

1．网络服务端环境配置。

本案例需要的软件包括 phpStudy、Navicat 和 ThinkPHP 框架包。phpStudy 是一个 PHP 调试环境的程序集成包，该程序包集成了最新的 Apache 和 MySQL 等内容，一次性安装，无须配置即可使用，是非常方便好用的 PHP 调试环境及 MySQL 数据库环境。Navicat for MySQL 是管理和开发 MySQL 数据库的图形化工具，它可同时连接 MySQL 和 MariaDB 数据库，并与阿里云、腾讯云和华为云等云数据库兼容，为数据库管理、开发和维护提供了直观而强大的图形界面。

（1）phpStudy 的下载和安装。下载地址为 https://www.xp.cn/download.html，根据自己的操作系统下载相应的版本，下载后解压并进行安装。安装后打开该软件并启动 Apache 和 MySQL，如图 5.17 所示。

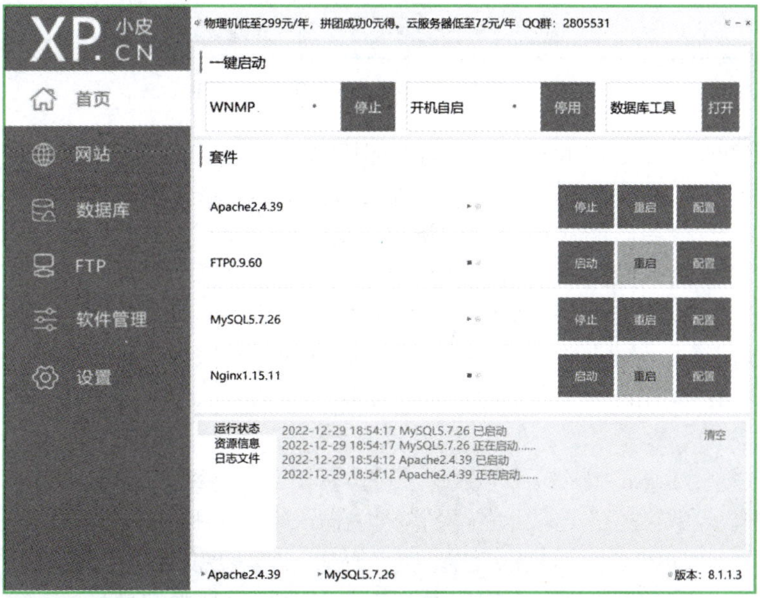

图 5.17　phpStudy 软件界面

（2）下载安装 Navicat for MySQL。下载地址为 https://navicat.com.cn/download/navicat-for-mysql，下载后直接进行安装，该软件只有 14 天的试用期。

（3）新建连接。首先打开 phpStudy 并启动 MySQL，然后打开 Navicat for MySQL，单击“连接”按钮，在弹出的选项中选择“MySQL”，弹出“MySQL-新建连接”对话框，在“常规”选项卡的“连接名”文本框中输入一个名字，如 test，“主机名或 IP 地址”文本框中采用默认的 localhost，“端口”文本框中采用默认的 3306，“用户名”采用默认的 root，“密码”文本框中输入 root，然后单击“连接测试”按钮，如果弹出“连接成功”对话框，表明与 MySQL 数据库连接成功，如图 5.18 所示。

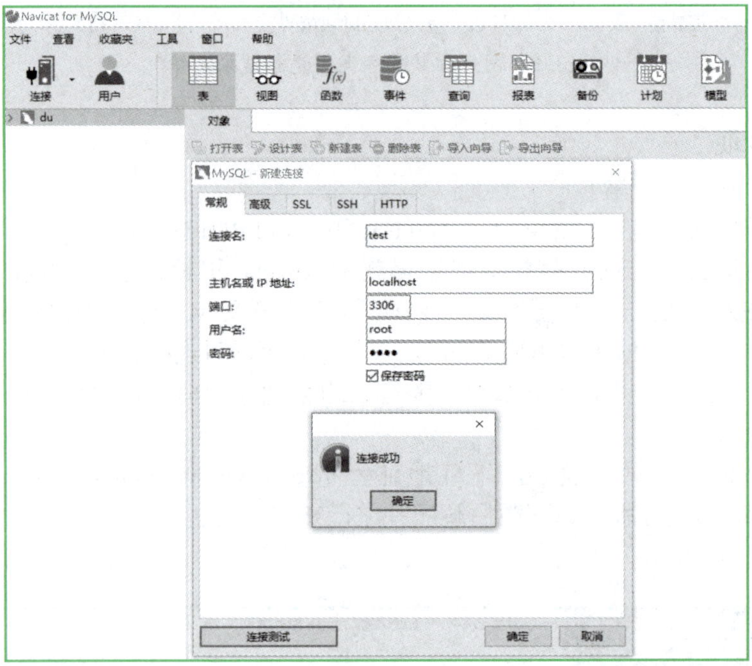

图 5.18　Navicat for MySQL 软件界面

（4）新建数据库。建立与 MySQL 数据库连接后，就会在左侧列表中出现“连接名”，双击“连接名”即可在“连接名”下面出现几个默认的数据库，如果要建立自己的数据库，直接右击“连接名”，在弹出的快捷菜单中选择“新建数据库”命令，弹出“新建数据库”对话框，在该对话框中输入数据库名称，选择字符集和排序规则并单击“确定”按钮，此时将建立新的数据库，这里建立了 test 数据库，如图 5.19 所示。

（5）新建数据表。双击新建立的 test 数据库，从而展开数据库中的表、视图、函数等内容，右击“表”，在弹出的快捷菜单中选择“新建表”命令，如图 5.20 所示，这里新建 login 和 score 数据表。

（6）设计数据表 login 和 score，分别用于登录和学生成绩。选择“新建表”命令后，打开图 5.21 所示窗口，在“栏位”选项卡的“名”列中输入字段名称，并选择或填写该字段的类型、长度、小数点、不是 null，以及默认、注释、字符集、排序规则等内容。设计完表格字段后单击“保存”按钮，此时将在左侧列表的“表”下面出现所保存表的名称。

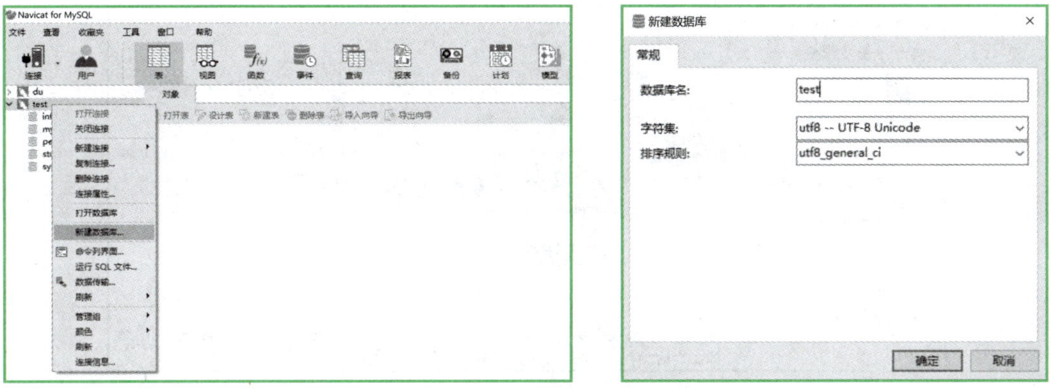

图 5.19 新建数据库

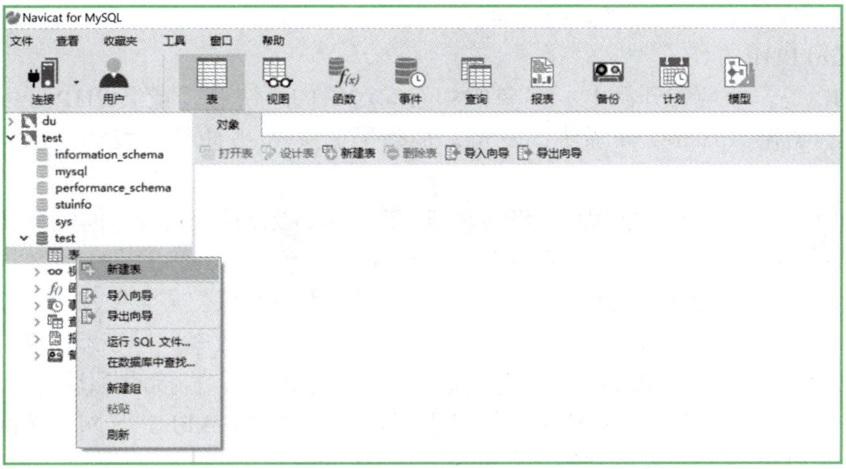

图 5.20 新建数据表

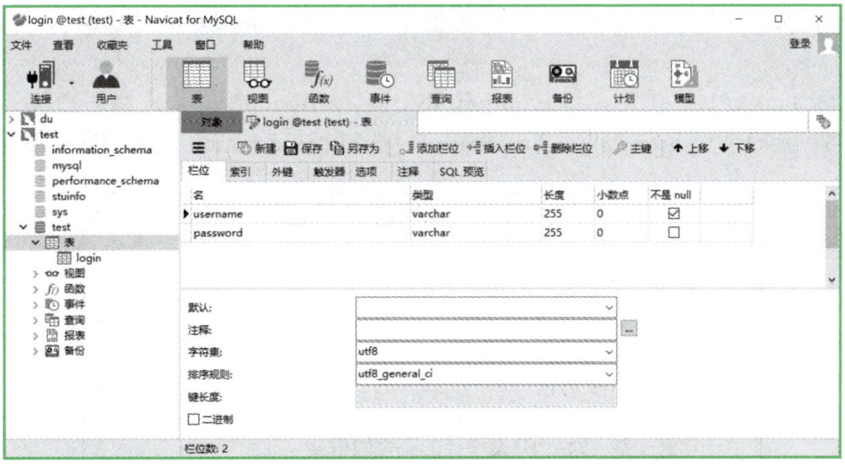

图 5.21 设计数据表

（7）录入数据表数据。设计完数据表的字段后，双击数据表名称，即可进行数据录入，如图 5.22 所示。录入过程中，可以通过【Tab】键或单击下面的“+”按钮添加新的记录。

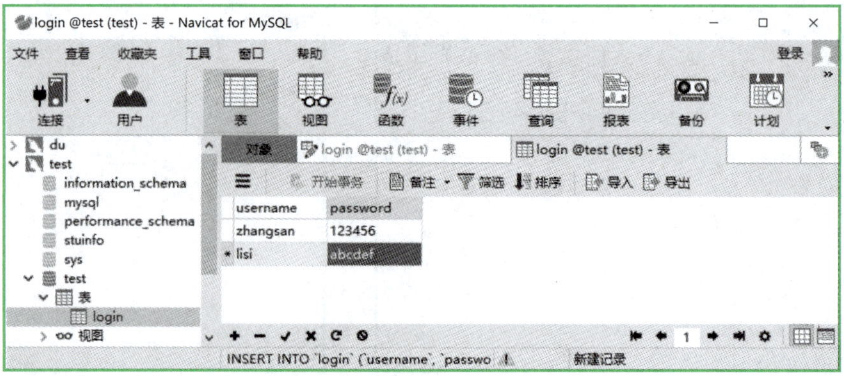

图 5.22　录入数据表中的数据

2. ThinkPHP 框架开发后台系统部署。

（1）ThinkPHP 介绍。

ThinkPHP 是一个免费开源的、简单的、面向对象的、快速轻量级 PHP 开发框架，创立于 2006 年初，遵循 Apache2 开源协议发布，是为了加快 Web 应用开发和简化企业应用开发而诞生的。

ThinkPHP 自身包含了底层架构、兼容处理、基类库、数据库访问层、模板引擎、缓存机制、插件机制、角色认证、表单处理等常用组件，并且对于跨版本、跨平台和跨数据库移植都比较方便。并且每个组件都是精心设计和完善的，应用开发过程仅仅需要关注自己的业务逻辑。

使用 ThinkPHP 框架进行开发，将大大提高后台系统开发效率，程序编写者只要关注业务逻辑即可，很多底层技术 ThinkPHP 框架已经帮开发者铺垫好，直接使用即可。

ThinkPHP 5.0 框架的使用文档以及开发手册可以登录 ThinkPHP 官网，访问相应教程栏目即可。ThinkPHP 框架的入口文件是：public/index.php。

（2）ThinkPHP 安装。把解压后的 ThinkPHP 文件夹直接复制到 phpStudy 站点根目录下，如 D:\phpstudy_pro\WWW，并对该文件夹重命名，如将 thinkphp_5.0.24_with_extend 修改为 stuInfo。

（3）运行 ThinkPHP 框架。打开 phpStudy，启动 Apache 服务，然后在浏览器地址栏中输入 ThinkPHP 入口地址 http://localhost/stuinfo/public/index.php，打开图 5.23 所示的界面。

图 5.23　ThinkPHP 入口界面

3. 读取数据库并返回 JSON 格式数据。

（1）修改 ThinkPHP 框架中数据库访问配置。使用代码编辑器软件，如 VS Code 打开 ThinkPHP 框架，如本案例中的 D:\phpstudy_pro\WWW\stuInfo，并选择其中的 application\database.php 文件，修改相关参数，修改后的参数如图 5.24 所示。

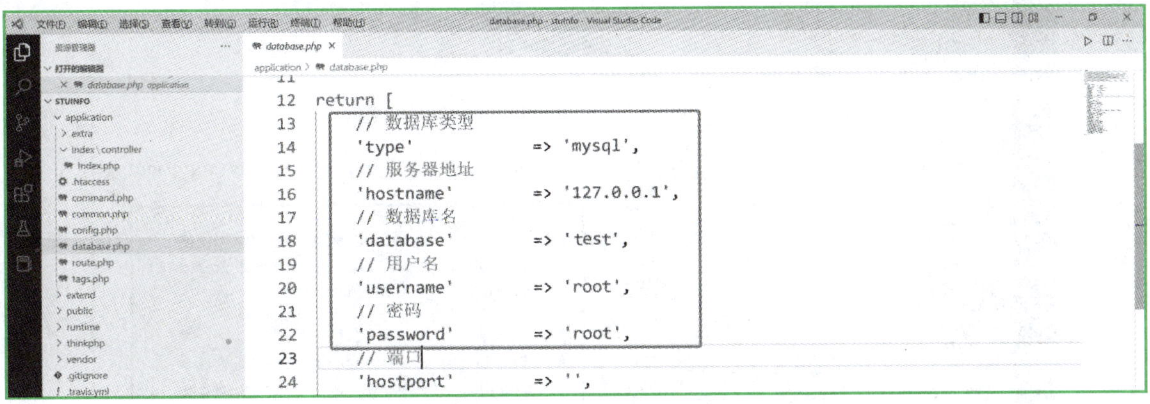

图 5.24 修改 ThinkPHP 框架 database.php 文件中的相关参数

（2）修改 ThinkPHP 框架中的配置文件。选择 \application\config.php 文件，将 app_debug 参数修改为 true，如图 5.25 所示。

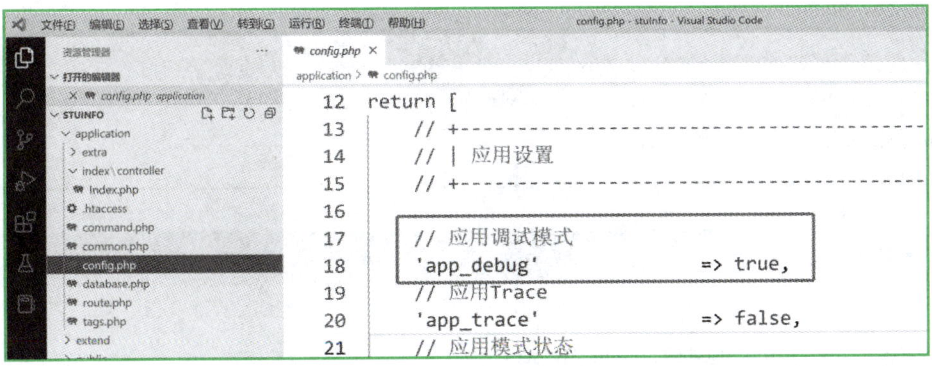

图 5.25 修改 config.php 文件中的相关参数

（3）读取数据库中的数据并转换为 JSON 格式数据。打开 \application\index\ controller\index.php 文件，在第 4 行添加代码：use think\Db，以此引用数据库类 Db，然后在 index 类中添加 readLogin() 和 readScore() 函数，该函数首先读取 login 和 score 数据表中的所有记录，然后返回 JSON 编码格式，如图 5.26 所示。

（4）在浏览器中显示 JSON 格式数据。打开 phpStudy 软件并启动 Apache 和 MySQL 服务，在浏览器地址栏分别输入：http://localhost/stuinfo/public/index.php/index/index/readlogin 和 http://localhost/stuinfo/public/index.php/index/index/readscore，此时会以 JSON 格式分别显示 stuinfo 数据库中 login 和 score 数据表中的所有数据，如图 5.27 所示。

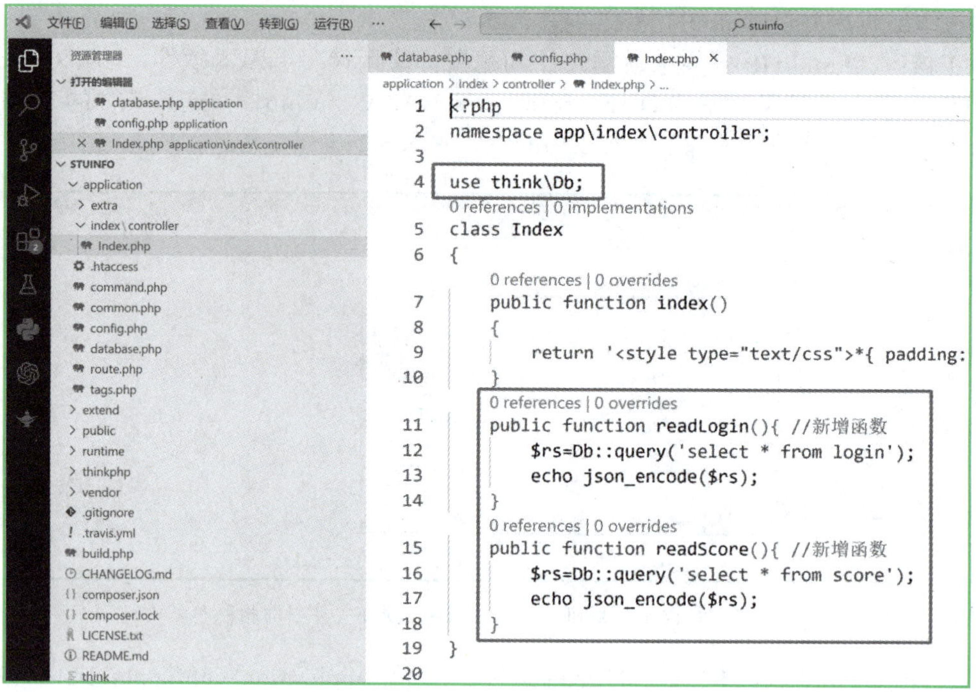

图 5.26 在 index.php 文件中添加读取数据库中数据的函数

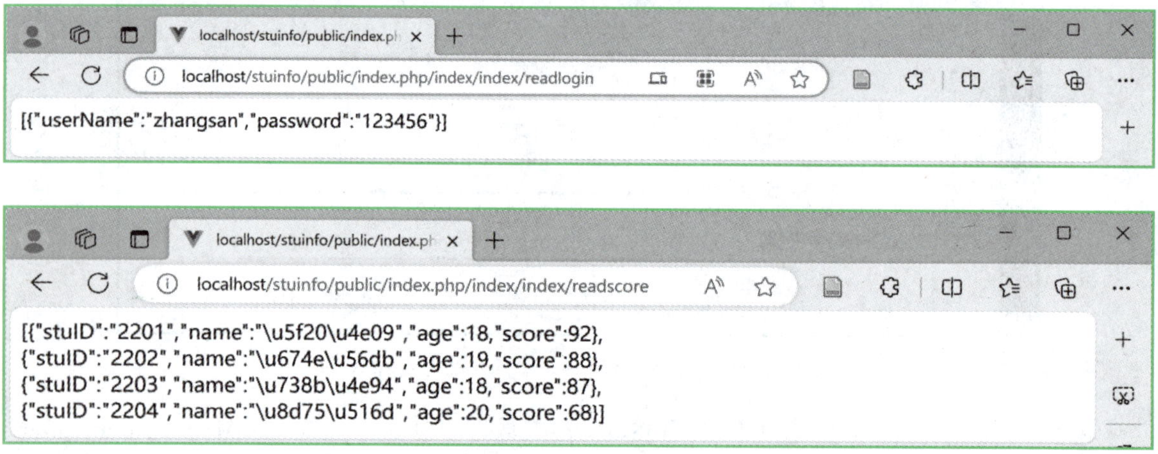

图 5.27 在浏览器中以 JSON 格式显示数据表中的所有记录

4. 在微信小程序中使用网络 API 读取数据库中的数据。

（1）新建项目。新建一个不使用云服务和模板的小程序项目：NetworkAndDatabase。

（2）设置小程序不检验合法域名。点击小程序右上角“详情”→“本地设置”选项，勾选“不校验合法域名、web-view（业务域名）、TLS 版本以及 HTTPS 证书”复选框，如图 5.28 所示。

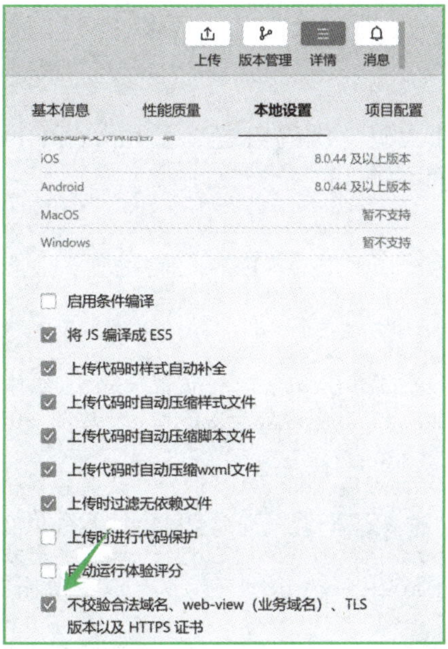

图 5.28　勾选“不校验合法域名、web-view（业务域名）、TLS 版本以及 HTTPS 证书”复选框

（3）创建显示学生成绩页面 score。打开 app.json 页面，在 pages 属性中添加 score 页面，app.json 文件代码如下：

```
  "pages": [
    "pages/index/index",
    "pages/score/score"
  ],
…
```

（4）编写 index.wxml 代码。该页面用于用户登录，其中，两个 input 组件用于输入用户名和密码，两个 button 组件用于登录和重置。

```
<!--index.wxml-->
<navigation-bar title="API-NetworkAndDatabase" back="{{false}}" color="black"
background="#FFF"></navigation-bar>
<scroll-view class="scrollarea" scroll-y type="list">
  <view class="box">
    <view class="title">用户登录</view>
    <form bindsubmit="onSubmit">
      <input name='userName' value="{{userName}}" placeholder="请输入账号" />
      <input name='password' password="true" value="{{password}}" placeholder=
      "请输入密码" />
      <view class="btnLayout">
        <button size="mini" form-type="submit">登录</button>
        <button size="mini" form-type="reset">重置</button>
      </view>
    </form>
```

```
    </view>
</scroll-view>
```

（5）编写 index.wxss 文件代码。代码自定义了 input 和 .btnLayout 样式类，分别用于设置 input 组件样式和 button 组件的布局。

```
/**index.wxss**/
page {…}
.scrollarea {…}
input {
  border-bottom: 1px solid blue; /* 设置 input 组件下边框线 1 px，实线、蓝色 */
  margin: 30rpx 20rpx;         /* 设置上下外边距 30 rpx，左右外边距 20 rpx */
}
.btnLayout {                          /* 设置 button 组件的布局 */
  display: flex;                      /* 设置布局方式为 flex */
  flex-direction: row;                /* 设置水平方向为主轴方向 */
  justify-content: space-around;      /* 设置组件沿主轴方向平均分布，两边留有一半的间隔空间 */
  margin-bottom: 20rpx;               /* 设置下边距为 20 rpx */
}
```

（6）编写 app.wxss 文件代码。代码中定义了 .box 和 .title 样式类，样式类的代码和前面案例相同，这里就不再给出。

（7）编写 index.js 文件代码。代码定义了用于显示信息框的 showModal() 函数和 form 组件的提交事件函数 onSubmit()，onSubmit() 函数用于根据数据库中的用户名和密码数据实现用户登录。

```
// index.js
const baseURL = 'http://localhost/stuinfo/public/index.php/index/index/readlogin'
Page({
  showModal(content) {
    wx.showModal({
      content: content,                          // 信息框内容
      showCancel: true,                          // 显示 cancel 按钮
      title: '提示'                              // 信息框标题
    })
  },
  onSubmit(e) {
    let info = e.detail.value
    let username = info.username
    let password = info.password
    if (username == '' || password == '') {     // 如果用户名或密码为空
      this.showModal('用户名或密码不能为空！')
      return
    }
    wx.request({
      url: baseURL,
      success: (result) => {
        for (let i = 0; i < result.data.length; i++) {
```

```
            if (result.data[i].username == username && result.data[i].
            password ==password){
              wx.showModal({                        // 显示信息框
                title: '登录成功',
                content: '用户名和密码正确',
                complete: (res) => {
                  if (res.cancel) {                 // 如果点击信息框的“取消”按钮
                    return
                  }
                  if (res.confirm) {                // 如果点击信息框的“确定”按钮
                    wx.redirectTo({
                      url: '../score/score', // 跳转到 score 页面
                    })
                  }
                }
              })
              return
            }
          }
          this.showModal('用户名或密码错误，请重新输入！')
          this.setData({                            // 清空账号和密码
            username: '',
            password: ''
          })
        },
      })
    }
})
```

（8）编写 score.json 文件代码。代码引入 navigation-bar 组件。

score.json 文件代码：

```
{
  "usingComponents": {
    "navigation-bar": "/components/navigation-bar/navigation-bar"
  }
}
```

（9）编写 score.wxml 文件代码。代码中使用了两个 wx:for 循环，第一个 wx:for 用于显示字段名称，第二个 wx:for 用于显示数据库中的数据。

```
<!--pages/score/score.wxml-->
<navigation-bar title="网络和数据库应用" back="{{true}}" color="black"
background="#FFF"></navigation-bar>
<scroll-view class="scrollarea" scroll-y type="list">
  <view class="box">
  <view class="title">
    学生成绩表
  </view>
```

```
    <!-- 显示字段名称 -->
    <view wx:for="{{fields}}" wx:key="fields" class="layout topic">
      {{item}}
    </view>
    <!-- 显示数据库中的数据 -->
    <view wx:for="{{list}}" wx:key="list">
      <view class="layout">{{item.stuID}}</view>
      <view class="layout">{{item.name}}</view>
      <view class="layout">{{item.age}}</view>
      <view class="layout">{{item.score}}</view>
    </view>
  </view>
</scroll-view>
```

（10）编写 score.wxss 文件代码。代码中定义了四个样式类，即 page、.scrollarea、layout、topic，其中 page 和 .scrollarea 与 index.wxss 中的一样，layout 用于设置字段名和每条记录中的数据样式，topic 用于设置字段名样式。

```
/* pages/score/score.wxss */
page {
  height: 100vh;
  display: flex;
  flex-direction: column;
}
.scrollarea {
  flex: 1;
  overflow-y: hidden;
}
.layout{
  display: inline-block;          /* 在一行中显示，并可以设置宽度和高度 */
  width: 80px;
  line-height: 2em;
}
.topic{
  font-weight: bolder;
}
```

（11）编写 score.js 文件代码。代码中首先在 data 中初始化数据库字段名称，然后在 onLoad() 函数中利用 API 函数 wx.request 读取 url 中的 JSON 格式数据并发送到视图文件。

```
// pages/score/score.js
Page({
  data: {
    fields: ['学号', '姓名', '年龄', '成绩']     //初始化数据库字段名称
  },
  onLoad () {
    wx.request({                              //网络访问 API 函数
      url: 'http://localhost/stuinfo/public/index.php/index/index/readScore',
      method: 'POST',
      success: res => {
```

```
          this.setData({
            list: res.data,         //将url网址中的JSON格式数据传递给list
          })
        }
      })
    },
  })
```

5.13.4 知识要点

1. 数据库环境配置方法，包括：phpStudy 的下载和安装、下载安装 Navicat for MySQL、新建数据库方法、新建数据表方法、设计数据表方法、录入数据表数据的方法。

2. ThinkPHP 框架开发后台系统部署方法，包括：ThinkPHP 下载方法、ThinkPHP 安装方法、运行 ThinkPHP 框架方法。

3. 利用 ThinkPHP 框架读取数据库并返回 JSON 格式数据方法，包括：修改 ThinkPHP 框架中数据库访问配置方法、修改 ThinkPHP 框架中的配置文件方法、读取数据库中的数据并转换为 JSON 格式数据方法、在浏览器中显示 JSON 格式数据方法。

4. 在微信小程序中读取数据库中的数据方法，主要包括利用 API 函数 wx.request 读取数据库中数据的方法。

5.13.5 问题思考

1. phpStudy 的主要功能是什么？
2. ThinkPHP 框架的主要功能是什么？
3. 利用 ThinkPHP 框架读取数据库中的数据并返回 JSON 格式数据的方法是什么？
4. 如何利用微信小程序 API 函数 wx.request 读取数据库中的数据？

习　题

1. 设计一个小程序，利用画布 API 函数实现基本绘图、图形变换、绘制曲线、图片绘制、动画、照相和摄像等功能。

2. 设计一个小程序，利用文件 API 函数实现文件的读 / 写功能。

3. 设计一个小程序，利用数据缓存 API 函数实现缓存数据的异步和同步存储、获取、删除、清空，以及存储信息的获取。

4. 设计一个小程序，利用传感器 API 函数实现罗盘传感器、加速度传感器、陀螺仪传感器的启动、监听和停止监听方法。

5. 设计一个小程序，利用用户行为 API 函数实现扫码、打电话、发短信、添加联系人信息、选择联系人等功能。

6. 设计一个小程序，利用手机状态 API 函数对手机的联网状态、屏幕亮度、剪贴板和手机振动的开启、监听和关闭。

7. 设计一个小程序，利用设备系统信息 API 函数同步和异步获取设备系统信息。

8. 设计一个小程序，利用网络 API 函数和数据库实现用户注册、登录和修改密码等功能。

第 6 章 云开发

本章概要

本章设计了 5 个案例，演示了小程序云开发的方法和技巧，包括：云开发 QuickStart 模板小程序、文件上传 / 下载、数据库基本操作、云函数应用、数据库聚合查询。

学习目标

- 理解微信小程序云开发的基本能力和应用
- 理解云开发 QuickStart 模板小程序
- 掌握文件上传和下载的实现方法
- 掌握数据库操作的实现方法
- 掌握云函数的使用方法
- 掌握数据库聚合查询的使用步骤

案例 6.1 云开发 QuickStart 模板小程序

云开发 QuickStart 模板小程序

6.1.1 案例描述

设计一个小程序案例，演示基于云开发基础模板小程序的主要功能和主要代码介绍。

6.1.2 实现效果

案例运行效果如图 6.1 所示。图 6.1（a）所示为小程序运行的初始界面，上面显示了一个菜单，包含项目有：云函数、数据库、云存储、云托管。图 6.1（b）所示为部分菜单展开后的功能子菜单，图 6.1（c）所示为点击“云函数”→“获取 OpenId”选项后打开的界面效果，图 6.1（d）所示为点击“数据库”→“创建集合”选项后的效果（新创建的数据库集合 sales 可以在云开发控制台中查看），图 6.1（e）所示为点击“云存储”→“上传文件”选项后，选择一张图片上传时的效果，图 6.1（f）所示为图片上传成功后的效果，此时打开云开发控制台，点击“存储”按钮，可以看到刚才上传的图片，如图 6.2 所示。

（a）初始界面　　（b）部分功能菜单　　（c）获取 OpenId

图 6.1　云开发 QuickStart 模板小程序运行结果

（d）创建数据库集合　　（e）上传一张图片　　（f）图片上传成功

图 6.1　云开发 QuickStart 模板小程序运行结果（续）

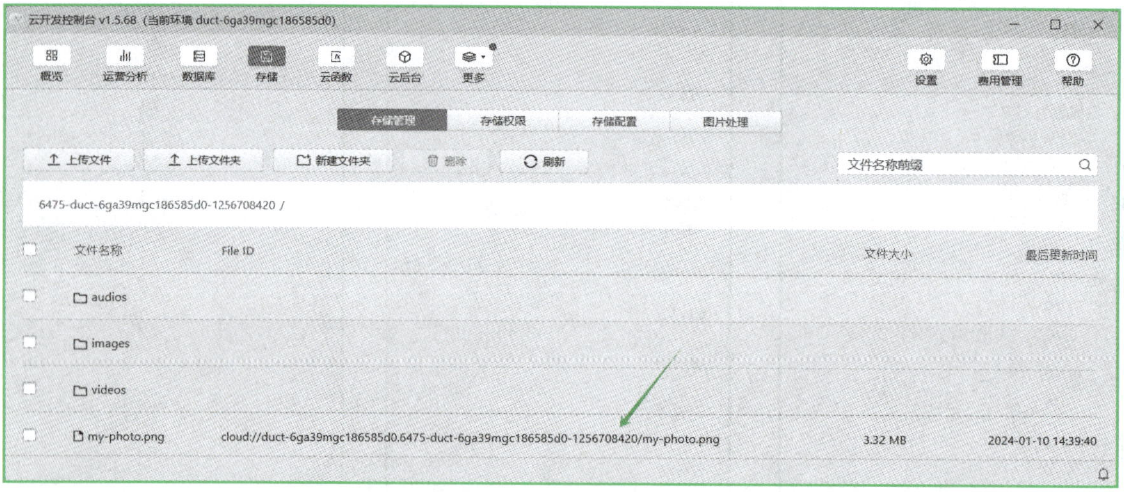

图 6.2　在云开发控制台中查看新上传的图片

6.1.3　案例实现

1．新建项目。新建一个使用云服务和“云开发基础模板”的小程序：QuickStart。创建设置如图 6.3 所示，点击“确定”按钮后即可在开发者工具的模拟器中看到云开发 QuickStart 小程序。

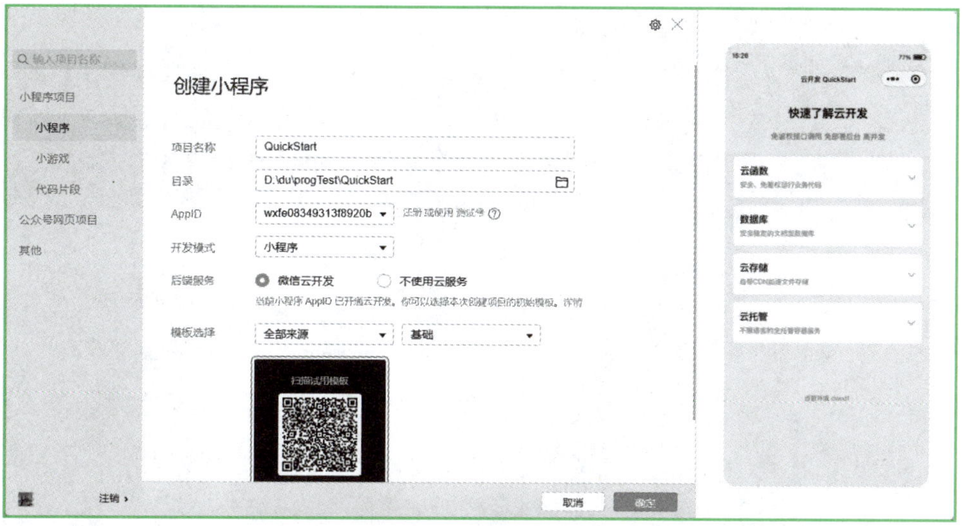

图 6.3 创建微信云开发 QuickStart 模板小程序

在“微信开发者工具”中，如果当前小程序账号下存在已开通的云开发环境，工具栏中的“云开发”功能按钮就是可用的，如图 6.4 所示。

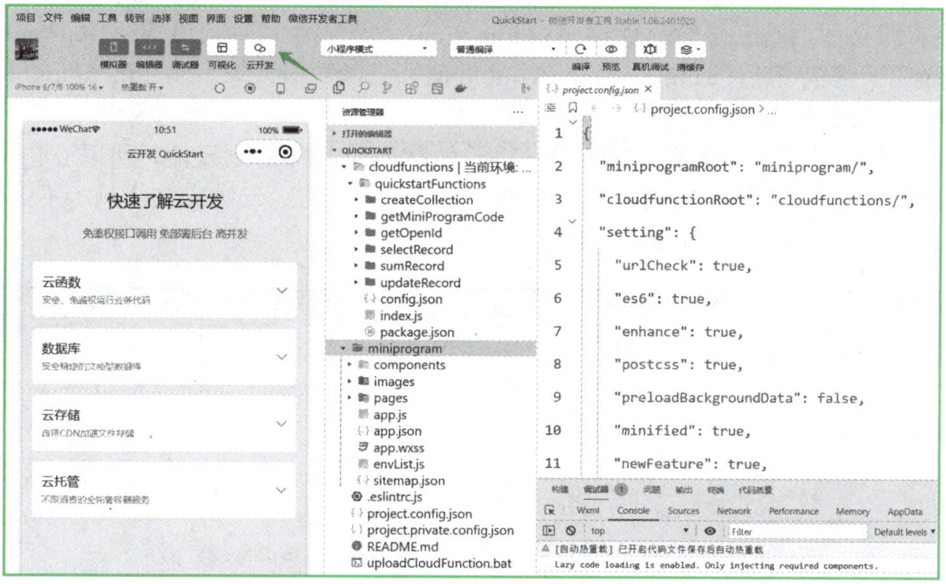

图 6.4 云开发功能按钮

如果开发者创建的是本小程序账号下首个云开发项目，则会自动创建限期免费的云开发环境，点击工具栏中的“云开发”功能按钮，打开“云开发控制台”，可以查看当前云环境的运营分析、各种云端资源，也可以对云开发环境进行设置，如图 6.5 所示。

目前默认配额下，一个小程序账号最多可以开通两个云开发环境，每个环境相互隔离，拥有唯一的环境 ID，包含独立的数据库实例、存储空间、云函数配置等资源。初始创建的环境自动成为默认环境。

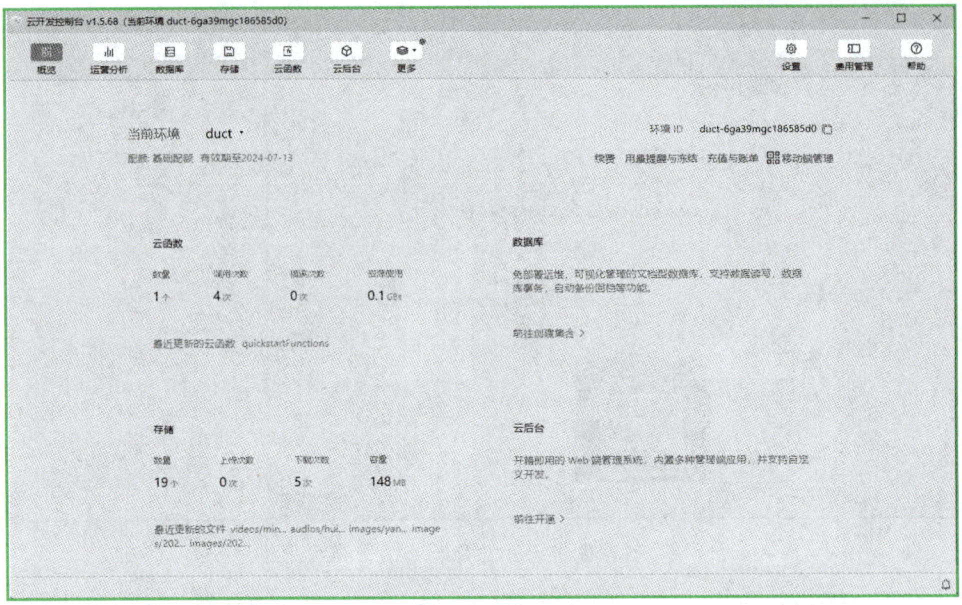

图 6.5　云开发控制台

基于微信云开发创建的小程序的项目目录如图 6.4 所示。小程序前端文件在 miniprogram 文件夹中，服务器后端云函数文件在 cloudfunctions 文件夹中。项目设置文件 project.config.json 中保存了小程序根目录 miniprogramRoot 的值和云函数根目录 cloudfunctionRoot 的值，以及其他项目设置参数。

微信云开发小程序在编译运行前需先将云函数上传并部署到云端，可以右击开发者工具中的云函数目录，在弹出的快捷菜单中选择“创建并部署：云端安装依赖（不上传 node_modules）”命令完成上传和部署，如图 6.6 所示。

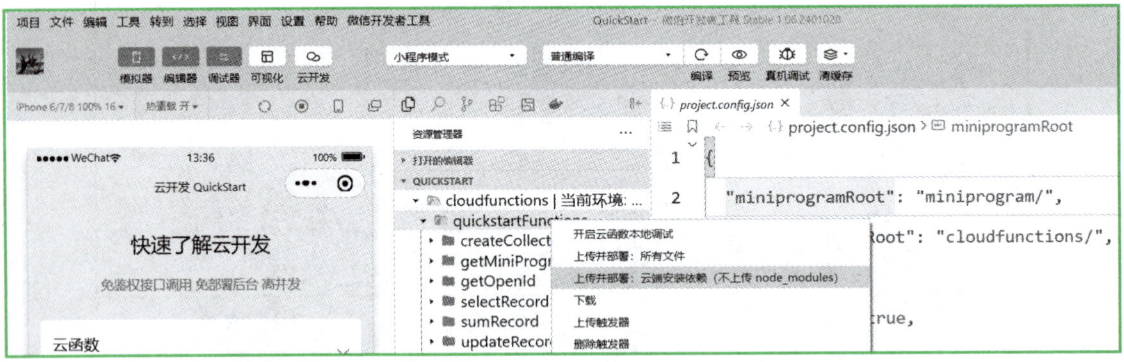

图 6.6　上传部署云函数

2. miniprogram/pages/ index 页面文件介绍。

（1）index.wxml 文件代码。显示了展示云开发基本能力的菜单，view 组件绑定了数组 powerList，循环显示菜单中的各条项目，每条菜单项目的 view 组件都绑定了 onClickPowerInfo() 事件函数，携带参数 index。powerList 数组中的元素包含 title、tip、 showItem、item 等成员数据，其中 title 为云开发能力的名称，tip 为云开发能力的简介，showItem 为子菜单的显示状态，值为 true 时显示、为 false 时不显示，item 为子菜单数组，子菜单的每个元素包括了 title 和 page 两个元素，分别为需要跳转的屏幕的标题和名称，显示 item 子菜单项的 view 组件绑定了 jumpPage() 事件函数，携带参数 item.page。具体代码略（在微信开发者工具中创建 QuickStart 模板小程序项目后可自行查看该文件）。

（2）index.wxss 文件代码。定义了所需的样式，其中 power_info_more 和 power_info_less 定义了一个箭头图案的不同显示角度，用于表示子菜单的显示和隐藏。具体代码略（在微信开发者工具中创建 QuickStart 模板小程序项目后可自行查看该文件）。

（3）index.js 文件代码。定义了小程序主页面对象 page，在 page 中其内部数据 powerList 和 haveCreateCollection、事件函数 onClickPowerInfo() 和 jumpPage() 等。其中 jumpPage() 函数的功能是根据传入的 page 参数，跳转到 pages 目录下对应的云开发功能页面，如 getOpenId、createCollection 等。具体代码略（在微信开发者工具中创建 QuickStart 模板小程序项目后可自行查看该文件）。

3. miniprogram/pages 中其他页面 index.js 文件介绍。这些文件代码中多数都调用了云函数 quickstartFunctions，传递参数 type 代表了当前页面功能的云函数名称字符串，例如 getOpenId 页面的 index.js 文件代码中使用了 wx.cloud.callFunction 接口，调用云函数 quickstartFunctions()，传递的参数 type 为 'getOpenId'，调用成功后，获得的 resp.result 对象中包含当前微信用户的身份信息 openid，并将该信息保存到页面变量 openId 中，然后渲染到视图页面上。

```
// miniprogram/pages/getOpenID/index.js
Page({
  data: {                                        /** 页面的初始数据 */
    showUploadTip: false,
    haveGetOpenId: false,
    envId: '',
    openId: ''
  },
  onLoad(options) {
    this.setData({
      envId: options.envId
    });
  },
  getOpenId() {
    wx.showLoading({
      title: '',
    });
   wx.cloud.callFunction({
      name: 'quickstartFunctions',
      config: {
        env: this.data.envId
      },
      data: {
        type: 'getOpenId'
      }
    }).then((resp) => {
```

```
        this.setData({
          haveGetOpenId: true,
          openId: resp.result.openid
        });
       wx.hideLoading();
     }).catch((e) => {
        this.setData({
          showUploadTip: true
        });
       wx.hideLoading();
      });
    },
    clearOpenId() {
      this.setData({
        haveGetOpenId: false,
        openId: ''
      });
    }
  });
```

4. cloudfunctions/quickstartFunctions 中的相关文件介绍。

（1）index.js 文件。是云函数 quickstartFunctions() 的定义入口文件，相当于一个路由函数，根据传入的参数 type 跳转到不同云函数入口文件，例如，当参数 type 的值为 'getOpenId' 时，转到云函数 getOpenId 的入口文件 './getOpenId/index'。

```
// cloudfunctions/quickstartFunctions/index.js
const getOpenId = require('./getOpenId/index');
const getMiniProgramCode = require('./getMiniProgramCode/index');
const createCollection = require('./createCollection/index');
const selectRecord = require('./selectRecord/index');
const updateRecord = require('./updateRecord/index');
const sumRecord = require('./sumRecord/index');
exports.main = async (event, context) => {              // 云函数入口函数
  switch (event.type) {
    case 'getOpenId':
      return await getOpenId.main(event, context);
    case 'getMiniProgramCode':
      return await getMiniProgramCode.main(event, context);
    case 'createCollection':
      return await createCollection.main(event, context);
    case 'selectRecord':
      return await selectRecord.main(event, context);
    case 'updateRecord':
      return await updateRecord.main(event, context);
    case 'sumRecord':
      return await sumRecord.main(event, context);
  }
};
```

（2）getOpenId/index.js 文件。云函数 getOpenId() 的入口文件，用于获取当前微信用户的上下文信息（包含 openid、appid 和 unionid）并返回给小程序端。

```
// cloudfunctions/quickstartFunctions/getOpenId/index.js
const cloud = require('wx-server-sdk');
cloud.init({
  env: cloud.DYNAMIC_CURRENT_ENV
});
exports.main = async (event, context) => {     // 云函数入口函数
  const wxContext = cloud.getWXContext();      // 获取基础信息
  return {
    openid: wxContext.OPENID,
    appid: wxContext.APPID,
    unionid: wxContext.UNIONID,
  };
};
```

6.1.4 知识要点

1. 微信小程序的云开发能力。

微信云开发是微信团队联合腾讯云推出的专业的小程序开发服务，它提供了以下三大基础能力：

（1）数据库：一个既可在小程序前端操作，也能在云函数中读 / 写的 JSON 文档型数据库。

（2）文件存储：在小程序前端直接上传 / 下载云端文件，在云开发控制台中可视化管理。

（3）云函数：在云端运行的代码，微信私有协议天然鉴权，开发者只需编写业务逻辑代码。

开发者可以使用云开发快速开发小程序、小游戏、公众号网页等，并且原生打通微信开发能力。开发者无须搭建服务器，可免鉴权直接使用平台提供的 API 进行业务开发。

早期阶段，没有云开发的支持，为了完成自己的网络业务，微信小程序通常需要配备后台服务器，开发者需要自己搭建服务器并编写服务器端业务程序以及提供接口程序来响应前端的请求，传统互联网的运作模式如图 6.7 所示。

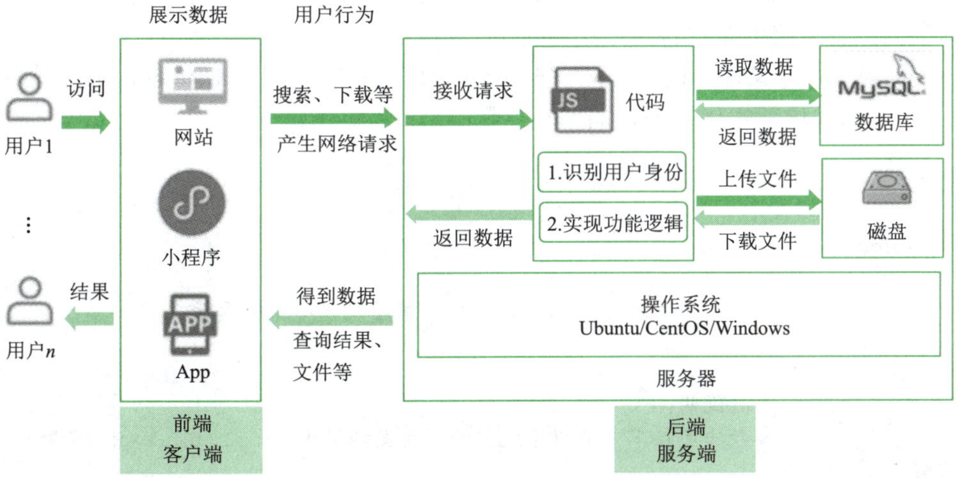

图 6.7 传统互联网的运作模式

为了实现自己业务侧用户的便捷登录，开发者往往需要打通业务账号和微信账号，先拿到用户的微信身份 id，再绑定业务侧的用户身份 id，用户即可通过静默授权的方式登录。完成这个过程首先需要调用 wx.login() 从微信后台服务器获取到微信登录凭证 code，然后调用 wx.request() 把 code 传到开发者服务器，开发者服务器通过 code 和其他信息（AppId 和 AppSecret）到微信后台服务器换取用户 id，然后校验业务侧用户身份之后将业务用户 id 和微信用户 id 进行绑定，生成自己业务的登录凭证 SessionID，返回 SessionID 到前端后，即可在下一次 wx.request() 时带上 SessionID 以控制会话过程。

当前，云开发为开发者提供了完整的原生云端支持和微信服务支持，弱化了后端和运维概念，无须搭建服务器，使用平台提供的 API 即可进行核心业务开发，实现快速上线和迭代。云开发带来的变革如图 6.8 所示。

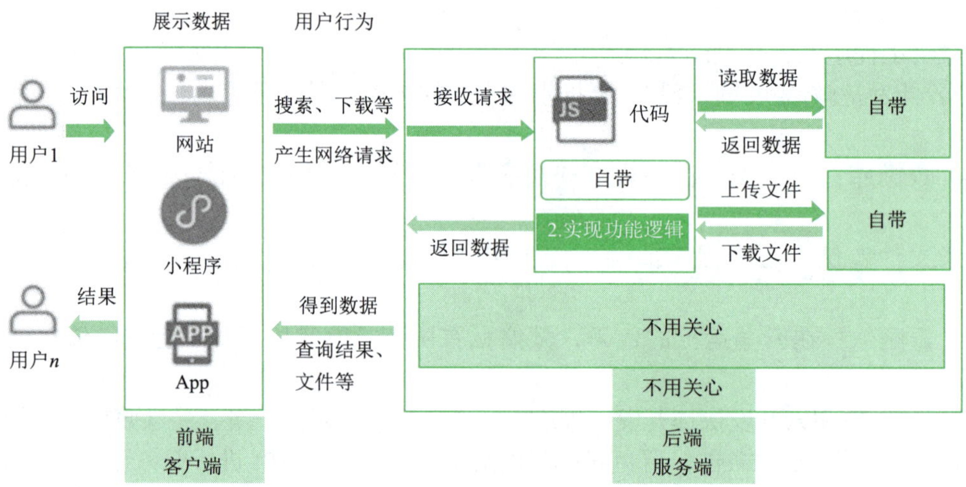

图 6.8　云开发带来的变革

在云开发能力的支持下，开发者无须搭建和运维服务器，只需注重编写自身业务逻辑代码即可。同时，这一能力同开发者已经使用的其他云服务相互兼容，并不互斥。

2. 本案例使用微信小程序的云开发功能。

miniprogram/app.js 文件代码。代码中的 App 应用对象定义的 onLaunch() 事件函数，在函数开始处加入了云环境初始化代码，增加了对微信云开发服务的支持。

```
// app.js
App({
  onLaunch: function () {
    if (!wx.cloud) {
      console.error('请使用 2.2.3 或以上的基础库以使用云能力');
    } else {
      wx.cloud.init({
        // env 参数说明:
        // env 参数决定接下来小程序发起的云开发调用（wx.cloud.xxx）会默认请求到
哪个云环境的资源
```

```
        // 此处请填入环境 ID，环境 ID 可打开云控制台查看
        // 如不填则使用默认环境（第一个创建的环境）
        // env: 'my-env-id',
        traceUser: true,
      });
    }
    this.globalData = {};
  }
});
```

当存在多个云开发环境时，可以将参数 env 设置为指定的环境 ID，否则，env 即默认为最先创建的那个环境 ID。

在云开发能力的支持下，云端运行的代码（云函数）使用微信私有协议天然鉴权，开发者只需编写自身业务逻辑代码即可。如在本案例中使用的云函数 getOpenId()，首先引入了云开发所需的 wx-server-sdk 包，然后初始化当前云开发环境。

```
const cloud = require('wx-server-sdk');
cloud.init({
  env: cloud.DYNAMIC_CURRENT_ENV
});
…
```

其中 cloud.DYNAMIC_CURRENT_ENV 标记了当前的云开发环境。

在获取 OpenId 的入口函数中，首先通过调用 cloud.getWXContext() 函数得到微信调用上下文 wxContext，包括 OPENID、APPID 及 UNIONID（需满足 UNIONID 的获取条件），然后将这些数据返回给小程序前端页面：

```
exports.main = async (event, context) => {
  //获取基础信息
  const wxContext = cloud.getWXContext();
  return {
    openid: wxContext.OPENID,
    appid: wxContext.APPID,
    unionid: wxContext.UNIONID,
  };
};
```

若要新建云函数，只需右击 cloudfunctions 文件夹，在弹出的快捷菜单中选择“新建 Node.js 云函数”命令，然后输入云函数的名称，开发者工具会自动新建一个与云函数同名的文件夹，文件夹内是新建云函数的入口文件 index.js，开发者只需在此文件中编写定义云函数的代码即可。在本地编写完成 index.js 文件后，即可上传并部署到云端。如果本地已安装了 Node.js，则可以在云函数文件夹的右键快捷菜单中选择“开启云函数本地调试”命令，即可在本地调试云函数，功能正确后再选择右键快捷菜单中的“创建并部署：云端安装依赖（不上传 node_modules）”命令，上传并部署至云端。

6.1.5 问题思考

1. 云开发提供了哪些基础能力支持？
2. 在支持云开发的小程序中，前端和后端分别如何初始化云环境？
3. 如何开启云函数本地调试？需要什么前提条件？
4. 目前，每个小程序账号默认可拥有最多几个云开发环境？

案例 6.2 文件上传 / 下载

文件上传 / 下载

6.2.1 案例描述

设计一个小程序，利用云开发支持的存储功能，将文件上传至云存储区，并将云存储区中的文件下载到本地。

6.2.2 实现效果

根据案例描述，可以设计出图 6.9 所示的小程序。初始界面如图 6.9（a）所示，界面中有一个“上传图片”按钮。当点击该按钮时，可以通过拍照方式或从手机相册中选择一张图片方式上传，上传过程中显示加载提示框。上传成功后，页面下方出现“上传成功”的提示信息和图片路径，此时“下载图片”按钮变为可见，如图 6.9（b）所示。点击“下载图片”按钮，显示下载图片消息提示框，如果下载成功，则显示“文件下载成功”对话框，对话框中显示下载文件的路径，如图 6.9（c）所示。点击对话框中的“确定”按钮，可以看到页面下方显示的“下载成功”提示信息框和图片缩略图，如果点击图片缩略图，则可以浏览对应的大图。

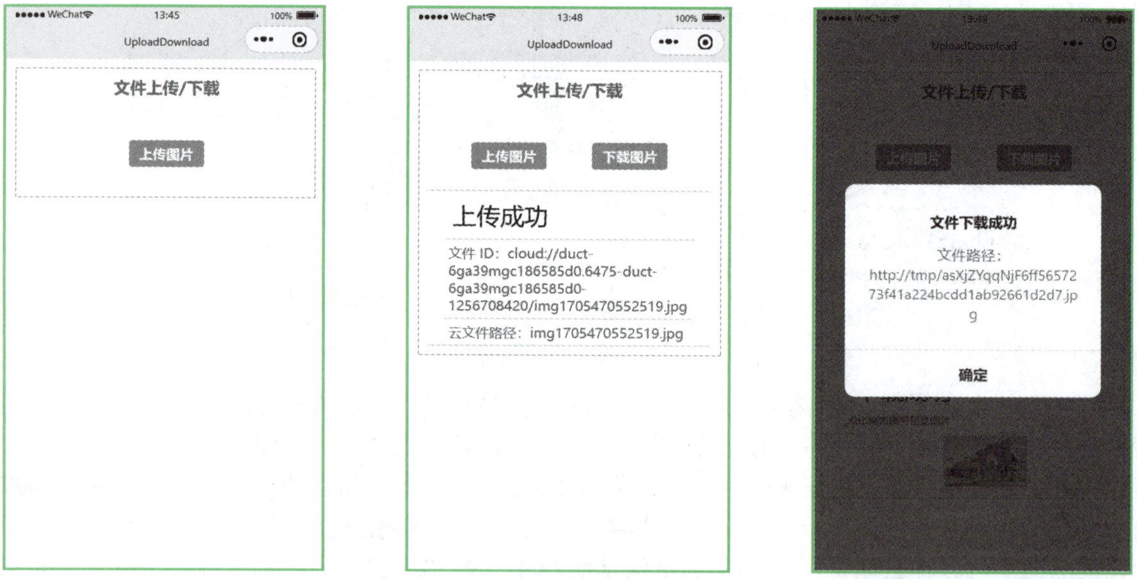

（a）初始界面　（b）文件上传成功　（c）文件下载成功

图 6.9 文件上传 / 下载案例运行结果

6.2.3 案例实现

1. 使用“云开发基础模板”新建小程序：UploadDownload。

2. 编写 miniprogram/pages/index.wxml 文件代码。该案例界面上有两个按钮、一些文本和一张图片，两个 button 组件分别绑定了 doUpload() 和 doDownload() 事件函数，“下载图片”按钮利用 wx:if 和绑定数据 uploadSuccess 控制组件的显示与隐藏。显示上传和下载成功信息的 view 组件也利用 wx:if 和绑定数据 uploadSuccess、downloadSuccess 控制组件的显示与隐藏。文件中的 text 组件分别绑定了数据 fileID 和 cloudPath 来显示相应的信息。image 组件绑定了数据 downloadedFilePath 作为其图片文件源，同时绑定了 previewImg() 事件函数。

```
<!--miniprogram/pages/index.wxml-->
<view class='box'>
  <view class='title'>文件上传 / 下载 </view>
  <view class="Hcontainer">
    <button type='primary' size="mini" bindtap="doUpload">上传图片 </button>
      <button type='primary' size="mini" wx:if="{{uploadSuccess}}"
bindtap="doDownload">下载图片 </button>
  </view>
  <view wx:if="{{uploadSuccess}}" class="list">
    <text class="list-title">上传成功 </text>
    <view class="list-item">
      <text>文件 ID: {{fileID}}</text>
    </view>
    <view class="list-item">
      <text>云文件路径: {{cloudPath}}</text>
    </view>
  </view>
  <view wx:if='{{downloadSuccess}}' class="list">
    <text class="list-title">下载成功 </text>
    <text class='list-text'>点击缩略图可预览图片 </text>
    <view class='image-container'>
      <image src="{{downloadedFilePath}}" mode="aspectFit" bindtap="previewImg">
</image>
    </view>
  </view>
</view>
```

3. 编写 miniprogram/pages/index.wxss 文件代码。代码定义了八个样式类，其中，.Hcontainer 用于设置两个 button 组件的水平排列方式，.opButton 用于设置按钮样式，.list、.list-title、.list-text、list-item 用于设置显示信息样式，.image-container 用于设置图片布局，image 用于设置图片样式。

```
/* miniprogram/pages/index.wxss */
.Hcontainer {
  margin: 100rpx 0rpx 50rpx;
  padding: 0 50rpx;
  display: flex;
```

```
  flex-direction: row;
  justify-content: space-around;
}
.opButton {
  color: white;
  background-color: #0f0;
  border-radius: 10px;
}
.list {
  margin-top: 40rpx;
  width: 100%;
  padding: 0 40rpx;
  border: 1px solid rgba(0, 0, 0, 0.1);
  border-left: none;
  border-right: none;
  display: flex;
  flex-direction: column;
  align-items: flex-start;
  box-sizing: border-box;
}
.list-title {
  margin: 20rpx;
  color: black;
  font-size: 28px;
  font-style: bold;
  display: block;
}
.list-item {
  width: 100%;
  padding: 10rpx;
  font-size: 16px;
  color: #007aff;
  border-top: 1px solid rgba(0, 0, 0, 0.1);
  box-sizing: border-box;
}
.list-text {
  color: red;
  font-size: 12px;
  display: block;
}
.image-container {
  display: flex;
  flex-direction: column;
  align-items: center;
}
.image-container image {
  max-width: 30%;
  max-height: 10vh;
  margin-top: 20rpx;
```

```
  border: 1px solid #e0e0e0;
}
```

4. 编写 index.js 文件代码。文件代码主要定义了 fileID、cloudPath、downloadedFilePath 等页面数据变量和 doUpload()、doDownload() 等事件函数。doUpload() 函数用来实现图片文件的上传，函数首先判断 fileID 是否为空字符串，若不为空则说明存在前一次上传文件的 id，需要先将该文件删除（此处只是举例，实际应用中不必做此操作），然后调用接口 wx.chooseMedia 进行拍照或从相册中选择一张照片，成功则保存文件的临时路径，最后调用接口 wx.cloud.uploadFile 将文件上传到云空间存储区，设置数据 fileID、uploadSuccess 等渲染页面。doDownload() 函数用来实现图片文件的下载，通过调用接口 wx.cloud.downloadFile 将之前上传到云空间存储区的图片文件下载到本地，成功后即设置数据 downloadedFilePath、downloadSuccess 渲染页面。本文件最后还定义了 previewImg() 事件函数，通过调用接口 wx.previewImage 实现了图片的预览功能。

```
// miniprogram / pages / index.js
Page({
  data: {
    fileID: '',                                  // 上传文件的 ID
    cloudPath: '',                               // 上传文件的云端路径
    downloadedFilePath: '',                      // 图片下载后的本地临时路径
    uploadSuccess: false,                        // 文件是否上传成功的标记
    downloadSuccess: false                       // 文件是否下载成功的标记
  },
  doUpload: function () {                        // 图片上传事件函数
    var that = this;
    const fileID = this.data.fileID;
    if (fileID != '') {           // 如果之前上传了图片（fileID 不为空）则删除之
      wx.cloud.deleteFile({
        fileList: [fileID]                       // 要删除的文件 ID 的数组
      })
    }
    wx.chooseMedia({                             // 选择图片
      count: 1,                                  // 图片数量
      sizeType: ['compressed'],                  // 尺寸类型
      mediaType: ['image'],                      // 文件类型
      sourceType: ['album', 'camera'],           // 图片来源
      success: function (res) {                  // 调用成功时的回调函数
        wx.showLoading({                         // 显示加载提示框
          title: '上传中',
        })
        const filePath = res.tempFiles[0].tempFilePath //保存文件临时路径
        const cloudPath = 'img' + Date.now() + filePath.match(/\.[^.]+?$/)[0]
        wx.cloud.uploadFile({                    // 调用接口上传文件
          cloudPath,                             // 文件云端路径
          filePath,                              // 文件本地临时路径
          success: res => {                      // 调用成功时的回调函数
```

```
          console.log('[上传文件] 成功: ', res)
          that.setData({                          //设置页面绑定数据
            uploadSuccess: true,
            downloadSuccess: false,
            fileID: res.fileID,
            cloudPath: cloudPath,
            downloadedFilePath: ''
          })
        },
        fail: e => {                              //调用失败时的回调函数
          console.error('[上传文件] 失败: ', e);
          that.setData({                          //设置页面绑定数据
            uploadSuccess: false,
            fileID: '',
            cloudPath: '',
          })
          wx.showToast({                          //显示消息提示框
            icon: 'none',
            title: '上传失败',
          })
        },
        complete: () => {                         //调用完成时的回调函数
          wx.hideLoading()                        //隐藏加载提示框
        }
      })
    },
    fail: e => {                                  //调用失败时的回调函数
      console.error(e)
    }
  })
},
doDownload: function () {                         //图片下载事件函数
  var that = this;
  wx.showLoading({                                //显示加载提示框
    title: '下载中',
  })
  wx.cloud.downloadFile({                         //调用接口下载文件
    fileID: that.data.fileID,                     //云端文件ID
    success: res => {                             //调用成功时的回调函数
      console.log("下载文件成功：", res)
      that.setData({                              //设置页面绑定数据
        downloadSuccess: true,
        downloadedFilePath: res.tempFilePath
      })
      wx: wx.showModal({                          //显示模态对话框
        title: '文件下载成功',
        content: '文件路径：' + that.data.downloadedFilePath,
        showCancel: false,
        confirmText: '确定',
```

```
          confirmColor: '#0000ff',
        })
      },
      fail: err => {                              // 调用失败时的回调函数
        that.setData({                            // 设置页面绑定数据
          downloadSuccess: false,
          downloadedFilePath: ''
        })
      },
      complete: () => {                           // 调用完成时的回调函数
        wx.hideLoading()                          // 隐藏加载提示框
      }
    })
  },
  previewImg: function () {                       // 图片预览事件函数
    wx.previewImage({                             // 调用接口预览图片
      current: '',                                // 当前显示图片的 http 链接
      urls: [this.data.downloadedFilePath]        // 需要预览的图片 url 的数组
    })
  }
})
```

5. 编写 app.wxss 文件代码。代码中定义了 .box 和 .title 样式类，样式类的内容和前面案例相同，这里就不再给出代码。

6. 修改 app.js 文件代码。修改默认代码中的 env 环境 ID，该 ID 可以从云开发控制台中复制，如图 6.10 所示。

```
// app.js
App({
  onLaunch: function () {
    if (!wx.cloud) {
      console.error('请使用 2.2.3 或以上的基础库以使用云能力');
    } else {
      wx.cloud.init({
        // env 参数说明:
        // env 参数决定接下来小程序发起的云开发调用（wx.cloud.xxx）会默认请求到
哪个云环境的资源
        // 此处请填入环境 ID，环境 ID 可打开云控制台查看
        // 如不填则使用默认环境（第一个创建的环境）
        env: 'duct-6ga39mgc186585d0',             // 设置云资源环境 ID
        traceUser: true,
      });
    }
    this.globalData = {};
  }
});
```

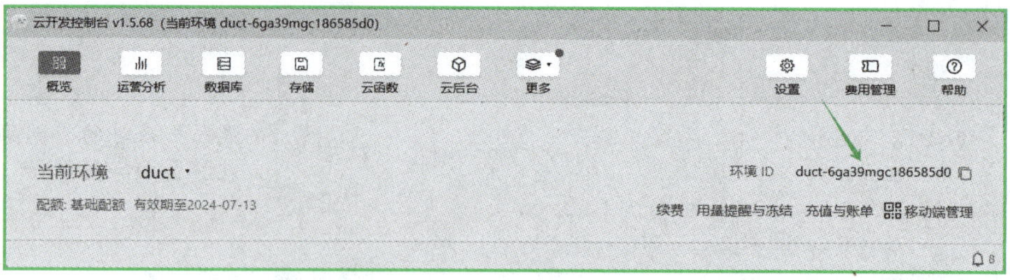

图 6.10　在云开发控制台中查看环境 ID

7. 修改 app.json 文件代码。将代码中 "window" 键值里导航栏标题属性 navigationBarTitleText 的值修改为 UploadDownload。

```
…
"window": {
    "backgroundColor": "#F6F6F6",
    "backgroundTextStyle": "light",
    "navigationBarBackgroundColor": "#F6F6F6",
    "navigationBarTitleText": "UploadDownload",
    "navigationBarTextStyle": "black"
  },
  …
```

6.2.4　知识要点

本案例使用了云开发的存储功能。云开发提供上传文件到云端和带权限管理的云端下载能力，开发者可以在小程序端和云函数端通过 API 使用云存储功能。

1. 云存储。在“微信开发者工具”中，单击“云开发”按钮可以打开“云开发控制台”，单击工具栏中的“存储”功能按钮，可以查看云端存储的文件，如图 6.11 所示。单击文件即可查看文件的属性信息以及预览图片等。

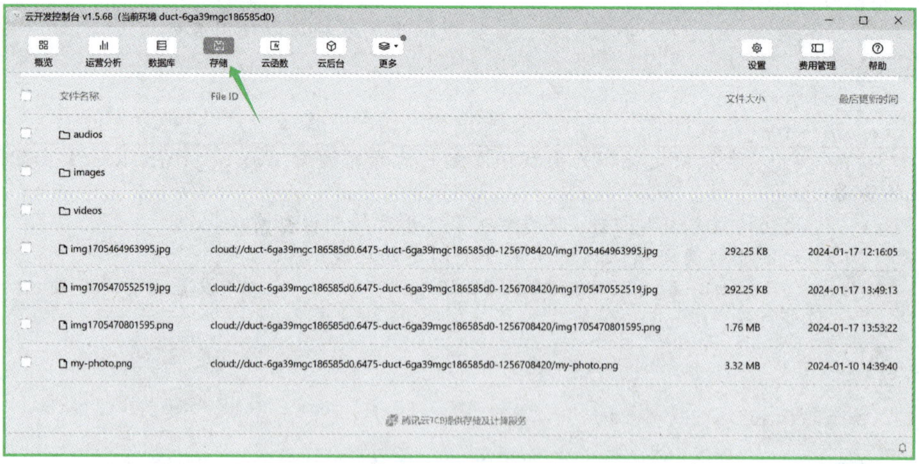

图 6.11　在云开发控制台查看云存储中的文件

在“存储权限”页，还可以设置小程序端对于云端文件的读 / 写权限，如图 6.12 所示。

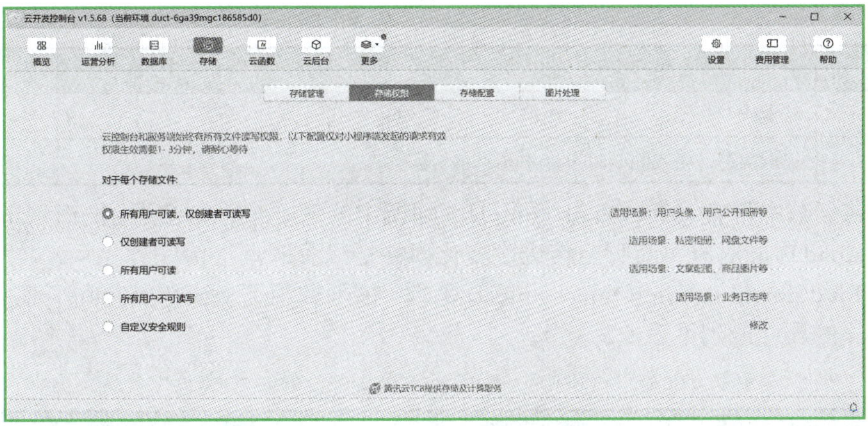

图 6.12　云端文件的存储权限管理

2. wx.cloud.uploadFile(Object object) 函数。该函数可以将本地资源上传至云存储空间，如果上传至同一路径则是覆盖写。接口参数 object 的属性说明见表 6.1。

表 6.1　函数 wx.cloud.uploadFile(Object object) 的参数 object 的属性说明

字　段	说　明	数据类型	必　填
cloudPath	云存储路径	String	是
filePath	要上传文件资源的路径	String	是
config	配置	Object	否
success	成功回调		
fail	失败回调		
complete	结束回调		

其中，config 对象的定义见表 6.2。

表 6.2　config 对象的定义

字　段	说　明	数据类型
env	使用的环境 ID，填写后忽略 init 指定的环境	String

success 回调函数的返回参数格式见表 6.3。

表 6.3　success 回调函数返回参数属性说明

字　段	说　明	数据类型
fileID	文件 ID	String
statusCode	服务器返回的 HTTP 状态码	Number
errMsg	错误信息，格式 uploadFile:ok	String

fail 回调函数的返回参数格式见表 6.4。

表 6.4　fail 回调函数的返回参数的属性说明

字　段	说　明	数据类型
errCode	错误码	Number
errMsg	错误信息，格式 uploadFile:fail msg	String

如果请求参数中带有 success/fail/complete 回调中的任一个，则会返回一个 UploadTask 对象，通过 UploadTask 对象可监听上传进度变化事件，以及取消上传任务。

3. wx.cloud.downloadFile(Object object) 函数。该函数用于从云存储空间下载文件到本地，其参数 object 的属性说明见表 6.5。

表 6.5　函数 wx.cloud.downloadFile(Object object) 的参数 object 的属性说明

字　段	说　明	数据类型	必　填
fileID	云文件 ID	String	是
config	配置	Object	否
success	成功回调		
fail	失败回调		
complete	结束回调		

其中，success 回调函数的返回参数属性说明见表 6.6。

表 6.6　success 回调函数的返回参数属性说明

字　段	说　明	数据类型
tempFilePath	临时文件路径	String
statusCode	服务器返回的 HTTP 状态码	Number
errMsg	成功为 downloadFile:ok，失败为失败原因	String

4. Cloud.deleteFile(fileList: string[]): Promise<Object> 函数。该函数用于从云存储空间删除文件，一次最多可删除 50 个文件，其函数参数 fileList 表示云文件 ID 字符串数组。返回值 Promise<Object> 的属性 fileList 是一个文件列表，其元素对象的结构见表 6.7。

表 6.7　fileList 中元素对象的结构

属　性	类　型	说　明
fileID	string	云文件 ID
status	number	状态码，0 为成功
errMsg	string	成功为 ok，失败为失败原因

6.2.5　问题思考

1. 云存储中的文件是否任何人都可以上传或下载？
2. 函数 wx.cloud.uploadFile(Object object) 的功能是什么？其参数属性有哪些？
3. 函数 wx.cloud.downloadFile(Object object) 的功能是什么？其参数属性有哪些？
4. 上传和下载文件时可以实现同时选择多个文件吗？如果可以，如何实现？

案例 6.3 数据库基本操作

数据库基本操作

6.3.1 案例描述

设计一个小程序，演示云数据库及其 API 的功能和使用方法。用户在云数据库中手动创建集合，然后利用代码创建集合结构（包括记录、字段及字段的值），并对集合记录进行添加、删除、修改和查询等操作。

6.3.2 实现效果

案例运行结果如图 6.13 所示，初始界面如图 6.13（a）所示。

当点击“增”按钮时，按钮下方将出现一个表单，表单中包含一个 textarea 组件，如图 6.13（b）所示。当在 textarea 组件中输入内容并点击“确定”按钮后，如果数据添加成功，将弹出“新增记录成功”消息提示框，并在页面下方显示操作结果提示信息，并显示新添加记录的编号 _id，如图 6.13（c）所示。

当点击“改”按钮时，按钮下方显示一个表单，表单中包含一个 input 组件和一个 textarea 组件，如图 6.13（d）所示。当输入要更新的记录编号 _id 和更新内容并点击“确定”按钮后，将在页面下方显示操作结果信息，即记录编号 _id、日期、时间和更新后的内容，如图 6.13（e）所示。

当点击“查”按钮时，屏幕下方显示一个表单，表单中包含一个用于输入日期的 input 组件，如图 6.13（f）所示。当输入日期字符串（如 2024-1-20）并点击“确定”按钮后，页面下方将显示操作结果信息，并列出查询到的记录，如图 6.13（g）所示。如果不输入日期字符串，表示查询条件为空，将会查询到当前用户创建的所有记录（不超过 20 条）。

当点击“删”按钮时，屏幕下方显示一个表单，表单中包含一个用于输入编号 _id 的 input 组件，如图 6.13（h）所示。当正确输入要删除的记录编号 _id 并点击“确定”按钮后，页面下方将显示操作结果提示信息，并显示被删除的记录，如图 6.13（i）所示。

（a）初始界面　（b）增加记录时初始界面　（c）增加记录成功时界面

图 6.13　数据库基本操作案例运行结果

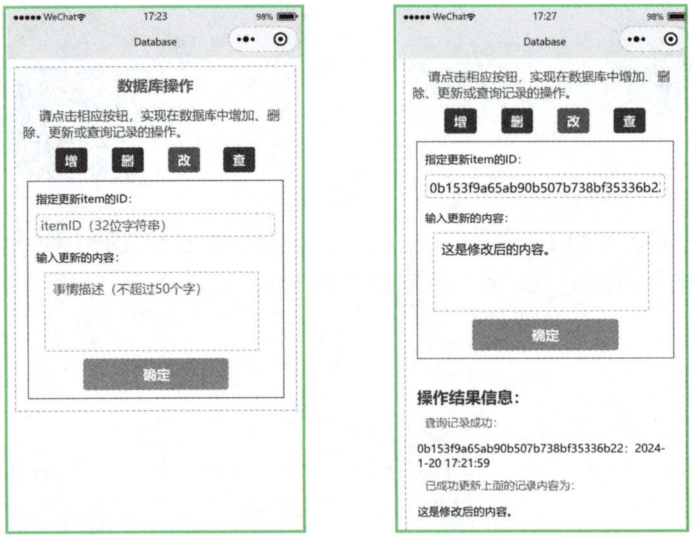

（d）修改记录时初始界面　（e）修改记录成功时界面　（f）查询记录时初始界面

（g）查询记录成功时界面　（h）删除记录时初始界面　（i）删除记录成功时界面

图 6.13　数据库基本操作案例运行结果（续）

6.3.3　案例实现

1. 新建项目。使用“云开发基础模板”新建小程序：Database。

2. 创建集合。在“云开发控制台”中手动创建 work_done 集合，创建方法和过程如图 6.14 所示。

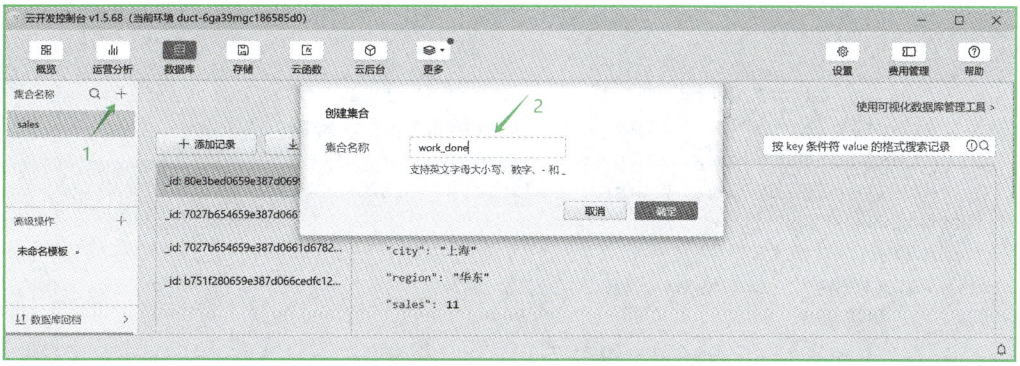

图 6.14　在云开发控制台中创建集合

3. 编写 index.wxml 文件代码。页面中包含四个 button 组件、一个 form 组件和一些显示信息的文本，四个 button 组件分别绑定了 addRecord()、deleteRecord()、updateRecord() 和 queryRecord() 事件函数和影响其背景颜色的数据 opName。下面的四个 view 组件利用 wx:if 和绑定的数据 opName 来决定是否显示该组件，组件中的 form 组件根据 opName 值不同分别绑定了 doAdd()、doDelete()、doUpdate() 和 doQuery() 事件函数，form 中有一些 text、input、textarea 和 button 等组件，用于显示信息、输入信息和提交表单。form 组件下面是显示操作结果的 view 组件，利用 wx:if 和绑定的数据 finished 决定是否显示，内部的 text 组件绑定了数据 opResult 和 resData，以及 opResult2（opName 为 'del' 或 'upd' 时）、resData2（opName 为 'upd' 时）。

```
<!--index.wxml-->
<view class="box">
  <view class='title'>数据库操作 </view>
  <text class="preNote">请点击相应按钮，实现在数据库中增加、删除、更新或查询记录
的操作。</text>
  <view class="Hcontainer">
      <button size="mini" class='DBbutton' bindtap="addRecord"
style='background-color: {{opName=="add"?"#ae57a4":"blue"}}'>增 </button>
      <button size="mini" class='DBbutton' bindtap="deleteRecord"
style='background-color: {{opName=="del"?"#ae57a4":"blue"}}'>删 </button>
      <button size="mini" class='DBbutton' bindtap="updateRecord"
style='background-color: {{opName=="upd"?"#ae57a4":"blue"}}'>改 </button>
      <button size="mini" class='DBbutton' bindtap="queryRecord"
style='background-color: {{opName=="qry"?"#ae57a4":"blue"}}'>查 </button>
  </view>
  <view wx:if="{{opName=='add'}}">
    <!-- 新增记录 -->
    <view class="record-op" style='{{opName!=""?"border: 1px solid
#00007f":""}}'>
      <form bindsubmit='doAdd'>
        <text class="op-note">添加一件今日已完成的工作: </text>
        <textarea name="workContent" class="content-input" maxlength="50"
placeholder="事情描述（不超过 50 个字）" auto-height adjust-position cursor-
spacing='20px'></textarea>
        <button form-type='submit' type='primary'>确定 </button>
```

```
        </form>
      </view>
      <view wx:if="{{finished}}" class="op-result">
        <text class="headline">操作结果信息：</text>
        <text class='text-title'>{{opResult}}</text>
        <text class="list" user-select>{{resData}}</text>
      </view>
    </view>
    <view wx:if="{{opName=='del'}}">
      <!-- 删除记录 -->
      <view class="record-op" style='{{opName!=""?"border: 1px solid
      #00007f":""}}'>
        <form bindsubmit='doDelete'>
          <text class="op-note">指定删除 item 的 ID：</text>
          <input name="itemID" class="line-input" maxlength="32"
                placeholder="itemID（32 位字符串）" />
          <button form-type='submit' type='primary'>确定</button>
        </form>
      </view>
      <view wx:if="{{finished}}" class="op-result">
        <text class="headline">操作结果信息：</text>
        <text class='text-title'>{{opResult}}</text>
        <text class="list" user-select>{{resData._id}}: {{resData.date}}
        {{resData.time}} {{resData.content}}</text>
        <text class='text-title'>{{opResult2}}</text>
      </view>
    </view>
    <view wx:if="{{opName=='upd'}}">
      <!-- 更新记录 -->
      <view class="record-op" style='{{opName!=""?"border: 1px solid
      #00007f":""}}'>
        <form bindsubmit='doUpdate'>
          <text class="op-note">指定更新 item 的 ID：</text>
          <input name="itemID" class="line-input" maxlength="32"
                placeholder="itemID（32 位字符串）" />
          <text class="op-note">输入更新的内容：</text>
          <textarea name="workContent" class="content-input" maxlength="50"
          placeholder="事情描述（不超过 50 个字）" auto-height adjust-position
          cursor-spacing='20px'></textarea>
          <button form-type='submit' type='primary'>确定</button>
        </form>
      </view>
      <view wx:if="{{finished}}" class="op-result">
        <text class="headline">操作结果信息：</text>
        <text class='text-title'>{{opResult}}</text>
        <text class="list" user-select>{{resData._id}}: {{resData.date}}
        {{resData.time}} {{resData.content}}</text>
        <text class='text-title'>{{opResult2}}</text>
        <text class="list" user-select>{{resData2}}</text>
```

```
      </view>
    </view>
    <view wx:if="{{opName == 'qry'}}">
      <!-- 查询记录 -->
      <view class="record-op" style='{{opName!=""?"border: 1px solid #00007f":""}}'>
        <form bindsubmit='doQuery'>
          <text class="op-note">指定查询日期(年-月-日，不需要无效的0)：</text>
          <input name="workDate" class="line-input" maxlength="10" placeholder =
          "事件日期(年-月-日)" />
          <button form-type='submit' type='primary'>确定</button>
        </form>
      </view>
      <view wx:if="{{finished}}" class="op-result">
        <text class="headline">操作结果信息: </text>
        <text class='text-title'>{{opResult}}</text>
        <block wx:for='{{resData}}' wx:key='{{item._id}}'>
          <text class="list" user-select>{{item._id}}: {{item.date}} {{item.
          time}} {{item.content}}</text>
        </block>
      </view>
    </view>
  </view>
```

4. 编写 index.wxss 文件代码。代码定义了 11 个样式类，其中 .Hcontainer 用于设置四个 button 组件的布局，.preNote 用于设置 text 组件的样式，.DBbutton 用于设置按钮的样式，.record-op 用于设置表单布局，.op-note 用于设置文本组件样式，.line-input 和 .content-input 分别用于设置 input 和 textarea 组件样式，.op-result 用于设置显示操作结果的布局组件样式，.headline、.text-title 和 .list 用于设置显示信息的 text 组件样式。

```
/**index.wxss**/
.preNote {
  padding: 20px;
  font-size: 32rpx;
  line-height: 40rpx;
  color: #666;
  box-sizing: border-box;
}
.Hcontainer {
  margin: 20rpx 0rpx;
  padding: 0 50rpx;
  display: flex;
  flex-direction: row;
  justify-content: space-around;
}
.DBbutton {
  color: white;
  background-color: blue;
}
```

```
.record-op {
  margin: 10rpx;
  padding: 20rpx;
  box-sizing: border-box;
}
.op-note {
  color: #000;
  font-size: 14px;
}
.content-input {
  width: 90%;
  padding: 20rpx;
  margin: 20rpx;
  min-height: 200rpx;
  border: 1px solid #ccc;
  box-sizing: border-box;
}
.op-result {
  padding: 10rpx;
  box-sizing: border-box;
  display: flex;
  flex-direction: column;
}
.op-result .headline {
  margin-top: 50rpx;
  font-size: 40rpx;
  font-weight: bold;
  color: blue;
}
.op-result .text-title {
  margin-top: 20rpx;
  margin-bottom: 10rpx;
  padding-left: 20rpx;
  padding-right: 20rpx;
  font-size: 14px;
  color: red;
}
.op-result .list {
  margin-top: 20rpx;
  font-size: 28rpx;
  color: black;
  display: block;
}
.line-input {
  min-height: 30px;
  line-height: 20px;
  width: 100%;
  padding: 5px;
  margin: 10px 0;
```

```
    display: inline-block;
    border: 1px solid #ccc;
    border-radius: 5px;
    box-sizing: border-box;
}
```

5. 编写 index.js 文件代码。代码主要定义了 opName、opResult、resData 等页面数据变量，定义了 addRecord()、deleteRecord()、updateRecord()、queryRecord() 按钮单击事件函数和 doAdd()、doDelete()、doUpdate()、doQuery() 表单提交函数（执行对应的数据库操作）。

（1）addRecord() 等函数用来设置页面数据 opName 的值，从而显示对应的数据库操作表单，doAdd() 等函数则通过调用接口实现具体的数据库操作。

（2）doAdd() 函数。通过调用接口 db.collection(string collectionName).add(Object object) 向指定集合中添加一条记录，记录中包含的字段见表 6.8。如果记录添加成功，则设置数据 finished 为 true，通过渲染页面显示操作结果信息，包括新添加记录的编号 _id。

表 6.8 work_done 集合记录中包含的字段

字段名称	类　型	含　义
_id	string	记录编号 id
_openid	string	微信用户身份 openid
content	string	工作内容简述
date	string	记录日期，格式为“年 - 月 - 日”（不包含无效的 0）
time	string	记录时间，格式为 24 小时制“时 : 分 : 秒”（不包含无效的 0）

（3）doDelete() 函数。首先调用接口 db.collection(string collectionName).doc(string recordID).get(Object object) 在指定集合中查询指定 _id 的记录，若查询成功，则调用接口 db.collection(string collectionName).doc(string recordID).remove(Object object) 删除该记录，删除成功后设置数据 finished 为 true，通过渲染页面显示操作结果信息。

（4）doUpdate() 函数。首先调用接口 db.collection(string collectionName).doc(string recordID).get(Object object) 在指定集合中查询指定 _id 记录，若查询成功，则调用接口 db.collection(string collectionName).doc(string recordID).update(Object object) 更新该记录，更新字段 content 的内容由用户输入，更新成功后则设置数据 finished 为 true，通过渲染页面显示操作结果信息，包括被更新的记录的 _id、日期、时间及其更新后的 content 字段内容。

（5）doQuery() 函数。通过调用接口 db.collection(string collectionName).where(Object object).get(Object object) 在指定集合中查询符合指定条件的记录，查询条件是记录的创建日期 date 字段，其内容由用户输入，用户也可以不输入，此时查询条件为空。如果查询成功，则设置数据 finished 为 true，通过渲染页面显示操作结果信息，即查询到的记录信息。

```
// index.js
Page({
  data: {
```

```
    opName: "",                              // 数据库操作名称，如 'add'、'qry' 等
    opResult: "",                            // 数据库操作结果字符串
    opResult2: "",                           // 数据库操作结果字符串 2
    resData: null,                           // 数据库操作结果数据
    resData2: null,                          // 数据库操作结果数据 2
    finished: false                          // 数据库操作是否完成的标记
  },
  addRecord: function () {                   // “增”按钮点击事件函数
    this.setData({
      opName: "add",
      finished: false
    })
  },
  deleteRecord: function () {                // “删”按钮点击事件函数
    this.setData({
      opName: "del",
      finished: false
    })
  },
  updateRecord: function () {                // “改”按钮点击事件函数
    this.setData({
      opName: "upd",
      finished: false
    })
  },
  queryRecord: function () {                 // “查”按钮点击事件函数
    this.setData({
      opName: "qry",
      finished: false
    })
  },
  makeDateString: function (dateObj) {       // 拼接日期字符串的函数
    return dateObj.getFullYear() + '-' + (dateObj.getMonth() + 1) + '-'
+ dateObj.getDate();
  },
  makeTimeString: function (dateObj) {       // 拼接时间字符串的函数
    return dateObj.getHours() + ':' + dateObj.getMinutes() + ':' +
dateObj.getSeconds();
  },
  doAdd: function (e) {                      // 添加记录事件函数
    console.log(e)
    var workContent = e.detail.value.workContent
    if (workContent != "") {                 // 如果用户输入内容不为空
      const db = wx.cloud.database()         // 调用接口返回云开发数据库引用
      var myDate = new Date()
      db.collection('work_done').add({       // 向集合中添加记录
        data: {                              // 一条记录的字段数据
          date: this.makeDateString(myDate),    // 日期字符串
```

```
          time: this.makeTimeString(myDate),        // 时间字符串
          content: workContent                       // 工作内容字符串
        },
        complete: res => {                           // 操作完成时的回调函数
          this.setData({
            finished: true
          })
        },
        success: res => {                            // 操作成功时的回调函数
          // 在返回结果中会包含新创建记录的 _id
          this.setData({
            opResult: "操作完成，新增一条记录，_id 为：\n ",
            resData: res._id
          })
          wx.showToast({
            title: '新增记录成功',
          })
          console.log('[数据库] [新增记录] 成功，记录 _id: ', res._id)
        },
        fail: err => {                               // 操作失败时的回调函数
          wx.showToast({
            icon: 'none',
            title: '新增记录失败'
          })
          console.error('[数据库] [新增记录] 失败：', err)
        }
      })
    } else {
      wx.showToast({
        title: '请输入事情描述！',
      })
    }
  },
  doDelete: function (e) {                           // 删除记录事件函数
    console.log(e)
    var that = this
    var itemID = e.detail.value.itemID
    if (itemID != "") {                              // 如果用户输入的记录 id 不为空
      const db = wx.cloud.database()                 // 调用接口返回云开发数据库引用
      db.collection('work_done').doc(itemID).get({    // 从集合中查询 _id 为
itemID 的记录
        success: res => {                            // 操作成功时的回调函数
          console.log(res)
          this.setData({
            opResult: '查询记录成功：\n',
            resData: res.data
          })
          db.collection('work_done').doc(itemID).remove({    // 从集合中删除记录
            complete: res => {                       // 操作完成时的回调函数
```

```
              that.setData({
                finished: true
              })
            },
            success: res => {                              //操作成功时的回调函数
              console.log('[数据库] [删除记录] 成功：', res)
              that.setData({
                opResult2: '已成功删除上面的记录。'
              })
            },
            fail: err => {                                 //操作失败时的回调函数
              wx.showToast({
                icon: 'none',
                title: '删除记录失败'
              })
              console.error('[数据库] [删除记录] 失败: ', err)
            }
          })
        },
        fail: err => {                                     //操作失败时的回调函数
          wx.showToast({
            icon: 'none',
            title: '查询记录失败'
          })
          console.error('[数据库] [查询记录] 失败: ', err)
        }
      })
    } else {
      wx.showToast({
        title: '请输入itemID！',
      })
    }
  },
  doUpdate: function (e) {                                 //更新记录事件函数
    console.log(e)
    var that = this
    var itemID = e.detail.value.itemID
    var workContent = e.detail.value.workContent
    if (itemID != "") {                                    //如果用户输入的记录id不为空
      const db = wx.cloud.database()   //接口返回云开发数据库引用保存在常量db中
      db.collection('work_done').doc(itemID).get({    //从集合中查询_id为
itemID的记录
        success: res => {                                  //操作成功时的回调函数
          this.setData({
            opResult: '查询记录成功: \n',
            resData: res.data
          })
          db.collection('work_done').doc(itemID).update({ //更新集合中的记录
            data: {
```

```
            content: workContent,
          },
          complete: res => {                    // 操作完成时的回调函数
            that.setData({
              finished: true
            })
          },
          success: res => {                     // 操作成功时的回调函数
            console.log('[数据库] [更新记录] 成功：', res)
            that.setData({
              opResult2: '已成功更新上面的记录内容为: \n',
              resData2: workContent
            })
          },
          fail: err => {                        // 操作失败时的回调函数
            wx.showToast({
              icon: 'none',
              title: '更新记录失败'
            })
            console.error('[数据库] [更新记录] 失败: ', err)
          }
        })
      },
      fail: err => {                            // 操作失败时的回调函数
        wx.showToast({
          icon: 'none',
          title: '查询记录失败'
        })
        console.error('[数据库] [查询记录] 失败: ', err)
      }
    })
  } else {
    wx.showToast({
      title: '请输入 itemID！',
    })
  }
},
doQuery: function (e) {                        // 查询记录事件函数
  console.log(e)
  var workDate = e.detail.value.workDate
  const db = wx.cloud.database() //接口返回云开发数据库引用保存在常量 db 中
  var rule = {}
  if (workDate != "") {                         // 如果用户输入的日期字符串不为空
    rule = {
      date: workDate
    }                                           // 查询条件: 记录的创建日期
  } else {
    rule = {}                                   // 查询条件: 无
  }
  db.collection('work_done').where(rule).get({
                                                // 从集合中查询记录（最多 20 条）
```

```
      complete: res => {                              // 操作完成时的回调函数
        this.setData({
          finished: true
        })
      },
      success: res => {                               // 操作成功时的回调函数
        this.setData({
          opResult: "操作完成，查询到" + res.data.length + "条记录：\n ",
          resData: res.data
        })
        console.log('[数据库] [查询记录] 成功：', res)
      },
      fail: err => {                                  // 操作失败时的回调函数
        wx.showToast({
          icon: 'none',
          title: '查询记录失败'
        })
        console.error('[数据库] [查询记录] 失败：', err)
      }
    })
  },
})
```

6. 编写 app.wxss 文件代码。代码中定义了 .box 和 .title 样式类，其内容和以前案例相同，这里就不再给出代码内容。

7. 编写 app.js 文件代码。和前面案例相同，代码中将 env 的值设置为云控制台环境 id，如 env: 'duct-6ga39mgc186585d0'。

8. 编写 app.json 文件代码，代码中将 "window" 键值中的 "navigationBarTitleText" 属性的值修改为 "Database"。

6.3.4 知识要点

1. 云开发数据库。是一个 JSON 数据库，即库中的每条记录都是一个 JSON 格式的对象。一个数据库可以包含多个集合（相当于关系型数据库中的表），集合可以看作一个 JSON 数组，数组中的每个对象就是一条记录，记录的格式也是 JSON 对象。关系型数据库和 JSON 数据库的概念对应关系见表 6.9。

表 6.9 关系型数据库和 JSON 数据库的概念对应关系

关系型数据库	JSON 数据库
数据库 database	数据库 database
表 table	集合 collection
行 row	记录 record/doc
列 column	字段 field

2. 云开发数据库中的字段。在云开发提供的数据库中，字段类型既可以是字符串或数字，也可以是对象或数组，即是一个 JSON 对象。每条记录都有一个 _id 字段作为唯一标志、一个 _openid 字段用以标志记录的创建者，即小程序的用户。需要特别注意的是，在管理端（控制台或云函数）中创建的记录不会有 _openid 字段，因为这是属于管理员创建的记录。开发者可以自定义 _id，但不可自定义和修改 _openid。_openid 是在记录创建时由系统根据小程序用户的身份默认创建的，开发者可以用其来标识和定位记录。

3. 云开发数据库 API。云开发提供的数据库 API 分为小程序端和服务端两部分，小程序端 API 拥有严格的调用权限控制，开发者可在小程序内直接调用 API 进行非敏感数据的操作。对于有更高安全要求的数据，可在云函数内通过服务端 API 进行操作。云函数的环境是与客户端完全隔离的，在云函数上可以私密且安全地操作数据库。

数据库 API 包含增、删、改、查的能力，使用 API 操作数据库只需三步：获取数据库引用、构造查询 / 更新条件、发出请求。本案例中，首先通过调用接口 wx.cloud.database() 获取数据库的引用 db，然后使用数据库 API 进行相应的数据库操作，包括：

添加记录的方法：db.collection(string collectionName).add(Object object)。

查询记录的方法：db.collection(string collectionName).doc(string recordID).get(Object object) 和 db.collection(string collectionName).where(Object object).get(Object object)。

删除记录的方法：db.collection(string collectionName).doc(string recordID).remove(Object object)。

更新记录的方法：db.collection(string collectionName).doc(string recordID).update(Object object)。

（1）Collection.add() 方法。用于在集合上新增记录，其格式为：function add(Object object)，object 为必填参数，其属性说明见表 6.10。

表 6.10 add() 方法的参数 object 的属性说明

字段名	类型	必填	说明
data	Object	是	新增记录的定义
success	Function	否	成功回调，回调传入的参数 res 包含查询的结果，是新增记录的 ID（string 或 number 类型）
fail	Function	否	失败回调
complete	Function	否	调用结束的回调函数（调用成功、失败都会执行）

（2）Document.get() 方法。用于获取记录数据，其格式为：function get(Object object)，object 是一个可选的对象参数，其属性说明见表 6.11。

表 6.11 get() 方法的参数 object 的属性说明

字段名	类型	必填	说明
success	Function	否	成功回调，回调传入的参数 res 是查询到记录的数据（数据的每个元素是一个 Object，代表一条记录）
fail	Function	否	失败回调
complete	Function	否	调用结束的回调函数（调用成功、失败都会执行）

（3）Collection.where.get() 方法。用于获取根据查询条件筛选后的集合数据，其格式为：function where(Object rule).get(Object object)，rule 是一个必填对象参数，用于定义筛选条件，object 是一个可选的对象参数，其属性说明见表 6.11。

（4）Document.remove() 方法。用于删除一条记录，其格式为：function remove(Object object)，object 为必填参数，其属性说明见表 6.12。

表 6.12　remove() 方法的参数 object 的属性说明

字段名	类　型	必　填	说　明
success	Function	否	成功回调，回调传入的参数 res 包含查询的结果，是更新结果的统计（Object 类型），其中包含的字段是成功删除的记录数量，在此只可能为 0 或 1
fail	Function	否	失败回调
complete	Function	否	调用结束的回调函数（调用成功、失败都会执行）

（5）Document.update() 方法。用于更新一条记录，其格式为：function update(Object object)，object 为必填参数，其属性说明见表 6.13。

表 6.13　update() 方法的参数 object 的属性说明

字段名	类　型	必　填	说　明
data	Object	是	更新对象
success	Function	否	成功回调，回调传入的参数 res 是更新结果的统计（Object 类型）。其中包含的字段是成功更新的记录数量，在此只可能为 0 或 1
fail	Function	否	失败回调
complete	Function	否	调用结束的回调函数（调用成功、失败都会执行）

6.3.5　问题思考

1. 云数据库集合中的每条记录是什么格式？可以存储哪些类型的数据？

2. 函数 db.collection(string collectionName).doc(string recordID).get(Object object) 和 db.collection(string collectionName).where(Object object).get(Object object) 的功能是什么？其参数属性有哪些？

3. 函数 db.collection(string collectionName).add(Object object) 和 db.collection(string collectionName).doc(string recordID).remove(Object object) 的功能是什么？其参数属性有哪些？

4. 函数 db.collection(string collectionName).doc(string recordID).update(Object object) 的功能是什么？其参数属性有哪些？

案例 6.4　云函数应用

云函数应用

6.4.1　案例描述

设计一个小程序，演示云函数的定义和调用的实现方法。小程序运行后，通过调用用户定义的云函数来查询云数据库，并对用户输入信息（用户名和密码）进行验证。

6.4.2 实现效果

案例运行结果如图 6.15 所示。初始界面如图 6.15（a）所示，当输入用户名和密码并点击“提交”按钮时，显示调用云函数 checkUser() 的消息提示框，如图 6.15（b）所示，如果输入正确用户名（本案例在云数据库集合中给出两条记录的用户名分别是 zhangsan 和 lisi，密码都是 123456）和密码，验证完成后将在按钮下方显示“验证成功”的提示信息，如图 6.15（c）和图 6.15（d）所示，如果输入的用户名不在云数据库的集合中，提交后则给出“用户名不存在”的提示信息，如图 6.15（e）所示，如果输入的密码不正确，提交后则显示“密码错误”的提示信息，如图 6.15（f）所示。

（a）初始界面　（b）提交时的提示信息　（c）第一条记录验证成功

（d）第二条记录验证成功　（e）用户名不存在时　（f）密码错误时

图 6.15　云函数应用案例运行结果

6.4.3 案例实现

1. 新建小程序。使用“云开发基础模板”新建小程序：CloudFunction。

2. 新建云数据库集合。打开“云开发控制台”，创建集合、添加集合记录和记录中字段的过程如图 6.16 所示。这里新建集合 user_list，集合结构见表 6.14。

图 6.16　在云开发控制台创建集合、添加记录和字段

表 6.14　云数据库中 user_list 集合的结构

字段名称	类　型	值	含　义
_id	string	默认	记录编号 id
username	string	zhangsan	用户名称
password	string	123456	用户密码

3. 新建云函数。右击云函数目录 cloudfunctions，在弹出的快捷菜单中选择“新建 Node.js 云函数”命令，然后输入函数名 checkUser，开发者工具会在 cloudfunctions 目录下新增对应函数名的文件夹，其中已包含 index.js、config.json 和 package.json 三个文件，开发者只需修改 index.js 中的云函数定义代码实现自己的功能即可。编写好云函数后，需要在云函数所在目录上右击，在弹出的快捷菜单中选择“上传并部署：云端安装依赖”命令，从而将其部署到云端即可。

4. 编写 miniprogram/pages/index/index.wxml 文件代码。该案例界面有一个文本输入框、一个密码输入框和一个按钮，代码中主要包含 view、form、input 和 button 组件，form 组件绑定了 callFunction() 事件函数。文件末尾的 text 组件绑定了数据 result，用来显示验证结果信息。

```
<!--miniprogram/pages/index/index.wxml-->
<view class='box'>
  <view class='title'>云函数</view>
  <form bindsubmit='callFunction'>
    <view class='Vcontainer'>
      <view class='Hcontainer'>
        <text class='input-label'>用户名:</text>
        <input class='line-input' placeholder="此处输入用户名" placeholder-
        class= 'placeholder' type='text' name='username' maxlength='16'>
        </input>
      </view>
      <view class='Hcontainer'>
```

```
            <text decode='true' space='emsp' class='input-label'>密  
            码 :</text>
            <input class='line-input' placeholder="此处输入密码" placeholder-
            class= 'placeholder' type='password' name='password' maxlength='16'>
            </input>
          </view>
        </view>
        <view style='height: 150rpx;'>
          <button type='primary' form-type='submit'>提交</button>
        </view>
      </form>
      <view class='op-result'>云函数返回结果:
        <text>{{result}}
        </text>
      </view>
    </view>
```

5. 编写 miniprogram/pages/index/index.wxss 文件代码。代码定义的 .Hcontainer 和 .Vcontainer 样式类用于设置 form 组件的布局，.line-input 样式类用于设置 input 组件的格式，.op-result 样式类用于设置验证结果信息的显示格式。

```
/**miniprogram/pages/index/index.wxss**/
.Hcontainer {
  margin: 10rpx 0;
  display: flex;
  flex-direction: row;
  align-content: flex-start;
}
.Vcontainer {
  margin: 60rpx 0 20rpx;
  display: flex;
  flex-direction: column;
  align-content: flex-start;
}
.input-label {
  width: 150rpx;
}
.line-input {
  padding: 5px;
  border: 1px solid #ccc;
}
.placeholder {
  font-size: 16px;
}
.op-result {
  padding: 10rpx;
  color: blue;
  box-sizing: border-box;
  display: flex;
  flex-direction: column;
}
```

6. 编写 miniprogram/pages/index/index.js 文件代码。文件代码主要定义了页面数据变量 result 和事件函数 callFunction()，该函数用来调用云函数 checkUser()，验证用户输入的用户名和密码信息。

```
// miniprogram/pages/index/index.js
Page({
  data: {
    result: ''                                          // 函数调用结果字符串
  },
  callFunction: function (e) {                          // 云函数调用事件函数
    console.log(e)
    var that = this;
    const username = e.detail.value.username,
      password = e.detail.value.password;
    if (username > '') {                                // 如果用户输入的用户名不为空
      wx.showLoading({
        title: '调用 checkUser。',
      })
      wx.cloud.callFunction({                           // 调用云函数
        name: 'checkUser',                              // 函数名称
        data: {                                         // 函数参数
          username: username,                           // 用户名
          password: password                            // 密码
        },
        complete: res => {                              // 调用完成时的回调函数
          wx.hideLoading()
        },
        success: res => {                               // 调用成功时的回调函数
          console.log('[云函数] [checkUser] result: ', res)
          that.setData({
            result: res.result                          // 云函数调用的返回结果
          })
        },
        fail: err => {                                  // 调用失败时的回调函数
          console.error('[云函数] [checkUser] 调用失败', err)
          that.setData({
            result: '[云函数] [checkUser] 调用失败'
          })
        }
      })
    } else {
      wx.showToast({
        title: '用户名不能为空！',
      })
    }
  }
})
```

7. 编写 cloudfunctions/checkUser/index.js 文件代码。首先使用 wx-server-sdk 包并初始化云环境，然后获取数据库引用 db，通过调用数据库接口 db.collection(string collectionName).where(Object object).get() 在集合 user_list 上执行查询操作，验证用户名是否存在。查询成功后即比较集合中的 password 字段是否等于用户输入的密码，从而得出“密码错误”或“验证成功”的结果。

```
// cloudfunctions/checkUser/index.js: 云函数入口文件
const cloud = require('wx-server-sdk')
cloud.init({ env: cloud.DYNAMIC_CURRENT_ENV })              // 使用当前云环境
exports.main = async (event, context) => {                  // 云函数入口函数
  console.log('event:', event)
  const username = event.username                          // 获取用户输入的用户名
  const password = event.password                          // 获取用户输入的密码
  var result = ''                                          // 结果字符串
  try {
    const db = cloud.database()                // 将云数据库的引用保存在常量 db 中
    var res = await db.collection('user_list').where({ // 在集合中查询记录
      username: username                            // 根据集合中的用户名获取记录
    }).get()
    console.log('查询结果 res: ', res)
    if (res.data[0].password === password) { // 判断记录中的密码是否和用户输
入的相同
      result = '验证成功'                                  // 设置结果字符串
    } else {
      result = '密码错误'                                  // 设置结果字符串
    }
  } catch (e) {                                            // 查询失败
    console.error('查询失败 e: ', e)
    result = '用户名不存在'                                // 设置结果字符串
  }
  return result                                            // 返回结果字符串
}
```

8. 编写 app.wxss 文件代码。代码中定义了 .box 和 .title 样式类，其内容和以前案例相同，这里就不再给出代码内容。

9. 编写 app.js 文件代码。和前面案例相同，代码中将 env 的值设置为当前使用的云开发环境，如 env: 'duct-6ga39mgc186585d0'。

10. 编写 app.json 文件代码，代码中将 "window" 键值中的 "navigationBarTitleText" 属性的值修改为 "CloudFunction"。

6.4.4 知识要点

1. 云函数介绍。是一段运行在云端的代码，无须管理服务器，在开发工具内编写、一键上传部署即可在小程序端调用。各个云函数之间相互独立，可互相调用，其独特优势在于与微信登录鉴权的无缝整合。云函数属于管理端，在云函数中运行的代码拥有不受限的数据库读写权限和云文件读写权限。小程序内提供了专门用于云函数调用的 API，而当小程序端调用

云函数时，云函数的传入参数中会被注入小程序端用户的 openid，开发者无须校验 openid 的正确性，因为微信已经完成了这部分鉴权。开发者可以在云函数内使用 wx-server-sdk 提供的 getWXContext() 方法获取到每次调用的上下文（如 appid、openid 等），无须维护复杂的鉴权机制。

2. 云函数定义。在“微信开发者工具”中，需要将所有云函数定义在一个专门的文件夹中（通常为 cloudfunctions），在项目根目录的 project.config.json 文件中有 cloudfunctionRoot 字段，该字段指定了云函数的本地根目录：

```
"cloudfunctionRoot": "cloudfunctions/"
```

在云函数专门目录下，每个云函数都对应一个与其名称相同的单独文件夹，里面包含 index.js、package.json 和 config.json 文件，开发者工具自动创建的云函数定义在 index.js 中，云函数模板如下：

```
const cloud = require('wx-server-sdk')
exports.main = async (event, context) => { }          //云函数入口函数
```

从云函数的入口函数可以看出，云函数有两个传入参数：event 和 context。event 是指触发云函数的事件，当小程序端调用云函数时，event 就是小程序端调用云函数时传入的参数，外加后端自动注入的小程序用户的 openid 和小程序的 appid。context 参数包含了调用信息和运行状态，可以用它来了解服务运行的情况。在模板中默认使用了 wx-server-sdk 包，这是一个微信官方提供的用于云函数操作的数据库、存储以及调用其他云函数的库。

3. 本案例定义的云函数。本案例定义了 checkUser() 云函数，主要用于在云数据库集合 user_list 中查询指定的用户信息，若查询成功，则进一步判断其密码字段值是否与用户输入的密码相同。

4. 云函数的调用。定义并部署了云函数后，就可以在小程序中调用了，调用格式如下：

```
wx.cloud.callFunction({
  name: 云函数名称,
  data: 云函数参数,
  success: function(res) {
    调用成功时的逻辑代码
  },
  fail: function(e) {
    调用失败时的逻辑代码
  }
})
```

按照此格式，本案例在 miniprogram/pages/index/index.js 文件中对云函数 checkUser() 进行了调用：

```
wx.cloud.callFunction({                          //调用云函数
  name: 'checkUser',                             //函数名称
  data: {                                        //函数参数
```

```
      username: username,                             // 用户名
      password: password                              // 密码
    }
    success: res => {                                 // 调用成功时的回调函数
      console.log('[云函数] [checkUser] result: ', res)
      that.setData({
        result: res.result                            // 云函数调用的返回结果
      })
    },
    fail: err => {                                    // 调用失败时的回调函数
      console.error('[云函数] [checkUser] 调用失败', err)
      that.setData({
        result: '[云函数] [checkUser] 调用失败'
      })
    }
  })
```

6.4.5 问题思考

1. 云函数和本地函数的主要区别是什么?
2. 云函数可以在哪些场景下被调用?
3. 如何定义一个云函数?
4. 小程序前端调用云函数时，需要传递给后端的数据是通过哪个参数传递的?

案例 6.5 数据库聚合查询

数据库聚合查询

6.5.1 案例描述

设计一个小程序，演示云开发数据库聚合查询的功能和实现方法。小程序运行后，能够实现对云数据库中数据的分组查询和联表查询。

6.5.2 实现效果

根据案例描述，可以设计出图 6.17 所示运行效果的小程序，其中图 6.17（a）所示为初始界面，其中包含两个按钮：分组查询和联表查询。当点击“分组查询”按钮时，即对 table_one 集合中的工作记录条目按年份进行计数汇总，查询成功后，屏幕下方按年份倒序显示出计数汇总结果，如图 6.17（b）所示。当点击“联表查询”按钮时，将对 table_one 集合中的工作记录条目按 _openid 字段在集合 table_two 中查询用户的姓名，查询成功后，按日期倒序显示出每条工作记录的内容及作者姓名等，如图 6.17（c）所示。

（a）初始界面　　（b）显示分组查询结果　　（c）显示联表查询结果

图 6.17　聚合查询案例运行结果

6.5.3　案例实现

1. 新建项目。使用“云开发基础模板”建立小程序：AggregateQuery。

2. 创建云数据库集合。在云开发控制台中创建 table_one 和 table_two 集合，两个集合的结构分别见表 6.15 和表 6.16。

表 6.15　table_one 集合的结构

字段名称	类　型	含　义
_id	string	记录编号 id
_openid	string	微信用户身份 openid，可以从案例 6.3 的集合中复制
content	string	工作内容简述
date	string	记录日期，格式为“年 - 月 - 日”（不包含无效的 0）
time	string	记录时间，格式为 24 小时制“时 : 分 : 秒”（不包含无效的 0）

表 6.16　table_two 集合的结构

字段名称	类　型	含　义
_id	string	记录编号 id
_openid	string	微信用户身份 openid，可以从案例 6.3 的集合中复制
avatarurl	string	微信用户头像资源地址
nickname	string	微信用户昵称
username	string	用户名称
password	string	用户密码

3. 添加云数据库集合记录。在云开发控制台中选中某一集合，然后点击“添加记录”按钮，在弹出的窗口中直接添加记录字段和字段的值，如图 6.18 所示。基于这种方法，可以在集合 table_one 和 table_two 中添加多条记录。

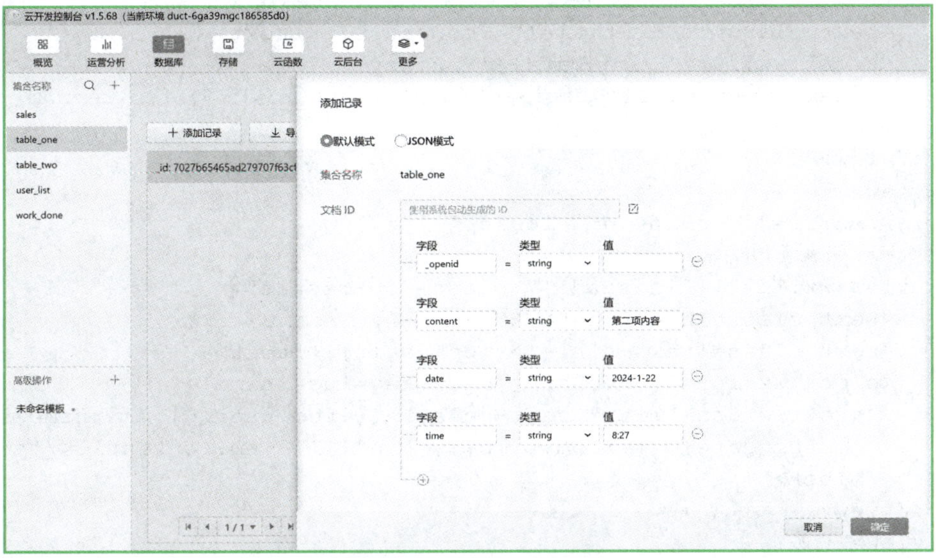

图 6.18 添加集合记录

4. 新建云函数。在项目中右击 cloudfunctions 文件夹，在弹出的快捷菜单中选择“新建 Node.js 云函数”命令，然后在输入框中输入 lookup，从而建立 lookup 云函数，其中包含三个文件，即 config.json、index.js 和 package.json。

5. 编写 miniprogram/pages/index/index.wxml 文件代码。代码中包含两个 button 组件和一些显示信息的文本，两个 button 组件分别绑定了 doGroup() 和 doLookup() 事件函数，用于实现分组查询和联表查询，按钮还绑定了影响其背景颜色的数据 opName。后面的两个 view 组件利用 wx:if 和绑定的数据 opName 决定是否显示，其内部显示操作结果的 view 组件利用 wx:if 和绑定的页面数据变量 finished 决定查询结果是否显示，如果查询成功，则设置 finished 的值为真，页面数据 opResult 和查询结果数据 resData 将会显示出来。

```
<!--miniprogram/pages/index/index.wxml-->
<view class="box">
  <view class='title'>数据库聚合查询</view>
  <view class="Vcontainer">
    <text class="preNote">请点击下面按钮，汇总查询每年的工作记录条目数。</text>
    <button class='DBbutton' bindtap="doGroup" style='background-
    color: {{opName=="group"?"orange":"rgb(0, 200, 255)"}}'>分组查询
    </button>
    <text class="preNote">请点击下面按钮，跨集合查询，结果中的每条记录同时显示用
户名。</text>
    <button class='DBbutton' bindtap="doLookup" style='background-
    color: {{opName=="lookup"?"orange":"rgb(0, 200, 255)"}}'>联表查询
    </button>
```

```
  </view>
  <view wx:if="{{opName=='group'}}">
    <!-- 分组查询 -->
    <view wx:if="{{finished}}" class="op-result">
      <text class="headline">操作结果信息: </text>
      <text class='text-title'>{{opResult}}</text>
      <block wx:for='{{resData}}' wx:key='_id'>
        <text class="list" user-select>{{item._id}}: {{item.recnum}}</text>
      </block>
    </view>
  </view>
  <view wx:if="{{opName == 'lookup'}}">
    <!-- 联表查询 -->
    <view wx:if="{{finished}}" class="op-result">
      <text class="headline">操作结果信息: </text>
      <text class='text-title'>{{opResult}}</text>
      <block wx:for='{{resData}}' wx:key='username'>
        <text class="list" user-select>{{item.user[0].username}}:
        {{item.date}} {{item.time}}{{"\n"}}{{item.content}}</text>
      </block>
    </view>
  </view>
</view>
```

6. 编写 miniprogram/pages/index/index.wxss 文件代码。本文件定义了 .Vcontainer 样式，用于设置数据库操作的两个 button 组件及其操作简介的垂直排列方式，定义了样式 .preNote 用于设置按钮上方提示信息的 text 组件的格式，定义了按钮的样式 .DBbutton 和显示操作结果的布局组件的样式 .op-result 及其内部用于显示信息的 text 组件的样式 .headline、.text-title 和 .list。

```
/**miniprogram/pages/index/index.wxss**/
.preNote {
  padding: 10px;
  font-size: 32rpx;
  line-height: 40rpx;
  color: #666;
  box-sizing: border-box;
}
.Vcontainer {
  margin: 20rpx 0rpx;
  padding: 0 50rpx;
  display: flex;
  flex-direction: column;
  align-items: center;
}
.DBbutton {
  margin-bottom: 30rpx;
  width: 300rpx;
  background-color:rgb(0, 200, 255);
}
```

```
.op-result {
  padding: 10rpx;
  box-sizing: border-box;
  display: flex;
  flex-direction: column;
}
.op-result .headline {
  margin-top: 50rpx;
  font-size: 40rpx;
  font-weight: bold;
  color: blue;
}
.op-result .text-title {
  margin-top: 20rpx;
  margin-bottom: 10rpx;
  padding-left: 20rpx;
  padding-right: 20rpx;
  font-size: 14px;
  color: red;
}
.op-result .list {
  margin-top: 20rpx;
  font-size: 28rpx;
  color: black;
  display: block;
}
```

7. 编写 miniprogram/pages/index/index.js 文件代码。文件代码主要定义了 opName、opResult、resData 等页面数据变量，定义了 doGroup()、doLookup() 按钮点击事件函数和云函数 lookup()，其中，doGroup() 函数的功能是通过调用接口实现数据库分组查询，doLookup() 函数中调用了云函数 lookup()，实现 table_one 集合和 table_two 集合的联表查询。

```
// miniprogram/pages/index/index.js
Page({
  data: {                                 // 页面的初始数据
    opName: "",                           // 数据库操作名称，如 'group'、'lookup'
    opResult: "",                         // 数据库操作结果字符串
    resData: null,                        // 数据库操作结果数据
    finished: false                       // 数据库操作是否完成的标记
  },
  doGroup: function () {                  // "分组查询"按钮点击事件函数
    this.setData({
      opName: "group",
      finished: false
    })
    const db = wx.cloud.database(); // 调用接口返回云开发数据库引用保存在常量 db 中
    const $ = db.command.aggregate;  // 将数据库聚合操作符引用保存在常量 $ 中
    db.collection('table_one').aggregate()
```

```
        .project({        // 输出新字段“year”，其值为 date 字段中的年份字符串
          year: $.substrBytes(['$date', 0, 4]) // 取 date 字段的子串（前 4 个字符）
        })
        .group({                          // 按“year”字段分组统计每组记录的条目数
          _id: '$year',          // 以分组后的 year 字段为 _id 字段，输出给下一阶段
          recnum: $.sum(1)                // 使用 sum 操作符对每组记录进行计数
        })
        .sort({
          _id: -1                         // 按“_id”字段降序排序
        })
        .limit(5)                         // 限制输出最多 5 条记录
        .end()                            // 聚合操作定义完成，发起实际聚合操作
        .then(res => {
          console.log(res)
          this.setData({
            finished: true,
             opResult: "分组查询操作完成，汇总了最近" + res.list.length + "年的工作记录数目",
            resData: res.list           // 查询结果保存在 resData 中，并渲染到页面
          })
        })
        .catch(err => console.error(err));
    },
    doLookup: function () {               // “联表查询”按钮点击事件函数
      this.setData({
        opName: "lookup",
        finished: false
      })
      wx.cloud.callFunction({  // 调用云函数进行联表查询（查询过程在云函数中实现）
        name: 'lookup'
      })
      .then(res=>{
        console.log(res)
        this.setData({
          finished: true,
           opResult: "联表查询操作完成，查询到最近" + res.result.list.length + "条工作记录",
          resData: res.result.list   // 查询结果保存在 resData 中，再渲染到页面上
        })
      })
      .catch(err => console.error(err));
    }
  })
```

8. 编写云函数 cloudfunctions/lookup/index.js 文件代码，并上传部署到云端。文件代码主要定义了云函数 lookup()，实现在 table_one 和 table_two 集合中按 _openid 字段进行联表查询，最后返回查询结果给小程序前端。结果对象的记录数组中，每条记录相比 table_one 集合中的记录字段增加了新的 user 字段，其包含的内部字段即 table_two 集合中对应同一 _openid

的记录的各个字段。

```
// cloudfunctions/lookup/index.js: 云函数入口文件
const cloud = require('wx-server-sdk')
cloud.init({ env: cloud.DYNAMIC_CURRENT_ENV }) // 使用当前云环境
const db = cloud.database();                    // 创建云数据库
exports.main = async (event, context) => {      // 云函数入口函数
  // 将聚合查询结果返回给前端
  return db.collection('table_one').aggregate()
    .lookup({                                   // 联表查询
      from: 'table_two',                        // 外部表为：table_two
      localField: '_openid',                    // 内部字段为：_openid
      foreignField: '_openid',                  // 外部字段为：_openid
      as: 'user'                  // 在外部表中查询到的记录保存在新字段 user 中
    })
    .sort({                                     // 排序
      date: -1,                                 //date 字段降序
      time: -1                                  //time 字段降序
    })
    .end();                           // 聚合操作定义完成，发起实际聚合操作
}
```

9. 编写 app.wxss 文件代码。代码中定义了 .box 和 .title 样式类，其内容和以前案例相同，这里就不再给出代码内容。

10. 编写 app.js 文件代码。和前面案例相同，代码中将 env 的值设置为当前使用的云开发环境 id，如 env: 'duct-6ga39mgc186585d0'。

11. 修改 app.json 文件代码。将文件 "window" 键值中的导航栏标题属性 navigationBarTitleText 的值修改为 AggregateQuery。

6.5.4 知识要点

1. 云数据库聚合查询。本案例使用了云数据库的聚合查询功能，聚合是一种数据批处理操作。聚合操作可以将数据分组（或者不分组，即只有一组 / 每个记录都是一组），然后对每组数据执行多种批处理操作，最后返回结果。有了聚合能力，可以方便地解决很多没有聚合能力时无法实现或只能低效实现的场景，这类场景的例子有：

（1）分组查询：比如按图书类别获取各类图书的平均销量，在没有分组能力和求统计值能力的情况下，只能全量取数据后统计，既增加大量网络流量和延时，又对本地算力和性能有较大消耗。

（2）只取某些字段的统计值或变换值返回：比如假设图书集合中每个图书记录中存放了一个数组字段代表每月销量，而此时我们想要获取每个图书的月平均销量，即希望取数组字段的平均值，而不希望取多余数据后再进行本地计算，这种场景下不使用聚合是无法实现的。

（3）流水线式分阶段批处理：比如求各图书类别的总销量最高的作者和最低的作者的操作，就涉及先分组、再排序、再分组的分阶段的批处理操作，这种场景也需要聚合能力才能完成。

（4）获取唯一值（去重）：比如获取某个类别的图书的所有作者名，需去重。

2. 聚合。是一个流水线式的批处理作业，一个流水线作业包含多个批处理阶段，每个阶段接收来自上一个阶段的输入记录列表（如果是第一个阶段则是集合全集），然后处理成新的记录列表后输出给下一个阶段，直至返回结果。

3. 聚合阶段。是一个将一批输入记录按开发者指定的规则转换为新一批输出记录的过程。

4. 聚合流水线。操作的第一个阶段是流水线的开始，接收集合所有记录作为输入，最后一个阶段是流水线的结束，其结果作为输出返回给调用方。要定义一个阶段，首先需要确定使用什么阶段，聚合能力提供了包括分组阶段 group、排序阶段 sort、投影阶段 project 等多种可选的阶段，每个阶段又可以通过一个对象作为参数，定义这个阶段操作的具体行为表现，其中参数对象的每个字段的值都必须是一个表达式或聚合操作符，一个操作符可以接收表达式作为输入（如常量、字段引用等）。

5. 常用的聚合操作符。有算术操作符、数组操作符、比较操作符、集合操作符、字符串操作符等。

6. 在聚合中，一个表达式可以是字段（路径）引用、常量、对象表达式或操作符表达式，并且可以嵌套使用表达式。

（1）字段（路径）引用。通过字段（路径）引用可以引用一个字段的值，以一个 $ 开头的字符串代表字段（路径）引用，比如"$exam"表示引用 exam 字段，如果是嵌套字段或数组，也可以通过点表示法和数组下标表示法取引用，比如"$exam.math"表示引用 exam 字段对象下的 math 字段，"$score[0]"表示引用数组字段 score 的第一个元素。

（2）常量。可以是数字、字符串等常量，如果要使用一个以 $ 开头的字符串常量，需要使用 literal 表示这是一个常量而不是字段引用。

（3）对象表达式。每个字段的值都是一个表达式的对象。

7. 本案例使用了聚合函数 aggregate，聚合方法中使用了分组 group、投影 project、排序 sort、限制输出 limit、联表查询 lookup 等聚合阶段，以及结束聚合的 end 方法。

（1）Collection.aggregate()。发起聚合操作，返回值为数据库集合的聚合操作实例 Aggregate。定义完聚合流水线阶段之后需调用 end 方法标志结束定义，并实际发起聚合操作。

（2）Aggregate.group(object: Object)。一个聚合阶段，输入为 Object 对象，输出为数据库集合的聚合操作实例 Aggregate。实现将输入记录按给定表达式分组的功能。输出时每个记录代表一个分组，每个记录的 _id 是区分不同组的 key，输出记录中也可以包括累计值，将输出字段设为累计值即会从该分组中计算累计值。group 的调用形式如下：

```
group({
  _id: <expression>,
  <field1>: <accumulator1>,
  ...
  <fieldN>: <accumulatorN>
})
```

其中，_id 参数是必填的，如果填常量则只有一组。其他字段是可选的，都是累计值，常使用 $.sum 等累计器，但也可以使用其他表达式。累计器必须是以下操作符之一：addToSet、avg、first、last、max、min、push、stdDevPop、stdDevSamp、sum。该阶段有 100 MB 内存使用限制。

（3）Aggregate.project(object: Object)。一个聚合阶段，输入为 Object 对象，输出为数据库集合的聚合操作实例 Aggregate。实现功能为把指定的字段传递给下一个流水线，指定的字段可以是某个已经存在的字段，也可以是计算出来的新字段。project 的形式如下：

```
project({
  <表达式>
})
```

其中，表达式格式见表 6.17。

表 6.17 project 聚合方法参数中的表达式格式

格　　式	说　　明
<字段>: <1 或 true>	指定包含某个已有字段
_id: <0 或 false>	舍弃 _id 字段
<字段>: <表达式>	加入一个新字段，或者重置某个已有字段
<字段>: <0 或 false>	舍弃某个字段（如果指定舍弃了某个非 _id 字段，那么在此次 project 中不能再使用其他表达式）

_id 字段是默认包含在输出中的，除此之外，其他任何字段如果想要在输出中体现的话，必须在 project 中指定；如果指定包含一个尚不存在的字段，那么 project 会忽略这个字段，不会加入输出的文档中；如果在 project 中指定排除了某个字段，那么其他字段都会体现在输出中；如果指定排除的是非 _id 字段，那么在本次 project 中，不能再使用其他表达式；也可以使用一些特殊的表达式加入新的字段，或者重置某个已有的字段。

有时有些字段处于多层嵌套的底层，则可以使用点记法：

```
"user.name": <1 or 0 or 表达式>
```

也可以直接使用嵌套的格式：

```
user: { name: <1 or 0 or 表达式> }
```

（4）Aggregate.sort(object: Object)。一个聚合阶段，输入为 Object 对象，输出为数据库集合的聚合操作实例 Aggregate，功能是根据指定的字段对输入的文档进行排序。sort 的形式如下：

```
sort({
    <字段名 1>: <排序规则>,
    <字段名 2>: <排序规则>,
})
```

<排序规则> 可以是以下取值：

· 1 代表升序排列（从小到大）；

· -1 代表降序排列（从大到小）。

（5）Aggregate.limit(value: number)。一个聚合阶段，输入为正整数值，输出为数据库集合的聚合操作实例 Aggregate，功能是限制输出到下一阶段的记录数。

（6）Aggregate.lookup(object: Object)。一个聚合阶段，输入为 Object 对象，输出为数据库集合的聚合操作实例 Aggregate，实现联表查询的功能，与同一个数据库下的一个指定的集合做 left outer join（左外连接）。对于该阶段的每一个输入记录，lookup 会在该记录中增加一个数组字段，该数组为被联表中满足匹配条件的记录的列表。lookup 会将连接后的结果输出给下一个阶段。lookup 有两种使用方式：相等匹配和自定义连接条件、拼接子查询。

① 相等匹配。将输入记录的一个字段和被连接集合的一个字段进行相等匹配，采用以下定义：

```
lookup({
  from: <要连接的集合名>,
  localField: <输入记录的要进行相等匹配的字段>,
  foreignField: <被连接集合的要进行相等匹配的字段>,
  as: <输出的数组字段名>
})
```

其中，参数说明见表 6.18。

表 6.18　lookup 聚合方法中相等匹配方式的参数说明

参数字段	说　明
from	要进行连接的另外一个集合的名字
localField	当前流水线输入记录的字段名，该字段将被用于与 from 指定集合的 foreignField 进行相等匹配。如果输入记录中没有该字段，则该字段的值在匹配时会被视作 null
foreignField	被连接集合的字段名，该字段会被用于与 localField 进行相等匹配。如果被连接集合的记录中没有该字段，该字段的值将在匹配时被视作 null
as	指定连接匹配出的记录列表要存放的字段名，这个数组包含的是匹配出的来自 from 集合的记录。如果输入记录中本来就已有该字段，则该字段会被覆写

② 自定义连接条件、拼接子查询。如果需要指定除相等匹配之外的连接条件，或指定多个相等匹配条件，或需要拼接被连接集合的子查询结果，那可以使用如下定义：

```
lookup({
  from: <要连接的集合名>,
  let: { <变量 1>: <表达式 1>, ..., <变量 n>: <表达式 n> },
  pipeline: [ <在要连接的集合上进行的流水线操作> ],
  as: <输出的数组字段名>
})
```

其中，参数说明见表 6.19。

表 6.19 lookup 聚合方法中自定义连接条件、拼接子查询方式的参数说明

参数字段	说　明
from	要进行连接的另外一个集合的名字
let	可选。指定在 pipeline 中可以使用的变量，变量的值可以引用输入记录的字段，比如 let: { userName: '$name' } 就代表将输入记录的 name 字段作为变量 userName 的值
pipeline	指定要在被连接集合中运行的聚合操作。如果要返回整个集合，则该字段取值空数组 []。在 pipeline 中无法直接访问输入记录的字段，必须通过 let 定义之后才能访问，访问的方式是在 expr 操作符中用"$$ 变量名"的方式访问，比如"$$userName"
as	指定连接匹配出的记录列表要存放的字段名，这个数组包含的是匹配出的来自 from 集合的记录。如果输入记录中本来就已有该字段，则该字段会被覆写

（7）Aggregate.end()。标志聚合操作定义完成，发起实际聚合操作。无输入参数，输出为 Object 对象，其内部数据 list 即为聚合结果列表（Array 数组）。

6.5.5 问题思考

1. Collection.aggregate() 方法的主要功能是什么？
2. Aggregate.group(object: Object) 方法的主要功能是什么？
3. Aggregate.lookup(object: Object) 方法的主要功能是什么？
4. Aggregate.end() 方法的主要功能是什么？

习　题

1. 利用微信小程序的云开发能力实现简易个人相册小程序，功能包含上传照片、浏览照片、删除照片等。

2. 利用微信小程序的云开发能力实现 todolist 小程序，功能包含添加或删除事项、修改事项记录的状态（完成、未完成、修改内容等）、浏览和统计事项等。

参 考 文 献

[1] 张治平，叶敏．微信小程序开发实用教程 [M]. 北京：中国铁道出版社有限公司，2021.
[2] 周文浩．微信小程序开发零基础入门 [M]. 2 版．北京：清华大学出版社，2023.